Heidelberger Taschenbücher Band 181

Jörg-Peter Ewert

Neuro - Ethologie

Einführung in die neurophysiologischen
Grundlagen des Verhaltens

Mit 136 größtenteils zweifarbigen und
einer vierfarbigen Abbildung

Springer-Verlag
Berlin Heidelberg New York 1976

Professor Dr. rer. nat. Jörg-Peter Ewert
Arbeitsgruppe Neuro-Ethologie
Gesamthochschule Kassel
Heinrich-Plett-Straße 40, 3500 Kassel

ISBN-13: 978-3-540-07773-2   e-ISBN-13: 978-3-642-66407-6
DOI: 10.1007/ 978-3-642-66407-6

Library of Congress Cataloging in Publication Data. Ewert, J.-P. 1938-. Neuro-Ethologie : Einführung in die neurophysiologischen Grundlagen des Verhaltens. (Heidelberger Taschenbücher; 181). Bibliography: p. Includes index. 1. Psychology, Physiological. 2. Neurophysiology. 3. Animals, Habits and Behavior of. I. Title. QP360.E93. 156'.2. 76-22575.

Gesamtherstellung: Beltz Offsetdruck, Hemsbach/Bergstr.

Für Sabine, Jörg und Inga

Vorwort

Die Frage nach den nervösen Funktionsprinzipien des Verhaltens reicht geschichtlich weit zurück. Die Neuro-Ethologie, die die Auslösung und Steuerung des Verhaltens experimentell untersucht, ist eine junge Wissenschaft. Ergebnisse aus diesem multidisziplinären Forschungszweig, der sich physikalischer, chemischer und mathematischer Methoden bedient, haben bislang in konventionelle Lehrbücher der Neurophysiologie und der Ethologie noch wenig Eingang gefunden. Mit dem vorliegenden Buch soll ein erster Versuch unternommen werden, neuroethologische Probleme und Methoden aufzuzeigen und Ergebnisse an Hand von ausgewählten Forschungsbeispielen vorzustellen. Notgedrungen hat eine solche Auswahl subjektiven Charakter. Das Buch ist als Einführung gedacht — zur Information für den biologisch interessierten Leser und in der Hoffnung, den interessierten Studenten für diese Arbeitsrichtung gewinnen zu können. Den Text begleiten zur Veranschaulichung zahlreiche, z. T. stark schematisierte zweifarbige Strichzeichnungen. Wesentliche zusammenfassende Aspekte sind mit farbigem Raster hinterlegt. Der Leser mit dem Wunsch nach schneller Orientierung wird sich auf die Lektüre dieser Abschnitte beschränken und durch die Abbildungen leiten lassen. Hinweise über aktuelle Methoden für die Lösung von neurobiologischen Fragestellungen sind in einem speziellen Anhang zusammengestellt. Mein besonderer Dank gilt Herrn Professor Dr. Hubert Markl (Universität Konstanz), der mich ermutigt hat, dieses Buch zu schreiben und dessen kritischer Rat eine wertvolle Hilfe war. Herrn Professor Dr. Eduard Schuchardt (Universität Göttingen) und Herrn Dozent Dr. Hans-Wilhelm Borchers (Gesamthochschule Kassel) bin ich für kritische Durchsicht des Manuskripts und wichtige Anregungen zu Dank verpflichtet. Herrn Professor Dr. Friedrich Zettler (Universität München) danke ich herzlich für das zur

Verfügung gestellte Farbfoto der Abbildung 6. Dem Verleger, Herrn Dr. Konrad F. Springer, gebührt mein Dank für sein großzügiges Entgegenkommen in der Ausstattung des Buches.

Kassel, im Juni 1976   J.-P. EWERT

Inhaltsverzeichnis

X

A. Was ist Neuro-Ethologie?

I. Hauptaufgabenbereiche

Das Verhalten von Tier und Mensch beruht auf Datenverarbeitungsprozessen, die sich innerhalb von bestimmten Nervenzellverbänden abspielen. Solche Neuronenpopulationen sind bei einfach entwickelten Tieren — z. B. den Schwämmen — als diffuse Nervennetze ausgebildet, bei höher organisierten Tieren sind sie in Zentralstrukturen (Gehirn, Bauch- bzw. Rückenmark) angeordnet. Das Ergebnis der Datenverarbeitungsprozesse kann in Form von elektrischen Impulsen zu bestimmten Muskelgruppen geleitet werden, die sich kontrahieren und — programmgesteuert — ein zeitlich und räumlich koordiniertes Bewegungsmuster, d. h. eine Verhaltensweise, darstellen. Der Anstoß zu einem solchen motorischen Programm kann auf Grund hormonell gelenkter Milieubedingungen aus dem Nervensystem selbst kommen. Er kann aber auch von außen her unter dem Einfluß von bestimmten Umweltreizen gesetzt werden. Solche Reize nennen wir Signale. Wichtig ist hierbei die Tatsache, daß auch die Wirksamkeit eines Umweltreizes — und damit sein Signalcharakter — in erheblichem Maße von inneren Milieubedingungen abhängig sein kann; wir sprechen von Trieb oder Motivation bestimmenden Faktoren.
Zur Veranschaulichung wählen wir ein Beispiel: Das Weibchen des amerikanischen Grillenfrosches wird vom Männchen durch bestimmte Paarungsrufe angelockt. Interessant sind für das Froschweibchen hierbei jedoch nur die Rufe der erwachsenen Männchen. Rufe von Jungfröschen werden sozusagen überhört. Ebenfalls unbeachtet läßt ein Weibchen aus Georgia die Lockrufe von importierten Männchen aus Alabama. Diese gehören einer anderen geographischen Rasse an und rufen in einem fremden „Dialekt". Auch antwortet das Froschweibchen auf die spezifischen Paarungsrufe nur zu einer bestimmten Zeit im Jahr, nämlich dann, wenn es sich in Paarungsstimmung befindet. Außerhalb der Laichperiode geben die Männchen keine Paarungsrufe von sich, so daß das Paarungsverhalten von beiden Geschlechtspartnern her einen Erfolg sichert.
Welche Hauptfunktionen muß nun das akustische System des Froschweibchens leisten? Es muß aus dem Frequenzspektrum verschiedener Rufe den biologisch wichtigen auswählen und erkennen. Ferner

hat das Gehirn die Rufquelle und somit die Ortsposition des Männchens zu lokalisieren. Diese Datenverarbeitungsprozesse leiten gleichzeitig auch das motorische Programm ein: die Wanderung zum Froschmann. Solche Reiz-Reaktions-Beziehungen muß das Zentralnervensystem des Weibchens auf eine bestimmte Zeit im Jahr beschränkt halten.

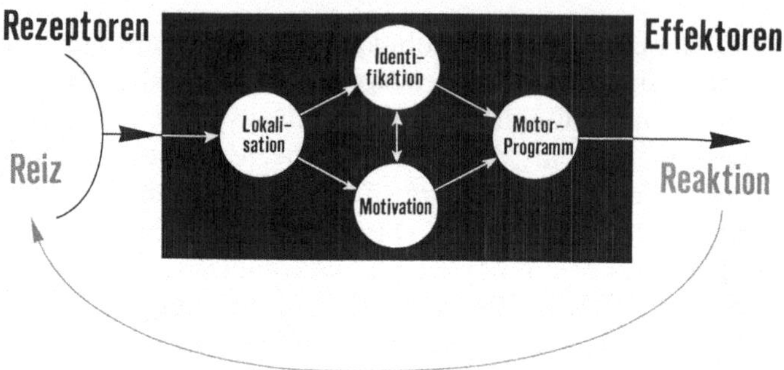

Abb. 1. Wichtige Informationsverarbeitungsschritte im Zentralnervensystem (ZNS), die zur Beantwortung eines Reizes mit einer Verhaltensreaktion führen können

Die Neuro-Ethologie[1] befaßt sich u. a. mit der experimentellen Aufklärung folgender Fragenkomplexe (Abb. 1):

1. Wie können Signale der Umwelt durch das Zentralnervensystem lokalisiert werden?

2. Auf Grund welcher „Filterprozesse" können Sinnesorgane und Gehirn — wir nennen sie sensorische Systeme — verhaltensbiologisch wichtige Umweltreize von unwichtigen trennen?

3. Welche Möglichkeiten hat das Zentralnervensystem, Informationen über Umweltreize zu speichern?

4. Welches sind die neurophysiologischen Grundlagen für die Motivation einer Verhaltensweise?

5. Auf welchem Wege wird Verhalten zentralnervös koordiniert und kontrolliert?

6. Wie läßt sich die ontogenetische Entwicklung des Verhaltens auf neurale Grundlagen zurückführen?

---

1 éthos (gr.-lat.) = Gewohnheit, Sitte.

II. Historisches

Forschungsobjekte des Neuro-Ethologen sind Tiere unterschiedlicher Organisationsstufen. Die Beantwortung der oben angeführten Fragen betrifft damit nicht zuletzt auch den Menschen. Das vergleichende Studium von Funktionsgesetzen auf niederer Integrationsstufe beim Tier kann zum Verständnis von Funktionsabläufen auf höchster Integrationsebene beitragen. So gesehen wäre die Neuro-Ethologie ebenso alt wie die Frage nach dem Bau und der Funktion unseres Gehirns, und diese reicht bekanntlich bis in vorchristliche Zeiten zurück.

Erste Gehirn-Lokalisationsschemata für bestimmte geistige Fähigkeiten (Abb. 2) — die auf Vorstellungen von Albertus Magnus (13. Jh.)

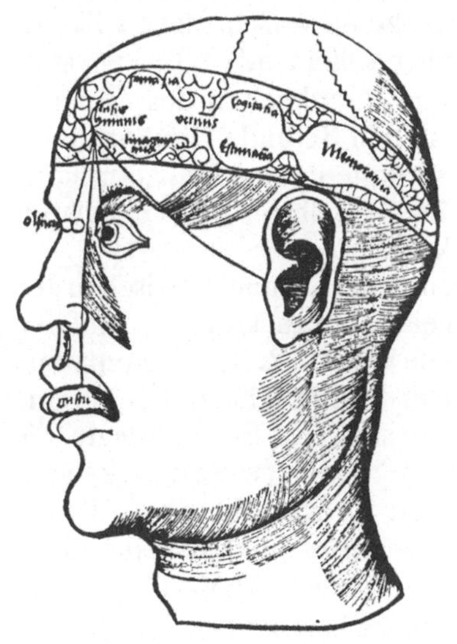

Abb. 2. Spekulationen über die Hirnlokalisation von bestimmten geistigen Fähigkeiten wie z.B. Sensus communis, Imaginatio, Cogitatio. (Aus: „Margarita philosophica" von G. Reisch, Straßburg, Grüninger 1504)

beruhen — stammen aus dem 16. Jahrhundert. Sie haben jedoch keinerlei naturwissenschaftliche Aussagekraft. Leonardo da Vinci (1452–1519) gehörte übrigens zu den ersten, die am Zentralnervensystem des Frosches experimentierten. Er stellte fest, daß ein Frosch ohne Kopf durchaus lebensfähig ist, nach Ausschaltung des Rückenmarks jedoch stirbt. Leider blieben seine Beobachtungen bis in die jüngste Zeit hinein unbekannt, so daß sie die historische Entwicklung der Hirnphysiologie nicht förderten. Als schließlich Mitte des 16. Jahrhunderts mit Vesalius „De humani corporis fabrica libri septem (1543)" die

3

Anatomie des Menschen fundierte Konturen annahm, waren auch die Voraussetzungen für die Physiologie geschaffen. René Descartes (1596–1650) deutete sowohl den tierischen als auch den menschlichen Organismus als eine Art Maschine. Das Hirn bestand für ihn aus einem Konglomerat von Reflexmechanismen, die auf äußere Reize gleichsam automatisch reagierten. In den röhrenförmigen Nerven sollten sich Markfasern befinden, die bis in das Gehirn reichen; bei Reizung eines Sinnesorgans würden die Markfäden — in Bewegung gesetzt — Ventile im Gehirn öffnen und damit nervöse Flüssigkeit zu den Muskeln schicken. Während nach der Vorstellung Descartes die „Seele" ihren Sitz im Gehirn hat und dort gleich einem „Brunnen- oder Maschinen-meister" Reservoir und Ventile beherrscht, vermochte der Begründer der mikroskopischen Anatomie, Marcello Malpighi (1628–1694), dem Gehirn nur eine Art Mittlerfunktion zuzusprechen. Der Engländer Thomas Willis (1621–1675) konnte dann jedoch auf Grund zahlreicher, z. T. lokalisierter Hirnausschaltungsversuche an verschiedenen Tierarten zeigen, daß das Gehirn für das Leben entscheidend ist. Er kam auch zu dem Schluß: Geisteskrankheiten sind Krankheiten des Gehirns. Willis legte auf Grund seiner experimentellen Befunde Hirnkarten an, in denen er einzelnen Hirnregionen bestimmte Funktionen zuordnete. So war für ihn z. B. der „Instinkt" im Mittelhirn, das Gedächtnis dagegen in den Großhirnwindungen lokalisiert.

Vor dem Hintergrund der heftigen Auseinandersetzungen zwischen den *Vitalisten*, die das Leben auf „Lebensgeister" zurückführten, und den *Mechanisten*, die in allen tierischen Lebewesen „Reflex-Automaten" sahen, gelang schließlich Albrecht von Haller (1708–1777) eine Neubegründung der experimentellen Physiologie. Er widerlegte die Lehre von der „oszillatorischen Bewegung" der Nerven und erkannte, daß die Muskelbewegung auf Erregbarkeit zurückzuführen ist. Durch direkte elektrische Reizung des Muskels gelang es ihm Muskelkontrak-tionen auszulösen. Während Friedrich Hoffmann (1660–1742) noch daran glaubte, daß es im Nervensystem eine „Flüssigkeit" gebe, die nach hydraulischen Gesetzen Funktionen erfülle, trat mit der Entdeckung der „Bioelektrizität" Ende des 18. Jahrhunderts eine entscheidende Wende in der physiologischen Betrachtungsweise von Nerven- und Muskelzel-len ein.

Die Entdeckung der Bioelektrizität beruht auf einem Zufall: Der Italiener Galvani (1786) hing eines Tages Froschschenkel am Gitter seines Balkons auf und stellte fest, daß die Schenkel immer dann zuckten, wenn sie das Metallgitter berührten. Galvani deutete dieses Phänomen zunächst falsch, indem er es darauf zurückführte, daß der Muskel selbst Elektrizität erzeuge, die durch das Gitter abgeleitet würde. In Wirklichkeit waren die Verhältnisse hier jedoch umgekehrt: Der aus Kupfer und Eisen bestehende Zaun bildete ein „galvanisches Element", das den Muskel elektrisch reizte und zur Kontraktion veranlaßte. Mit der zweiten wichtigen Entdeckung Galvani's (1793), wonach Zuckungen am Nerv-Muskelpräparat auch ohne Metalle auftreten — Nerv und Muskel also selbst Elektrizität produzieren — war die eigentliche Grundlage für die Elektrophysiologie geschaffen. Es wurde deutlich, daß bestimmte Zellmembranen Potentialdifferenzen erzeugen können, ein Phänomen, das in der Folge viele bedeutende Forscher beschäftigt hat. Im Jahre 1963 erhielten Hodgkin, Huxley und Eccles den Nobelpreis für die Entwicklung der Ionentheorie der Nervenfunktion und die Entdeckung der Synapsenpotentiale.

Galvani sagte bereits voraus, daß auch die Hirnfunktionen durch elektrische Kräfte Erklärung finden würden — er sollte damit recht behalten.

Während des deutsch-französischen Krieges (1870/71) hatte Eduard Hitzig Gelegenheit, das freiliegende Gehirn eines verwundeten, bewußtlosen Soldaten *galvanisch* zu reizen mit dem Resultat, daß der Soldat seine Augen bewegte. Zuvor schon hatten Fritsch und Hitzig (1870) elektrische Hirnreizungen mit *konstantem Gleichstrom* am Wirbeltierhirn — vorwiegend an Hunden — durchgeführt und festgestellt, daß bei Reizung verschiedener Regionen der Großhirnrinde sich jeweils bestimmte Muskelgruppen des Körpers kontrahierten. Später setzte David Ferrier (1873) am King's College in London ähnliche Untersuchungen an Affen mit *faradischer Reizung* fort. Auch er fand, daß bestimmte motorische Bewegungsmuster bei Reizung umschriebener Gebiete der Großhirnrinde ausgelöst werden konnten und kennzeichnete solche Orte in einer Hirnkarte (Abb. 3). Ferrier beobachtete noch ein weiteres Phänomen: Wenn er einen bestimmten Bezirk dieser *motorischen* Großhirnrinde lokal zerstörte, von dem zuvor bei elektrischer Reizung z. B. Armheben ausgelöst werden konnte, so war der Affe nach dem operativen Eingriff zunächst nicht mehr in der Lage, den Arm zu heben. Überraschenderweise setzte jedoch einige Zeit später die Fähigkeit wieder ein. Ferrier konnte experimentell ausschließen, daß diese Funktionsrückkehr von der unversehrten Hirnhälfte ausging, und er folgerte richtig: „It would appear that after destruction of a centre on one side some other part of the *same* hemisphere may take up the functions of the destroyed part."

Ende des 19. Jahrhunderts gelang es Ferrier, in der Großhirnrinde auch die sensorischen Zentren für optische und akustische Wahrnehmung, Geschmacks- und Geruchsempfindung sowie für Berührungswahrnehmung grob zu lokalisieren. Erst mehrere Jahrzehnte später wurde die

Methode der Hirnreizung mit *pulsierendem Strom* weiter verfeinert. Durch Reizung verschiedener Regionen des Stammhirns — vor allem des Zwischenhirns — ließen sich am frei beweglichen Tier Verhaltenskomponenten sowie auch komplette Verhaltensfolgen auslösen. Der Durchbruch auf diesem Gebiet gelang dem Schweizer Physiologen W. R. Hess um 1920 mit seinen an Katzen durchgeführten Arbeiten. Sie wurden 1945 durch die Verleihung des Nobelpreises für Medizin ausgezeichnet.

In der Literatur vor der Jahrhundertwende findet man in der 9. Ausgabe der „Encyclopaedia Britannica" (1885), Band 19, S. 42 das in Abb. 4 wiedergegebene Blockdiagramm. Es zeigt den Informationsfluß im Wirbeltiergehirn, vom Prinzip her ähnlich, wie er auch heute dargestellt wird:

1. Sensorik: Auge *EY.*, Ohr *EA.*, Riechorgan *SM.*, Geschmacksorgan *TA.*, Hautsinnesorgan *SK.*

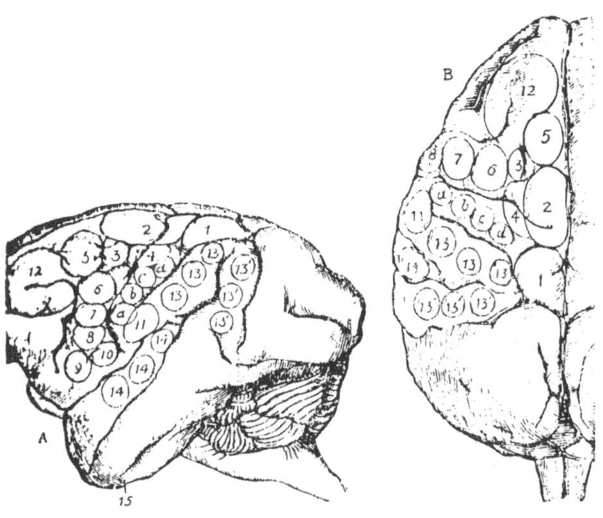

Abb. 3A und B. Elektrische Reizpunkte auf der Oberfläche der linken Großhirnhälfte beim Affen nach Ferrier (1876). (A) Seitenansicht, (B) Aufsicht auf die linke Hirnhälfte. *1* Auslösung von Schreitbewegungen mit dem rechten Bein, *2* komplexe Körper- und Beinbewegungen, *3* Bewegung des Schwanzes, *4* Zurückziehen und Anwinkeln der rechten Körperglieder, *5* Ausstrecken des rechten Armes und der Hand, wie beim Nachvornreichen; *a, b, c, d* einzelne und kombinierte Fingerbewegungen, *6* Hand zum Mund führen, *7* Öffnen und Schließen des Mundes, *8* Nasen- und Lippenbewegungen, rechtsseitiges Zähnezeigen, *9* Mund öffnen und Zunge herausstrecken, *10* Mund öffnen und Zunge einziehen, *11* Mundwinkel verkleinern, *12* Augen weit öffnen, Pupillenerweiterung, Kopf und Augen nach rechts bewegen, *13,13'* Augen nach rechts bewegen, Pupillenverengung, *14* plötzliches „Zurückziehen" des rechten Ohres

6

2. Informationsverarbeitung: Identifikation und Lokalisation *S. SE.*

3. Motorik: motorische (Verhaltens-)Programme *MOT.*, Muskel *M.*, Gefäßmuskel *V.*, Drüse *G.*, elektrisches Organ bei einigen Fischen *EL. O.*

Darüber hinaus schließt das Schema weitere Funktionsprinzipien ein wie „kreativ wirkende" Zentren *ID.*, Willkürzentren *VOL.*, Emotionszentren *EM.*, hemmende *INH.* und allgemeinsensitive Zentralstellen *G. SE.* Berücksichtigt werden auch Zentren für das Gleichgewicht, *S. EQ.*, und die Reflexerregbarkeit. Erregende (*MOT.*) und hemmende (*INH.*) Verbindungen zum vegetativen Nervensystem sind durch *H & V* (Herz und Blutgefäße) symbolisiert.

Spätestens an dieser Stelle des Kapitels „Historisches" stellen wir zwei Dinge fest:
1. Der „Arbeitsplan" für die Untersuchung *neuraler Grundlagen des Verhaltens* wurde im Grunde genommen bereits gegen Ende des vorigen Jahrhunderts formuliert. Das mag heute den auf diesem Gebiet tätigen Physiologen zunächst überraschen und nachdenklich stimmen.

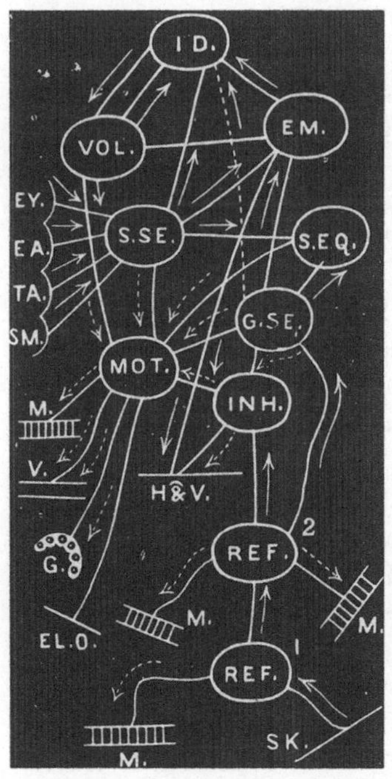

Abb. 4. Informationen verarbeitende Zentren im Gehirn der Wirbeltiere. Erläuterungen im Text. (Aus: „The Encyclopaedia Britannica", 1885)

Der Fortschritt auf dem Gebiet der Physiologie und der Morphologie ist jedoch sehr eng an technische Entwicklungen gebunden. Zu erwähnen wären in diesem Zusammenhang die elektronische Meßtechnik und die Elektronenmikroskopie. Mit Skalpell und galvanischer Pinzette waren die Möglichkeiten um die Jahrhundertwende weitgehend erschöpft. So gesehen, ist der Neurophysiologe eigentlich erst in den letzten Jahrzehnten voll arbeitsfähig geworden. Wie wir heute wissen, sind Biologie und Technik in geradezu dualistischer Weise miteinander verzahnt. Auf der einen Seite haben technische Entwicklungen oft biologische Quellen. Auf der anderen Seite zeigt sich, in welch hohem Maß die Erforschung von biologischen Funktionsabläufen — wie im Gehirn — an technische Hilfsmittel gebunden ist. Die jüngste Vergangenheit hat ergeben, daß Fortschritte innerhalb einer Arbeitsrichtung, deren Zielvorstellung darin besteht, jene neuralen Prozesse aufzuklären, die der Auslösung und Steuerung von Verhaltensweisen zugrundeliegen, mit technischen Entwicklungen — gerade auf dem Gebiet der Elektronik — parallel gehen.

2. Der grobe historische Abriß demonstriert die erste Entwicklungsphase einer bestimmten Forschungsrichtung innerhalb der Medizin, nämlich der Neurophysiologie, speziell der Hirnphysiologie. Neurologie und Psychiatrie sind aus primär klinischen Fragestellungen u. a. daran interessiert, die Funktionseigenschaften unseres Nervensystems aufzuklären und zu verstehen. Hierbei werden in der Regel zwei Wege beschritten: (1) Aus bestimmten Symptomen kann z. B. bei Hirnverletzungen auf die Funktion der betroffenen Hirngebiete geschlossen werden. Zudem kann der Kliniker durch die Aussagen des Patienten zusätzliche Kenntnisse über Ausfallserscheinungen erhalten. Ein Nachteil liegt darin, daß sich der Ort und das Ausmaß der Verletzungen vielfach nicht ohne Sektion beschreiben lassen. (2) Es werden vergleichende Grundlagenforschungen an dem Menschen „nächstverwandten" Säugetieren durchgeführt. Vorteil: Gezielte Experimente können später histologisch ausgewertet werden. Nachteil: Das Tier läßt sich nur „indirekt" befragen. Hierzu müssen geeignete Verhaltenstests gesucht werden.

Verfolgen wir nun die wichtigsten historischen Daten der Verhaltensforschung, also der Ethologie. Auch die Erforschung des Tierverhaltens geht bis in das klassische Altertum zurück. Sozusagen geboren wurde die vergleichende Verhaltensforschung um die Jahrhundertwende durch die Arbeiten des Amerikaners Charles Whitman (1899) und seines Schülers Wallace Craig (1918). Auf dem von Charles Darwin durch die Abhandlung über „Die Entstehung der Arten durch natürliche Zucht-

wahl" vorbereiteten Boden konnte Whitman in zahlreichen Tierbe-
obachtungen feststellen, daß die Evolutionstheorie auch für bestimmte
Verhaltensweisen zutrifft. Er fand, daß die Trinkgewohnheiten bei
mehreren hundert Taubenarten sich völlig gleichen. Craig zeigte später,
daß das Repertoire einer Instinkthandlung aus mehreren Komponenten
bestehen kann: einem variablen Appetenzverhalten, das die Instinkthandlung gewissermaßen einleitet, und einer starren, stets gleich
verlaufenden Endhandlung.
Whitman's und Craig's Ergebnisse fanden zunächst wenig Beachtung
und wurden überdeckt durch die Fehde der damals herrschenden
Forschungsrichtungen der Vitalisten (*Dogma*: Zweckgebundenheit des
Verhaltens durch göttliche Naturkraft; *Fehler*: Blockierung jeglicher
kausalanalytischen Forschung) und der Mechanisten (*Dogma*: Alle
Verhaltensweisen gründen sich einzig auf die Beantwortung von
Außenreizen; *Fehler*: Leugnen jeglichen spontanen Verhaltens). Vor
diesem Hintergrund entwickelten sich zwei Arbeitsrichtungen, die z. T.
auch heute noch bestehen. Die eine untersucht hauptsächlich Verhal-
tensweisen, die auf Lernvorgängen beruhen. Die ihr angehörenden
Behavioristen griffen hierbei vor allem auf die Befunde des russischen
Physiologen Iwan Pawlow (1849–1936) zurück. Sie erhielten durch die
Labyrinth- und Skinnerbox-Versuche wichtige Einblicke in fundamen-
tale Grundlagen der Lernpsychologie. Die andere Richtung lenkte ihre
Aufmerksamkeit — sicherlich ebenfalls einseitig — auf den angebore-
nen Charakter von Verhaltensweisen. Ihre Vertreter förderten die
Instinktforschung. So fand Heinroth (1871–1945), daß es bestimmte
Ausdrucksbewegungen gibt, die für jede Art spezifisch und innerhalb
dieser formbeständig sind. Verhaltensweisen, die sich oft in besonderen
Begabungen äußern, bilden offenbar ein tragendes Element der
Evolution einer Art. Die folgende Epoche wird durch Arbeiten der
Verhaltensforscher Jacob von Uexküll, Karl von Frisch, Konrad Lorenz
und Niko Tinbergen angeführt. Es entstehen neue Begriffe, wie
angeborene und *erworbene Auslösemechanismen, Prägung, Triebstärke,* und es werden erste Vorstellungen über zentralnervöse Hierar-
chien für sensorische und motorische Funktionsabläufe von Instinktbewegungen entwickelt. Im Jahre 1973 wurde den Begründern der
vergleichenden Verhaltensforschung — von Frisch, Lorenz und Tinbergen — der Nobelpreis verliehen.
Bevor die rein beschreibende Verhaltensforschung in „Selbstzweck" zu
versinken drohte, wies der Zoologe Erich von Holst (1908–1962) auf
die Notwendigkeit hin, die physiologischen Grundlagen von Verhaltensweisen quantitativ zu analysieren. Er entdeckte das Reafferenz-
Prinzip, das besagt, daß jeder Befehl zur Muskulatur in einer Art Kopie

im Zentralnervensystem hinterlegt wird, um dann mit der Ausführung des Befehls verglichen und gegebenenfalls zur Korrektur verrechnet zu werden. Zu seinen wichtigsten Arbeiten gehören ferner die Untersuchungen über zentralnervöse automatische Abläufe, die in der Bewegungskoordination bei Wirbeltieren und Wirbellosen eine Rolle spielen. So fand er im Rückenmark der Fische eine klare Trennung zwischen motorischen Neuronen, die die Flossenmuskulatur aktivieren, und autorhythmischen Neuronen, welche den Flossenschlag koordinieren. Elektrische Hirnreizungsexperimente am frei beweglichen Haushuhn vermittelten erstmals wichtige Einblicke in das *zentrale Wirkungsgefüge der Triebe.*

Das wissenschaftliche Werk von Holsts ist durch dreierlei Aspekte geprägt: (1) Ideenreichtum für eine experimentelle Fragestellung, (2) Einfachheit der hierzu erforderlichen Versuchsanordnung und (3) experimentelle Vielseitigkeit. Erich von Holst lieferte durch seine Arbeiten den Beweis dafür, daß man auch ohne spezielle Hilfsmittel bis zur Lösung bestimmter neurobiologischer Fragestellungen vordringen kann. Sein Denken und Arbeiten auf dem Gebiet der experimentellen Verhaltensphysiologie weisen ihn als einen Begründer der Neuro-Ethologie aus. Zum Teil auf Gedankengängen und Erkenntnissen von Holsts aufbauend, hat die vergleichende Verhaltensphysiologie inzwischen eine Fülle von Tatsachen und Gesetzmäßigkeiten erarbeiten können. Mit der Einführung der Elektrophysiologie sind die Sinnesleistungen der Tiere erstmalig auf eine physikalisch analysierbare Grundlage gestellt worden.

Was ist Neuro-Ethologie?

1. Es handelt sich um eine Forschungsrichtung, die Verhaltensweisen auf ihre neuralen Grundlagen zurückzuführen sucht.

2. Die Neuro-Ethologie erhält ihre Fragestellungen aus der Verhaltensbiologie. Am Anfang der experimentellen Untersuchungen steht die quantitative Verhaltensanalyse.

3. Historisch gesehen reichen die Wurzeln der Neuro-Ethologie in den Bereich der Hirnphysiologie. Ihre jüngeren Hauptausläufer ragen in die vergleichende Verhaltensphysiologie hinein.

4. Erschöpfende Antworten auf die Frage nach den neuralen Grundlagen des Verhaltens lassen sich an hochentwickelten Tieren auf Grund der Komplexität ihrer Hirnorganisation auch mit Hilfe unserer heutigen Methoden nicht sofort erwarten. Die Neuro-Etho-

logie versucht, das komplexe System nicht auf direktem, sondern auf phylogenetischem Wege aufzuklären.

5. Neurale Funktionsgesetzmäßigkeiten werden bei verschiedenen Tieren (die Wirbellosen eingeschlossen) auf unterschiedlicher Integrationsebene studiert. Die Verallgemeinerung der Funktion eines neuralen Systems kann vergleichend in der Auseinandersetzung mit der artspezifischen Problematik erfolgen.

6. Die Neuro-Ethologie versucht „katalysierend" zu wirken, wobei sie Forscher aus verschiedenen Arbeitsrichtungen, wie Biologie, Medizin, Psychologie, Nachrichtentechnik, durch gemeinsame Fragestellungen verbindet.

III. Problematisches

Wenn man den „synthetischen" Gesichtspunkt der Neuro-Ethologie hervorhebt, so hat dies seinen berechtigten Grund. Schließlich ruft sie Wissenschaftsrichtungen zur Zusammenarbeit auf, die sich historisch zunächst völlig unabhängig voneinander entwickelt haben. Hierbei soll die eine (Neurophysiologie) gewissermaßen Erklärungen für die andere (Ethologie) bringen. Dies kann zu „wissenschaftlichen Spannungen" führen. Der Ethologe, der die Variabilität und Plastizität von Verhaltensweisen kennt, hält es eigentlich für aussichtslos, z.B. durch Ableitung elektrischer Potentiale einzelner Nervenzellen des Gehirns kausale Aussagen über das Verhalten zu machen. Der Neurophysiologe hat indessen erfahren, daß sich schon wenige miteinander verschaltete Neuronen unvorhersagbar komplex verhalten können, so daß Korrelationen mit motivierten Verhaltensweisen Verbotstafeln provozieren. Grundsätzlich sollte man sowohl Neurophysiologen als auch Ethologen, die solche Einwände vorbringen, respektieren. „Verbotstafeln" sind jedoch besser durch „Hinweisschilder" zu ersetzen.

Der wichtigste Hinweis für den Neuro-Ethologen dürfte etwa lauten: Beachte im neurophysiologischen Experiment stets diejenigen Parameter, die für die zu untersuchende Verhaltensweise eine Bedeutung haben.

Andernfalls könnte Gefahr bestehen, die Lösung eines Problems in der falschen Richtung zu suchen. Hierzu ein anschaulicher Vergleich (Abb. 5): Nachts auf der Straße verliert ein Fußgänger seine Brille. Er bittet

Passanten, ihm bei der Suche im Schein einer Straßenlaterne behilflich zu sein. Nach einiger Zeit wird der Brillenträger gefragt, ob er die Brille denn auch wirklich unter der Laterne verloren habe: Dieser verneint und gibt als Grund für die Suche an diesem Ort an, daß dort doch das meiste Licht sei.

Abb. 5. ... weil hier mehr Licht ist —

B. Wie wird ein Reiz in eine Bewegung umgesetzt?

I. „Nervöse" Bausteine

Mensch und Tier stehen mit ihrer Umgebung durch reizaufnehmende Sinnesorgane und vorwiegend der Bewegung dienende Erfolgsorgane in Wechselbeziehung. Sinnesorgane (Rezeptoren) und Erfolgsorgane (Effektoren) sind durch das Nervensystem verbunden. Sinneszellen, Nervenzellen und Muskelzellen haben eine Eigenschaft gemeinsam: im „Ruhezustand" stellen sie durch die Beschaffenheit ihrer Zellmembranen innen negativ und außen positiv geladene Batterien dar. Ihre Aktivitäten werden durch „Spannungsschwankungen", also durch Änderungen des Membranpotentials ausgelöst; sie bewirken die Antworten. Sinneszellen sind darauf spezialisiert, daß sie physikalische bzw. chemische Energieform in einen „nervösen" Kode umsetzen, auf den die Nervenzellen ansprechen und je nach der Situation modifiziert oder unmodifiziert weiterleiten. Die Muskelzellen sind darauf spezialisiert, daß sie beim Empfang der nervösen Information ihr Ruhepotential ändern und dadurch den Vorgang einleiten, der zur Gestaltsänderung (Verkürzung) der Zelle führt.

1. Das Nervengewebe

Das Nervengewebe besteht aus den erregungsleitenden Nervenzellen (Neuronen) und den Gliazellen (Neuroglia), die Hüll- und Stützfunktion haben und Stoffwechselaufgaben erfüllen. Unter dem Begriff Neuron versteht man die Nervenzelle mit der Gesamtheit ihrer Fortsätze (Abb. 7). Nach der Zahl der Fortsätze unterscheidet man unipolare (Abb. 6), pseudounipolare, bipolare und multipolare Nervenzellen. Den kernhaltigen Bezirk bezeichnet man als Soma und das Plasma um den Kern als Perikaryon. Fortsätze, die die Erregung zur Nervenzelle leiten, werden *Dendriten* genannt und solche, die die Erregung von der Zelle fortleiten, *Neuriten*[2] (Axone). Dendriten und

---

2 Der Fortsatz einer unipolaren Nervenzelle ist stets ein Neurit; Ausnahme: z.B. amakrine Zellen der Netzhaut, die nur über Dendriten verfügen (s. Abb. 25f.).

Neuriten haben unterschiedliche Funktionseigenschaften (s. Tabelle auf S. 36/37): Ein oder mehrere z. T. stark verästelte Dendriten nehmen die Information aus den durch Kontakt vorgeschalteten Sinnes- bzw. Nervenzellen auf; die verarbeitete Information wird über die stets in der Einzahl vorhandenen Neuriten an nachgeschaltete Neuronen bzw. Erfolgsorgane (Muskulatur, Drüsen) weitergeleitet.

In den morphologischen Abmessungen können Neuriten bei Stärken bis zu 8 μm beträchtliche Längen erreichen, die nach Dezimetern zu messen sind. Nach dem Abgang aus dem Ursprungskegel (Axonhügel) des Zelleibes und nach kurzem nackten Verlauf wird der Neurit von gliösen Hüllzellen (Nervenscheide) umgeben, die Segmente bilden (Abb. 7). Die Axone mit ihren Scheiden werden als Nervenfaser bezeichnet. Zur Isolation und zur Steigerung der Erregungsleitung können die Hüllzellen Myelin bilden. Sie verändern damit ihre Abmessungen, und die Segmentgrenzen treten deutlicher hervor. Der schmale Spalt zwischen zwei benachbarten Segmenten wird Ranvier-Schnürring genannt und das Segment zwischen zwei benachbarten Schnürringen Internodium.

In der inneren Organisation verfügt die Nervenzelle neben Kern, Golgi-Apparat und Mitochondrien (Crista-Typ) über ein stark ausgebildetes Ergastoplasma, das sich lichtoptisch als Nissl-Substanz (Tigroid) darstellt. Nissl-Schollen finden sich bei großen Nervenzellen auch in den breitbasigen Dendriten, während der Axonhügel und das Axon freibleiben. Durch Versilberung sind die Neurofibrillen sichtbar zu machen. Sie haben eine fädige, netzartige Anordnung im Perikaryon und können bis in die Neuriten und Dendriten verfolgt werden. Elektronenoptisch handelt es sich um fädige (Neurofilamente) und feine, röhrenförmige Strukturen (Neurotubuli). — Die Proteinsynthese am Ergastoplasma versteht sich aus der Entwicklung und Gestaltserhaltung der Nervenzelle, die auf der Stufe des Neuroblasten ihre Teilungsfähigkeit verloren hat, und sie ermöglicht wahrscheinlich auch Gestaltsänderungen unter der Funktion. Die Beteiligung des Ergastoplasmas an der Bildung der „Neurotransmitter" gilt als wahrscheinlich. — Zellkörper und Fortsätze werden von einem Plasmalemm (Zellmembran) begrenzt. Diese Membran, die lokal unterschiedlich gebaut sein mag, spielt bei der Erregungsübertragung, Erregungsausbreitung und -leitung eine wichtige Rolle.

Man kann die Besonderheiten des Nervengewebes der Wirbeltiere am besten von der Entwicklungsgeschichte her verstehen. Das Nervengewebe geht aus dem Ektoderm hervor. Das Nervensystem wird in seiner Grundform durch das Neuralrohr und die Neuralleiste repräsentiert. Eine dorsale, mediane rinnenförmige Einstülpung des Ektoderms führt zur Neuralrinne; sie wird am Übergang vom Haut- zum Neuroektoderm durch die Neuralleiste begrenzt. Fortschreitend schließt sich die Rinne zum Neuralrohr, rückt vom Ektoderm ab, und die Neuralleisten verlagern sich in die Tiefe. Aus dem Rohr gehen die Nerven- und Gliazellen von Hirn und Rückenmark hervor, während Nerven- und Gliazellen (periphere Glia) außerhalb des zentralen Nervensystems (ZNS) der Neuralleiste entstammen.

Das Rohr besteht zunächst aus dem einschichtigen zylindrischen Neuroepithel. Durch mitotische Teilung, Verlagerung und Differenzierung entsteht um einen Hohlraum ein mehrschichtiger Zellverband mit zonaler Schichtung: eine ventrikuläre Schicht ependy-

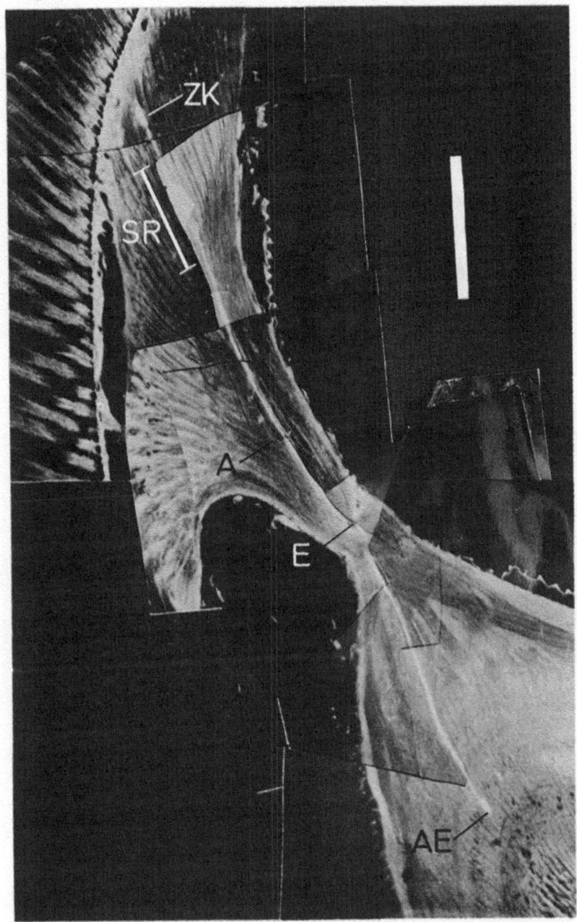

Abb. 6. Sichtbarmachung des Faserverlaufs eines monopolaren Neurons aus dem Fliegenauge durch intrazelluläre Injektion fluorenszierender Farbe (Procion-Yellow, s. methodischen Anhang auf S. 232). Photomontage von 7 μm dicken Serienschnitten, auf denen sich je ein Stück des angefärbten Neurons befindet. *A* Axon, *AE* Axon-Endanschwellung, *E* Einstichposition der Ableitmikroelektrode, die gleichzeitig Injektionskanüle für die Markierungsfarbe ist, *SR* Synapsenregion der vorgeschalteten Sehzellen, *ZK* Zellkörper; Skalierung: 100 μm.(Nach F. Zettler: Umschau *75*, 118–120, 1975)

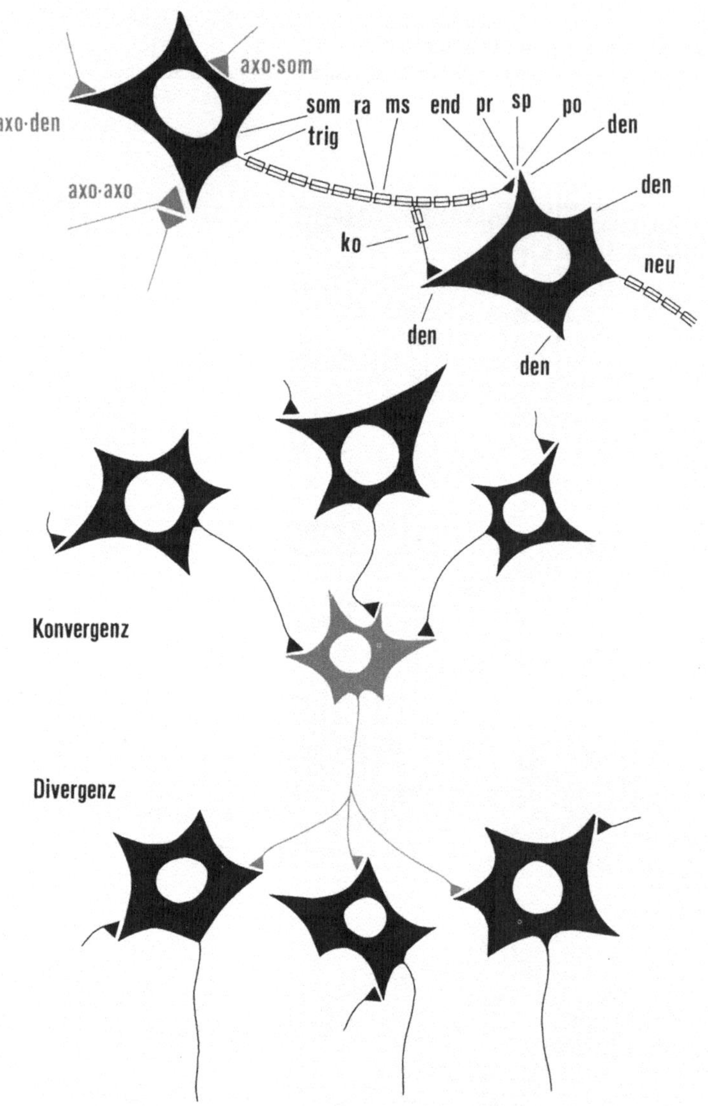

Abb. 7. Funktionsstrukturen einer Nervenzelle: *den* Dendrit, *end* Endknoten, *ko* Kollaterale, *neu* Neurit, *po* postsynaptische Membran, *pr* präsynaptische Membran, *ra* Ranvier-Schnürring, *som* Soma, *ms* Markscheide, z.B. Schwann-Zelle, *sp* synaptischer Spalt, *trig* Triggerzone (Axonhügel). — Beispiele für Synapsen: *axo-axo* axo-axonal, *axo-den* axo-dendritisch, *axo-som* axo-somatisch

maler Spongioblasten, eine Mantelzone von Neuro- und Glioblasten sowie eine zellfreie Randzone. Bei der Histogenese der Nervenzelle ist die weitere Entwicklung zunächst an einer Kernvergrößerung kenntlich. In dem apolaren Neuroblasten entstehen unter Plasmaverdichtung an einem oder beiden Kernpolen fibrillogene Zonen. Aus diesen bilden sich die Fortsätze des zeitweilig bipolaren Neuroblasten. Während sich der ventrikelnahe Fortsatz zurückbildet, entsteht der unipolare Neuroblast. Der verbleibende Fortsatz wächst auf die Randzone zu und wird zum Axon (Neurit). Nachfolgend können am Soma weitere kleine Plasmaauswüchse (primordiale Dendriten) auftreten, die dann den bipolaren bzw. multipolaren Neuroblasten charakterisieren. In einem Rückenmarksegment z.B. verläßt der Neurit einer multipolaren motorischen Vorderhornzelle die Randzone (künftige weiße Substanz) und damit das Zentralorgan und strebt unter Beteiligung an der Bildung von vorderer Wurzel und Spinalnerven seinem Innervationsgebiet zu. Der nackte Achsenzylinder ist die Leitstruktur für die der Neuralleiste entstammenden Glioblasten, die zu Schwann-Zellen werden. Sie suchen — der amöboiden Bewegung fähig — die Axone auf, lagern sich in serieller Ordnung, „umfließen" den Achsenzylinder und umwickeln ihn unter Bildung von Protein-Lipoid-Lamellen. Diese Strukturen sind als segmentierte Markscheide sichtbar.
Im Zentralorgan (Gehirn und Rückenmark) wird die Markscheide von den Oligodendrogliazellen gebildet. Dicke der Markscheide und Länge der Markscheidensegmente stehen in definierter Beziehung zur Stärke des Achsenzylinders. Die Schnürringe der zentralen und peripheren Fasern bedingen die saltatorische Erregungsleitung, ihre Abstände die Leitungsgeschwindigkeit.

Wir fassen die wichtigsten Differenzierungsschritte bei der Ausbildung des Nervengewebes der Wirbeltiere in einem Übersichtsschema zusammen:

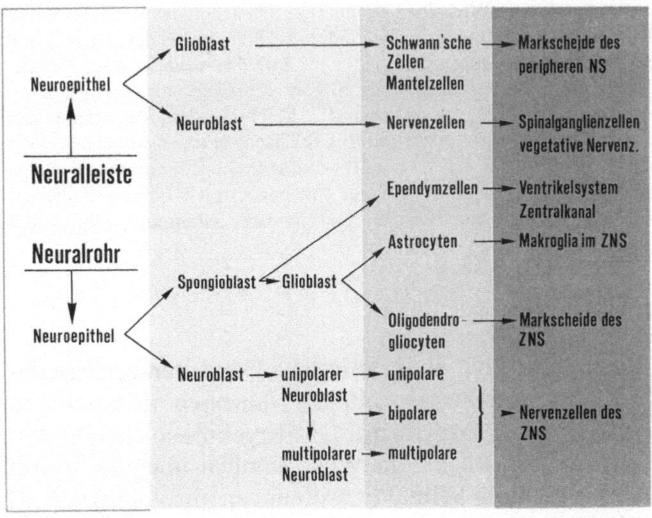

Die Histogenese des Wirbeltier-Neurons lehrt:

1. Der Neurit entsteht als erster Fortsatz des Neuroblasten.

2. Die Markscheide ist kein Produkt der Nervenzelle.

3. Die Segmentierung der Markscheide beruht auf serieller Anordnung von einzelnen Schwann- bzw. Oligodendrogliazellen um das Axon der Nervenzelle.

Die Neuronen treten durch Kontakt miteinander in Verbindung. Die Kontaktstellen weisen morphologische und chemische Besonderheiten auf. Sie werden als Synapsen bezeichnet. Der Begriff „Synapse" wurde von Physiologen geprägt und zunächst rein funktionell interpretiert. Heute ist das morphologische Substrat bekannt (Abb. 7). Eine Synapse besteht aus einer präsynaptischen Membran (Axonendknoten eines Neurons n) und einer postsynaptischen Membran (häufig Dendrit oder Soma eines Folgeneurons n + 1). Beide Membranen lassen meistens einen schmalen synaptischen Spalt von ca. 200–500 Å frei („chemische Synapsen", s. Abb. 24 oben links); sie können bei manchen Typen auch aufeinanderstoßen („tight junctions" der elektrischen Synapsen, s. Abb. 24 oben rechts). Vom Verknüpfungsort her gesehen unterscheidet man verschiedene Synapsen; einige sind in Abb. 7 skizziert.

Vergleicht man Neuronen, die vom Wirbeltier stammen, mit solchen der Wirbellosen, so zeigt sich prinzipiell ein ähnliches Bauprinzip. Besonders auffällig ist bei den Wirbellosen der Reichtum an dendritischen Strukturen. Möglicherweise wird hierdurch die für Zwecke der Informationsverarbeitung relativ geringe Anzahl von Neuronen, aus denen sich das Zentralnervensystem zusammensetzt, „kompensiert". Markscheiden, die denen der Wirbeltiere entsprechen, sind dort nicht ausgebildet: Die Fasern besitzen wenig oder kein Myelin. Schnelle Impulsleitung kann durch verhältnismäßig dicke Riesenfasern gewährleistet sein. Um die Leitungsgeschwindigkeit einer myelinisierten Faser zu erreichen, müßte die marklose Faser mehr als den 50fachen Durchmesser haben und mehr als das 100fache an Energie aufwenden.

2. „Zell-Architektur"

Ein Neuron hat die Möglichkeit, über zahlreiche Dendriten *verschiedene Informationen* von vielen vorgeschalteten Neuronen aufzunehmen und zu verarbeiten (Konvergenzprinzip). Das Ergebnis solcher Verarbeitungen wird jedoch nur auf einem Weg, nämlich über das Axon weitergeleitet (Abb. 7). Durch Seitenverzweigungen, die vom Axon als Kollaterale abgehen, kann *dieselbe Information* wieder mehreren nachgeschalteten Nervenzellen zugeführt werden (Divergenzprinzip). Hierzu einige Beispiele: Abb. 8 zeigt fünf verschiedene Neuronentypen

18

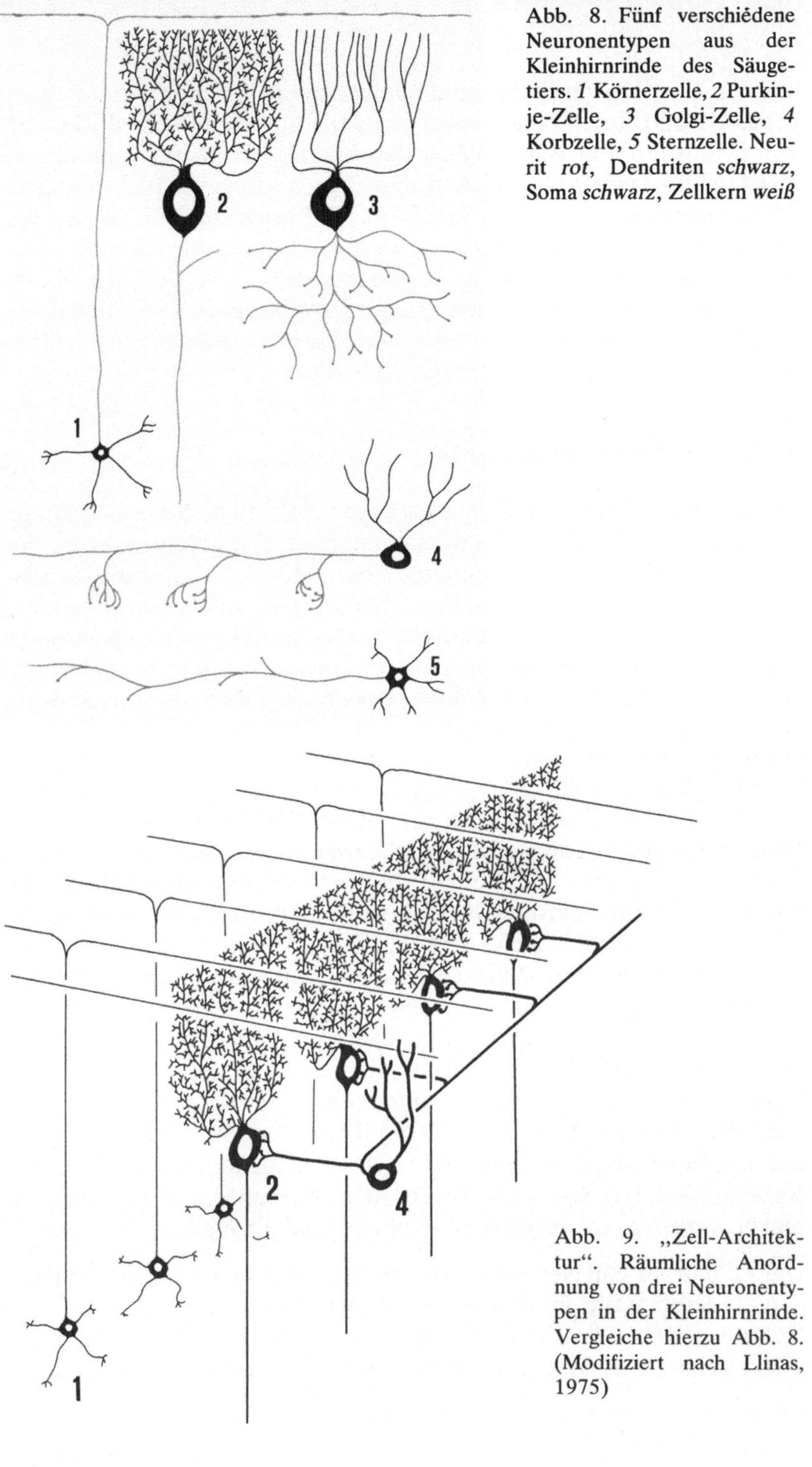

Abb. 8. Fünf verschiedene Neuronentypen aus der Kleinhirnrinde des Säugetiers. *1* Körnerzelle, *2* Purkinje-Zelle, *3* Golgi-Zelle, *4* Korbzelle, *5* Sternzelle. Neurit *rot*, Dendriten *schwarz*, Soma *schwarz*, Zellkern *weiß*

Abb. 9. „Zell-Architektur". Räumliche Anordnung von drei Neuronentypen in der Kleinhirnrinde. Vergleiche hierzu Abb. 8. (Modifiziert nach Llinas, 1975)

aus der Kleinhirnrinde. Sie sind alle nach dem gleichen Grundschema gebaut: Dendriten, Soma, Neurit (Axon). Durch unterschiedliche Zahl von Dendriten und Axonkollateralen sind sie bereits für verschiedene Verschaltungsprinzipien prädestiniert. Typ 2: Konvergenz, Typ 3 und 5: Konvergenz und Divergenz, Typ 1 und 4: überwiegend Divergenz. Ihre endgültige Prägung erfährt die strukturelle Ordnung der Kleinhirnrinde durch bestimmte Anordnung der Neuronentypen in den drei Raumebenen (Abb. 9): Wir nennen dies *Zell-Architektur*. (Neuroanatomische Techniken für die Aufklärung von Faserverbindungen im Gehirn s. methodischen Anhang S. 232 und Abb. 6).

3. Neurale Funktionsstrukturen

Am Bau eines „einfachen" Wirbeltiergehirns sind mehrere 100 Millionen Neuronen beteiligt. Hierbei kann ein einzelnes Neuron (z. B. eine Purkinje-Zelle aus dem Kleinhirn) über zahlreiche dendritische Verzweigungen Eingänge von nahezu 200 000 vorgeschalteten Neuronen erhalten (Konvergenz). Umgekehrt ist es möglich, daß ein einziges Neuron (z. B. eine Pyramidenzelle der Großhirnrinde) über zahlreiche Axonkollaterale die Information wieder an Tausende von anderen Neuronen weitergeben kann (Divergenz). Die Phänomene der Konvergenz und Divergenz — u. a. zusammen mit den drei Grundrechenoperationen Addition, Subtraktion und Multiplikation — geben uns Einblicke über die Möglichkeiten, mit denen das Zentralnervensystem Daten verarbeiten kann. Auf Grund dieser Vielfalt scheint es zunächst hoffnungslos zu sein, funktionelle und zugeordnet anatomische Beziehungen zwischen Neuronen im Gehirn aufklären zu wollen. Allerdings ist das Nervensystem nicht derart gebaut, daß Verarbeitungsschritte jeweils nur von wenigen Neuronen oder auch nur von einem bestimmten Neuronentyp durchgeführt werden. Bestimmte Arbeitsschritte sind häufig mehrfach repräsentiert, so daß stets zahlreiche Neurone mit bestimmten Aufgaben in gleicher Weise synchron arbeiten. Solche Neuronenpopulationen bilden einen Sicherheitsfaktor in zweierlei Hinsicht: (1) Gewährleistung der Funktion und (2) „Kompensation" des von der Geburt bis zum Tode sich vollziehenden Absterbens von Nervenzellen. Bei den Wirbeltieren hat die Nervenzelle ihre Teilungsfähigkeit verloren; ihr Absterben ist ein unwiederbringlicher Verlust.

Die Zellkörper von Neuronen mit gleicher oder ähnlicher Funktion sind häufig gemeinsam in definierten Abschnitten oder Schichten des Gehirns lokalisiert (Abb. 10). Man bezeichnet solche Gebiete als „Kern" (Nucleus), Ganglion, Area, Regio, Stratum; Beispiele: Nucleus

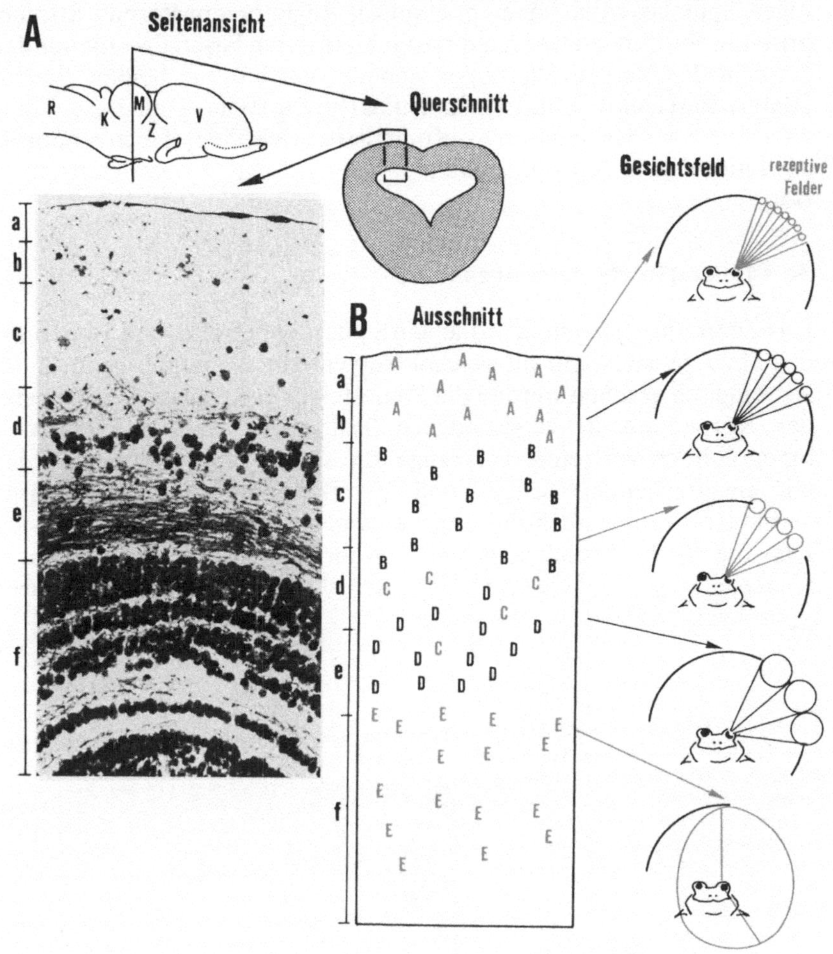

Abb. 10. (A) Strukturelle Ordnungen im Gehirn. Der Ausschnitt zeigt den histologischen Schichtenbau des Tectum opticum (Mittelhirndach) der Erdkröte. Neuronen mit gleichen oder ähnlichen Antworteigenschaften sind häufig in denselben Schichten lokalisiert. (Kombinierte Zell- und Fibrillenfärbung nach Klüver-Barrera). *V* Vorderhirn, *Z* Zwischenhirn, *M* Mittelhirn, *K* Kleinhirn, *R* Rückenmark. (B) Zuordnung verschiedener Neuronenklassen zu den einzelnen Tectum-Schichten. *A–C* Lage der Axonendknoten von Vertretern drei verschiedener, in das Tectum projizierender retinaler Ganglienzellklassen II (*A*), III (*B*) und IV (*C*), die sich u. a. durch die Größe ihrer visuellen rezeptiven Felder unterscheiden. *D* Tectum-1- und -2-Neuronen mit relativ kleinen rezeptiven Feldern. *E* Großfeldneuronen. (Hiermit sind bei weitem nicht alle Reaktionstypen erfaßt!) Die Karte beruht auf Mikroelektrodenmarkierungen; s. S. 219. (Modifiziert nach Ewert und v. Wietersheim, 1974)

niger, Spinalganglion, Area praeoptica, Regio praepiriformis, Stratum
griseum. Verbunden werden diese Gebiete durch Faserzüge, die aus den
Axonen der Nervenzellgruppen gebildet werden; sie heißen Tractus
(Bahn), Fasciculus (Bündel), Funiculus (Strang) oder — als Verbindung
zwischen zwei Hirnhälften — Kommissur; Beispiele: Tractus opticus,
Pyramidenbahn, Vorderhirnbündel, Grenzstrang, Commissura anterior.

4. Topographische Ordnungen

Das Zentralnervensystem ordnet ein Signal der betreffenden Sinnesmo-
dalität zu, je nachdem, auf welcher Nervenbahn die Impulse eintreffen.
Histologisch gesehen werden die Sinnesfelder des Auges, des Ohrs und
der Körperhaut in verschiedenen Teilen des Gehirns mehrstufig
topographisch vertreten. Faserzüge, die solche rezeptorischen Felder
mit entsprechenden Schalt- und Verarbeitungsstufen des Gehirns
verbinden, werden auch Projektionsbahnen genannt. So projiziert sich
z. B. die Wirbeltiernetzhaut unter Wahrung der Topographie ihres
Sinnesfeldes u. a. auf die Oberflächenschichten des gegenüberliegenden

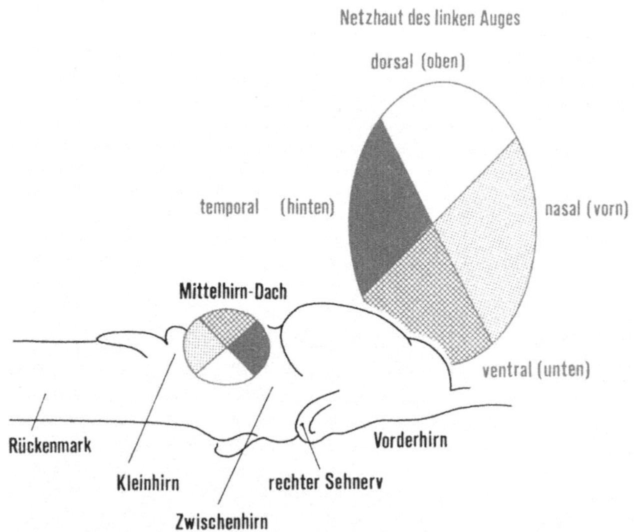

Abb. 11. Projektion der Netzhaut vom linken Auge auf das rechte Mittelhirndach. Die
Projektionsverhältnisse sind für die Netzhautquadranten grob schematisiert. Das Prinzip
wird am Beispiel der Erdkröte gezeigt; es ist jedoch für alle anderen untersuchten
Wirbeltiere ähnlich. (Nach Ewert und Borchers, 1971)

Mittelhirndachs (Tectum opticum). Die Vermittlung geschieht durch den Sehnerven als Projektionsbahn (Tractus opticus) (Abb. 11). Man nennt diese strukturelle Ordnung „*retinotopische* Projektion".
Auf ähnliche Weise projiziert sich auch jeder Ort der Körperhaut in verschiedene Hirnregionen. Die Hautbezirke werden beim Säugetier z.B. in bestimmten Oberflächenbereichen der Großhirnrinde repräsentiert (Abb. 12, schwarz). Hierbei ist das räumliche Ausmaß der Vertretung im Gehirn mit der jeweiligen Bedeutung des betreffenden Hautareals korreliert. Wir nennen diese Ordnung „*somatotopische* Projektion". Sozusagen in umgekehrter Richtung werden von einem benachbarten Hirngebiet aus die Muskelgruppen der entsprechenden Körperregion „kontrolliert" (Abb. 12, rot). Über diese als Pyramidenbahnen bezeichneten Faserzüge kann die Aktivität der Motoneuronen

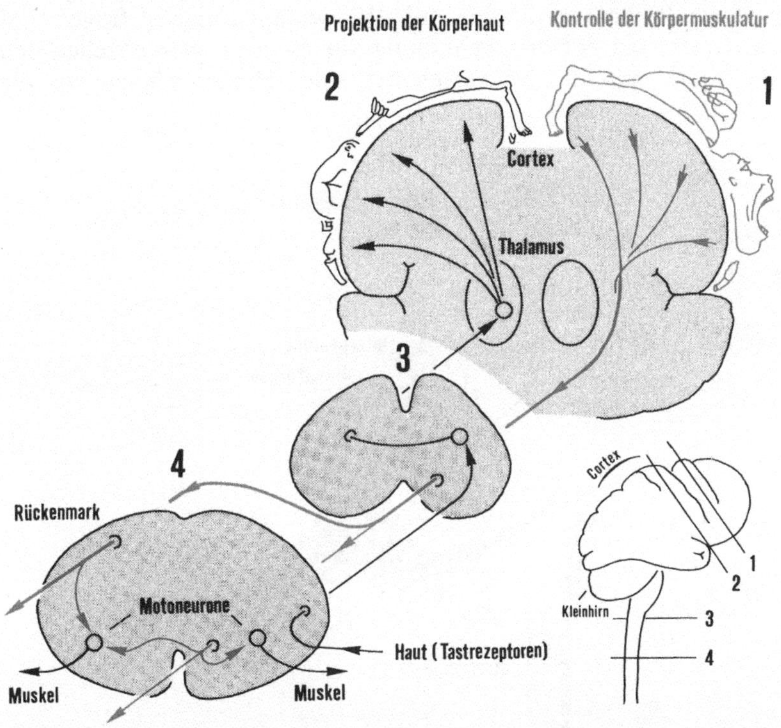

Abb. 12. Projektion der Körperhaut (*schwarz*) auf die Oberfläche der sensorischen Großhirnrinde des Menschen. *Rot*: topographische Verhältnisse für die Kontrolle der Körpermuskulatur aus der motorischen Großhirnrinde. Die Proportionen der beiden eingezeichneten Homunculi entsprechen dem jeweiligen Ausmaß der Vertretungen im Gehirn. (Verändert nach Penfield und Rasmussen, 1957)

im Rückenmark direkt oder auch indirekt über Zwischenneuronen beeinflußt werden. Das räumliche Ausmaß der Muskelrepräsentanz im Gehirn ist mit der jeweiligen Bedeutung des Muskels korreliert.

II. Ein Verhaltensexperiment

Vor uns sitzt eine Kröte. Wir berühren ihre Körperflanke vorsichtig mit einer Reizborste: Die Kröte beantwortet den Reiz mit einer gezielten Bewegung ihrer Hinterextremität. Die Wischbewegung ist darauf ausgerichtet, den störenden Hautreiz zu entfernen. Löst man die Wischhandlung in kurzen Zeitabständen — z. B. in 5-sec-Intervallen — wiederholt aus, so läßt die Antwortbereitschaft nach, bis sie schließlich ganz erlischt. Diese relativ einfache Reiz-Reaktions-Beziehung wirft eine ganze Reihe von Fragen auf. Wir wollen zunächst fragen, auf welche Weise bei der Wischhandlung Sinneszellen, Nervenzellen und Muskelfasern miteinander verschaltet sind. Hierzu wählen wir die

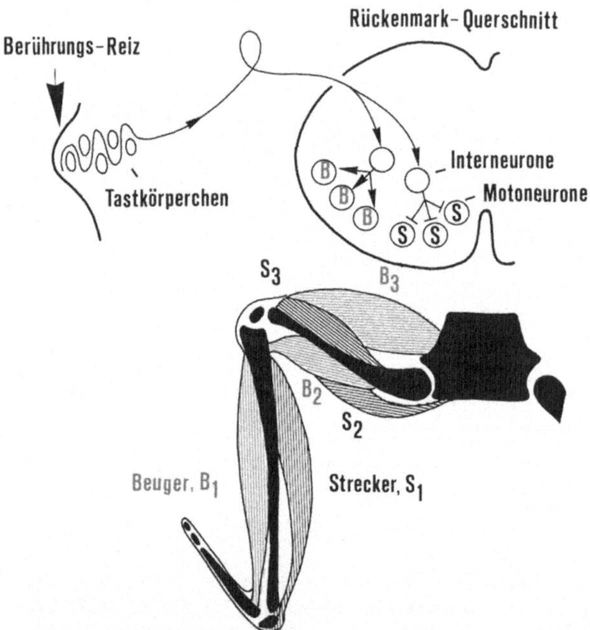

Abb. 13. Die Wischhandlung der Erdkröte. Schema für die Beuger-Aktivierung und Strecker-Hemmung

Phase, in der die Kröte ihre Hinterextremität zum Wischen anhebt (Abb. 13): Von den Berührungsrezeptoren ausgehend werden im Rückenmark über bestimmte Interneuronen die motorischen Neuronen für die Beugermuskeln aktiviert und die Motoneuronen für die Strecker gehemmt. Um die neurale Schaltung verstehen zu können, die durch den Berührungsreiz erregt schließlich zur Kontraktion des Beugermuskels führt, seien einige neurophysiologische Grundlagen vorangeschickt.

Eine Verschaltung zwischen Rezeptoren und Effektoren über Neuronen des Zentralnervensystems (Rückenmark) wird durch den sogenannten Eigenreflex repräsentiert (Abb. 14). Seine Aufgabe besteht darin, die Länge des Skelettmuskels konstant zu halten. Solche Prozesse können z. B. bei der Sicherung der Körperhaltung eine wichtige Rolle spielen. Wird der Muskel passiv gedehnt, so läßt er sich durch Kontraktion über den Eigenreflexbogen wieder auf seine ursprüngliche Länge verkürzen. Dies geschieht auf folgende Weise: Im Skelettmuskel

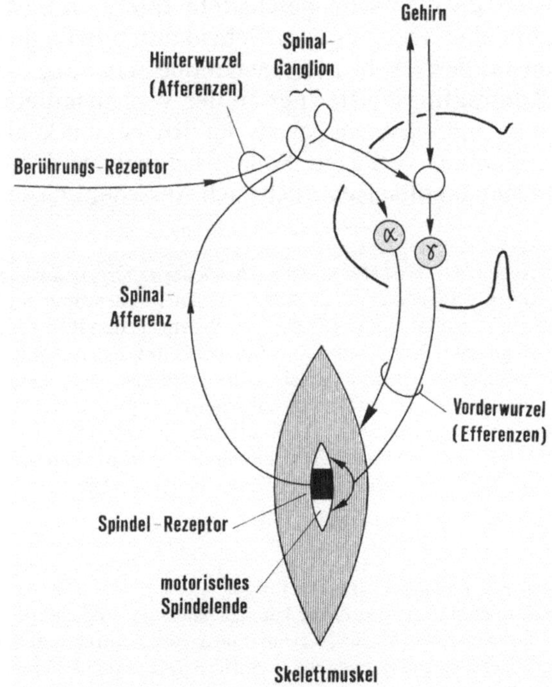

Abb. 14. Muskelkontraktion bei der Wischhandlung. Verschaltungsprinzipien für Rezeptoren, Neuronen und Muskelfasern. Erläuterungen im Text

befindet sich ein Rezeptor, der auf Dehnung anspricht; es ist die Muskelspindel. Ihre Erregung wird entlang der Sinnesnervenfaser („Spindel-Afferenz")[3] in das Rückenmark zu einem α-Motoneuron geleitet, das über sein Axon (α-Efferenz) den Muskel zur Kontraktion bringt[4].

Wodurch wird die Länge des Muskels bestimmt? Die Bereichseinstellung muß offensichtlich vom jeweiligen Dehnungszustand der Muskelspindel abhängig sein. Der Dehnungsgrad läßt sich durch kontraktile Strukturen an den beiden Spindelenden verändern; diese motorischen Strukturen werden von γ-Motoneuronen innerviert (Abb. 14). Somit ist die Bereichseinstellung der Muskellänge von der γ-Efferenz abhängig. Beim Eigenreflex ist sie konstant. Wird sie jedoch verändert, so muß sich auch die Länge des Muskels entsprechend ändern: Das ist die Voraussetzung für eine *gerichtete Bewegung* der Extremität.

Woher erhalten die γ-Neuronen ihren Erregungszufluß? In unserem Experiment — bei der Auslösung der Wischreaktion — kommt er von den Berührungsrezeptoren über zwischengeschaltete Interneuronen. Eine Wischbewegung kann aber auch aus dem Gehirn durch Erregung der γ-Neuronen gestartet werden (Abb. 14). Die neurale Schaltung für das räumlich-zeitliche Kontraktionsmuster der an der Wischhandlung beteiligten Muskelgruppen muß jedoch bereits im Rückenmark als „fertiges motorisches Programm" vorliegen. So läßt sich bei der Kröte die Wischbewegung auf einen taktilen Reiz auch nach Ausschaltung des Gehirns noch auslösen.

Wie kann man sich das Erlöschen der Wischreaktion nach wiederholter Auslösung erklären? Prinzipiell sind mehrere Möglichkeiten denkbar: (1) Die Rezeptoren sind adaptiert, (2) die Beinmuskulatur ist ermüdet oder (3) die Gewöhnung an den Reiz wird durch das Zentralnervensystem gelenkt. Man kann diese Möglichkeiten experimentell testen. Auf Grund neurophysiologischer Befunde scheidet die erste aus, denn durch aufeinanderfolgende Berührungsreize, wie sie im Verhaltensexperiment gesetzt wurden (alle 5 sec ein Reiz), bleibt die Antwort der sensorischen Faser unbeeinflußt. Die zweite Möglichkeit kommt auch nicht in Frage, denn nach Gewöhnung der Wischhandlung für einen Hautort A, läßt sich diese Reaktion durch Reizung eines benachbarten Ortes B

---

3 *Afferenzen* sind sensorische Nervenbahnen, die die fortgeleiteten Erregungen von einem Sinnesorgan zum Zentralorgan führen. *Efferenzen* kennzeichnen den umgekehrten Weg, oder es sind motorische Nervenbahnen, die die Nervenimpulse vom Zentralorgan zu einem Erfolgsorgan leiten. Verallgemeinernd können die Begriffe Afferenz und Efferenz auch, jeweils auf ein bestimmtes Neuronenareal bezogen, innerhalb des Zentralnervensystems Anwendung finden.
4 Näheres über den Eigenreflex als „negatives Rückkoppelungssystem" s. Schmidt: Neurophysiologie, Heidelberger Taschenbücher, Band 96.

sofort wieder auslösen. Übrig bleibt also die dritte Möglichkeit. Da ein Berührungsreiz das Gehirn über Axonkollaterale der sensorischen Nervenfaser vom jeweiligen Reizgeschehen benachrichtigen kann, wäre es denkbar, daß das Ausbleiben der Wischbewegung nach wiederholter Reizung auf Gewöhnungsprozessen beruht, die nicht allein im Rückenmark, sondern auch im Gehirn ablaufen. Nach Hirnausschaltung ist die Fähigkeit der Kröte, sich an taktile Hautreize zu gewöhnen, stark herabgesetzt.

In den kommenden Abschnitten soll jetzt in *groben Zügen* der Weg verfolgt werden, auf dem Informationen über Umweltreize in das Zentralnervensystem gelangen, dort verarbeitet werden und schließlich eine Muskelkontraktion veranlassen können. Die folgende Darstellung ist zum Verständnis des Prinzips stark vereinfacht und teilweise idealisiert. (Zusammenfassende schematische Darstellungen s. Abb. 15 und die Tabelle auf S. 28 und 29).

III. Die „Sprache" des Nervensystems

Wenn man sich eine erste Vorstellung über die Erregbarkeit von Sinnes- und Nervenzellen machen will, so bietet sich der Vergleich mit dem Telegraphensystem an. Dort ist in Ruhestellung der Stromkreis geöffnet; beim Drücken der Taste wird er jeweils für kurze Zeit geschlossen. Die Nervenfaser arbeitet nach einem anderen Prinzip: während der Senderuhe besteht zwischen den Elektrolyten innerhalb und außerhalb der Zellmembran eine Potentialdifferenz. Bei der Entstehung eines Impulses sinkt das Ruhepotential blitzartig gegen Null, um gleich wieder auf seinen Ausgangswert zurückzukehren.

Wie kommt das Ruhepotential zustande? Voraussetzung hierfür sind Ladungsträger. Das Potential selbst entsteht durch Ladungstrennung. Als Ladungsträger fungieren K^+-, Na^+-, Cl^--Ionen und Eiweiß-Anionen (A^-). Ihre Konzentration ist innerhalb und außerhalb der Membran verschieden; für K^+ und A^- ist sie innen, für Na^+ und Cl^- ist sie dagegen außen höher (Abb. 15). Die Ladungstrennung beruht auf bestimmten Eigenschaften der Membran. Während der Senderuhe ist sie hauptsächlich für K^+ permeabel. Die K^+- und A^--Ionen werden zunächst ihrem Konzentrationsgefälle folgend versuchen, nach außen zu diffundieren. Während K^+ die Membran passieren kann, werden jedoch die großen Eiweiß-Anionen zurückgehalten. Die hierbei entstehende Ladungstrennung macht die Nervenzelle gewissermaßen zur Batterie mit einer Betriebsspannung von etwa -70 mV. Bei Sinnes- und Muskelzellen sind die Verhältnisse ähnlich. Die Grundlagen ihrer Funktionen sind mit Änderungen dieses Ruhepotentials verbunden.

	Morphologisches Substrat	Physiologischer Prozeß	Funktionseigenschaft	Aufgabenkomplex
Sinneszelle (Rezeptor)	Rezeptormembranbereiche (z. B. Dendrit)	Reiz bewirkt Änderung der Ionenleitfähigkeit. Ausbildung eines Generatorpotentials (GP)	Reiz-Erregungs-Transformation	Information gelangt in das Zentralnervensystem (ZNS)
	angrenzende Membranbereiche	passive, elektrotonische Ausbreitung des GP		
	Axonhügel (Triggerzone)	elektrische Erregung (durch das GP) führt zur Ausbildung von Aktionspotentialen (APs)	Kodierung	
	Axon (Neurit)	Übersetzung der Reiz-Depolarisation in eine Folge von APs nach dem Prinzip der Frequenzmodulation. (Es gibt auch Axone, die keine APs bilden!)	Impulsleitung	
Synapse	Axonendknoten, synaptische Vesikel, präsynaptische Membran	APs setzen Transmittersubstanz frei	Dekodierung	Informationsübertragung von Neuron zu Neuron
	postsynaptische Membran (z. B. Dendrit, Soma)	Rückübersetzung der AP-Folge (Amplitudenmodulation). Chemische Erregung durch Transmitter bewirkt postsynaptisches Potential, PSP. Nichtlineare Summation der PSPs.		
Neuron(en)	Soma	passive Ausbreitung und Summation der von verschiedenen Synapsen eintreffenden EPSPs u. IPSPs	Rechenoperationen	Informationsverarbeitung
	Axonhügel (Triggerzone)	elektrische Erregung durch resultierendes EPSP bewirkt APs	Kodierung Impulsleitung	

motorische Endplatte	präsynaptische Membran eines motorischen Neurons	APs setzen Transmittersubstanz frei	neuromuskuläre Übertragung	Information verläßt das ZNS
	Endplattenmembran der Muskelfaser	chemische Erregung durch Transmitter bewirkt Endplattenpotentiale (EPPs). Summation der EPPs		
Muskelfaser (Effektor)	Faser- und T-System-Membran	elektrische Erregung durch EPP bewirkt Muskel-Aktionspotentiale	Impulsleitung	
	Sarkoplasmatisches Retikulum (SR)	Depolarisation der angrenzenden T-System-Membran bewirkt Freisetzung von Ca^{++}-Ionen (Austausch gegen Mg^{++})	elektromechanische Koppelung	
	Myofilamente	Ca^{++}-Ionen aktivieren Myosin-ATPase; Freisetzung von Energie durch ATP-Spaltung		
		Energie für „Greif-Loßlaß"-Mechanismus zwischen Aktin und Myosin	Faserkontraktion	
	SR-System	T-System-Membran ist repolarisiert; SR nimmt Ca^{++}-Ionen im Austausch gegen Mg^{++} auf.	Faser-erschlaffung	
	Myofilamente	Inaktivierung der ATPase. Trennung zwischen Aktin und Myosin durch Bildung eines ATP-Myosin-Mg^{++}-Komplexes („Weichmacher-Wirkung" des ATP)		

Das Ruhepotential kann verändert werden, wenn die Membran ihre Selektivität für bestimmte Ionenarten ändert (Abb. 16). Läßt sie z.B. überwiegend Na^+ passieren, sinkt das Membranpotential. Wir sagen dann, die Membran ist *depolarisiert*. Es gibt jedoch auch Membranzustände, in denen die Membranen hauptsächlich für K^+ und Cl^- durchlässig sind. Dann vergrößert sich das Membranpotential; die Membran ist *hyperpolarisiert*.

Wie gelangt Information in das Nervensystem? Jeder Reiz (optisch, mechanisch, chemisch) bewirkt über Zwischenprozesse, die wir im einzelnen noch nicht genau kennen, eine Änderung der Ionenleitfähigkeit in der Rezeptormembran (Photo-, Mechano-, Chemorezeptor). Die hierdurch herbeigeführte Potentialänderung bezeichnet man als Generatorpotential (Abb. 15). Es ist die erste elektrisch meßbare Antwort auf einen Reiz. Das Rezeptorpotential kann in seiner Höhe die Intensität und die Dauer des Reizes wiedergeben. Tritt das Generatorpotential als Depolarisation auf, so ist der Rezeptor während dieser Zeit erregt. Das Potential breitet sich passiv über das Soma aus, bis es das Axon erreicht hat. Die Axonmembran ist von einem bestimmten Bereich („Triggerzone") ab — nach Überschreiten einer Schwelle — elektrisch erregbar: Die Reiz-Depolarisation bewirkt höhere Permeabilität für Na^+-Ionen; der Na^+-Einstrom in die Faser vergrößert sich. Dadurch wird das Membranpotential gesenkt, die Depolarisation verstärkt, und die „Na^+-Kanäle" der Membran werden weiter geöffnet. Im Laufe dieses sich selbst steigernden positiven Rückkoppelungsprozesses (Abb. 17) bricht das Membranpotential blitzartig zusammen, um danach wieder schnell auf seinen Ausgangswert zu gelangen. Diese schnelle Potentialänderung bezeichnet man als Nervenimpuls, Aktionspotential oder „spike". Sie ist ihrer Entstehungsweise nach eine Alles-oder-Nichts-Reaktion.

Im einzelnen nimmt man an, daß die Na^+-Durchtrittsöffnungen der polarisierten Membran durch Bindungen mit Ca^{++}-Ionen verschlossen werden. Durch überschwellige Depolarisation werden sie für den Na^+-Einstrom gelöst. Die Membrandepolarisation aktiviert jedoch nicht nur ein Na^+-Einstrom-, sondern zeitlich verzögert auch ein K^+-Ausstrom-System. Hierbei wird das Na^+-System schon wieder inaktiviert, bevor das Aktionspotential seine Spitze erreicht hat. Die Abstiegsflanke des Potentials (Abb. 17) wird hauptsächlich durch den erhöhten K^+-Ausstrom hervorgerufen.

Der zur Wiederherstellung des Ruhepotentials erforderliche Rücktransport der Ionen erfolgt in der Refraktärzeit mittels sogenannter Ionen-Pumpen; sie werden durch Energie aus dem Stoffwechsel unterhalten. Solche Pumpen müssen ebenfalls an der Aufrechterhaltung des Ruhepotentials beteiligt sein, denn auch im „Ruhezustand" fließen geringe Mengen Na^+-Ionen in das Zellinnere. Würden sie nicht aktiv gegen ihr Konzentrationsgefälle im Austausch gegen K^+-Ionen nach außen transportiert, so müßte das Ruhepotential langsam zusammenbrechen. Damit wäre die Grundlage für die Impulsbildung des Neurons genommen. Wir sehen also eine direkte Verbindung zwischen Sauerstoffbedarf, Stoffwechselenergie und Nerventätigkeit.

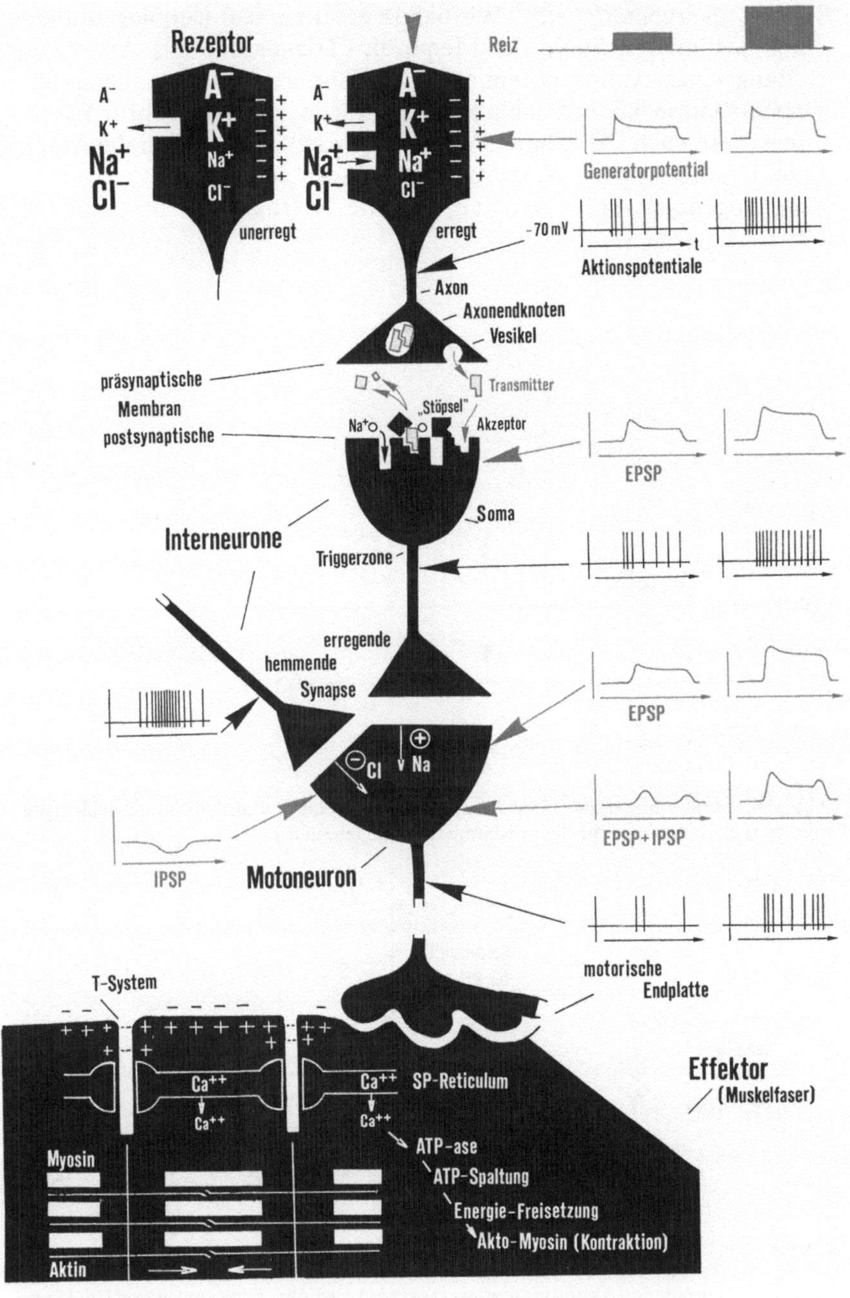

Abb. 15. Neurophysiologische Grundprozesse, die sich zwischen Reiz (Rezeptorerregung) und Verhaltensantwort (Muskelkontraktion) abspielen. Stark schematisiert für den quergestreiften Wirbeltiermuskel; s. Text auf S. 27 und Tabelle auf S. 28 und 29

Was ist „Nerventätigkeit"? Wir haben gesehen, daß Depolarisation an einer bestimmten Stelle der Membran (Triggerzone des Axons) zur Bildung eines Aktionspotentials (AP) führen kann. Bei anhaltender Depolarisation können mehrere APs folgen; sie haben ihrer Entstehungsweise nach (Alles-oder-Nichts-Antwort) eine gleich hohe Amplitude. Hierbei wird der kürzestmögliche Abstand zwischen zwei aufeinanderfolgenden APs durch die absolute Refraktärzeit bestimmt; sie

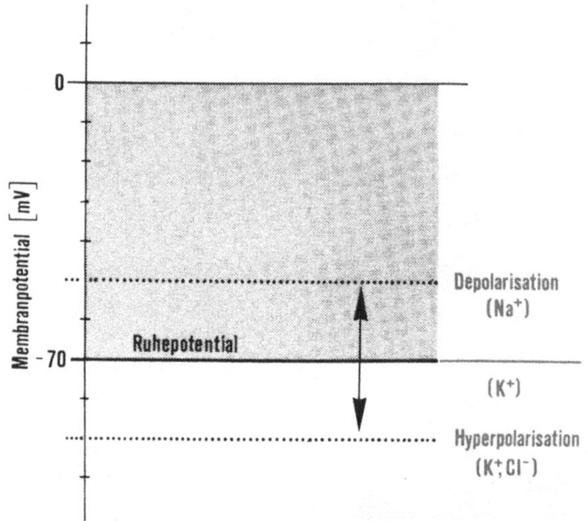

Abb. 16. Membranzustände. Die Potentialverschiebungen beruhen hauptsächlich auf selektiver Permeabilität für die in Klammern angegebenen Ionen

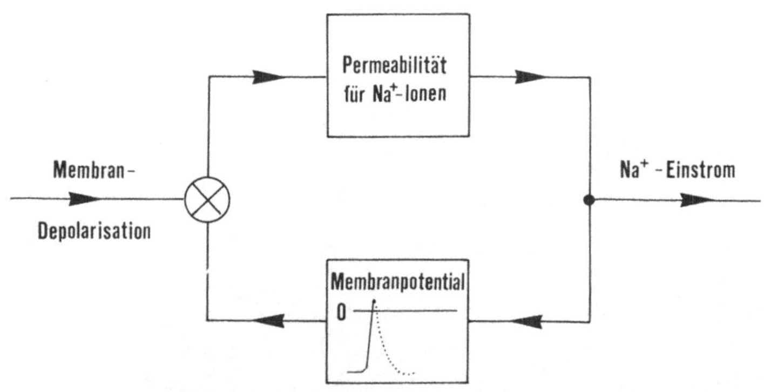

Abb. 17. Deutung des Aktionspotentials (Anstieg) als Folge eines „positiven Rückkoppelungsprozesses"

dauert 1–2 ms. Erst nach Ablauf dieser Zeitspanne kann ein neues AP entstehen. Die Latenzzeit bis zum nächstfolgenden AP ist dann von der Stärke der Depolarisation abhängig: je höher die Amplitude, desto kürzer ist die Latenz. Somit kann die Amplitude der Depolarisation die zeitliche Folge der APs, also ihre Frequenz bestimmen. Die Sprache des Neurons ist in seiner Entladungsfrequenz verschlüsselt.

Die Aktionspotentiale setzen sich, indem sie benachbarte Regionen erregen, entlang der Axonmembran fort. Die Leitung erfolgt auf Grund von „Kreisströmchen" zwischen innerem und äußerem Elektrolyten der Membran. Ist die Faser von Markscheiden umgeben, so kommt es durch die isolierende Wirkung der Internodien zu einer sprunghaften — saltatorischen — Erregungsausbreitung zwischen benachbarten Schnürringen. Hierdurch wird die Leitungsgeschwindigkeit erhöht. Das saltatorische Prinzip hat noch einen weiteren Vorteil: Es ist vom energetischen Standpunkt her gesehen sparsam, denn der Einsatz aktiver Ionentransportmechanismen bleibt jeweils auf die Membranbereiche innerhalb der Schnürringe beschränkt. (Über Meß- und Registriertechniken für Neuronenantworten s. methodischen Anhang S. 208)

Wir fassen kurz zusammen:

Reizung der Sinneszellen führt zur Ausbildung eines Generatorpotentials, dessen Amplitude die Reizintensität wiedergeben kann. Wir nennen dieses Transformationsprinzip *Amplitudenmodulation*.

Wenn das Generatorpotential als Depolarisation auftritt, kann es in der Triggerzone des Axons in den Kode des Nervensystems — Aktionspotentiale von bestimmter Frequenz — übersetzt werden. Hierbei wird die Amplitude des Generatorpotentials in dem zeitlichen Aufeinanderfolgen der APs ausgedrückt; die Amplitude der APs bleibt hierbei konstant.

Diese *Frequenzmodulation* beruht auf drei Eigenschaften des Aktionspotentials:

1. Die Alles-oder-Nichts-Reaktion bedingt eine gleich hohe Amplitude der APs.

2. Die Refraktärzeit führt zu dem Sequenzcharakter.

3. Die Intensität-Latenzzeit-Beziehung bewirkt, daß die Information über die Amplitude der Depolarisation — von der Grundlinie des Ruhepotentials aus gemessen — in der Frequenz der APs enthalten ist.

IV. Nachrichtenübermittlung im Nervensystem

Voraussetzung dafür, daß Neuronen interagieren — d. h. Informationen verarbeiten —, ist eine Rückübersetzung ihrer Impulssprache. Diese Entschlüsselung, auch Dekodierung genannt, erfolgt an jenen Stellen, an denen Rezeptoren mit Neuronen oder Neuronen untereinander in Kontakt stehen, also den Synapsen. Wenn wir von einer synaptischen 1:1-Übertragung ausgehen, kann die Impulsfolge an der postsynaptischen Membran wieder in jene Depolarisation rückübersetzt werden, der sie ursprünglich ihre Entstehung verdankt (Abb. 15).

Wie erfolgt diese Rückübersetzung? In der Nähe der präsynaptischen Membran des Axonendknotens befinden sich kleine Bläschen; man nennt sie Vesikel. Beim Eintreffen eines Aktionspotentials entleeren sie ihren Inhalt — eine Überträgersubstanz (Transmitter) — in den synaptischen Spalt. Die Transmittermoleküle diffundieren ihrem Konzentrationsgefälle folgend zur postsynaptischen Membran und verändern auf chemischem Wege deren Leitfähigkeit. Bei erregenden Synapsen z.B. können durch den Transmitter die „Ionenkanäle" für

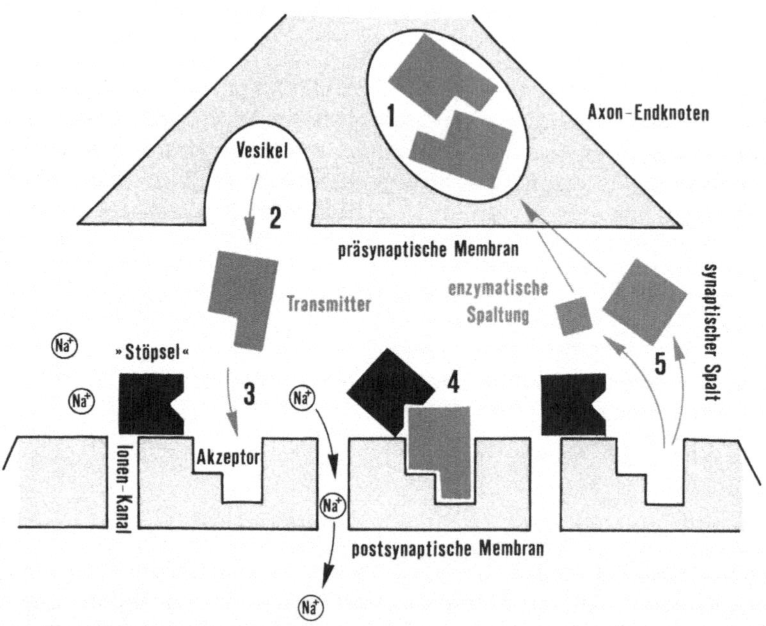

Abb. 18. Einfache Modellvorstellung für die Erregungsübertragung an einer erregenden „chemischen Synapse". Erläuterungen im Text

Na$^+$ geöffnet werden. Anschaulich könnte man sich vorstellen, daß der betreffende Ionenkanal der postsynaptischen Membran zunächst durch eine Art „Stöpsel"-Molekül verschlossen wird (Abb. 15 und 18). In der Nachbarschaft befindet sich eine „Akzeptor"-Struktur, in die der Transmitter nach dem Schlüssel-Schloß-Prinzip einrastet. Transmitter und Stöpsel gehen daraufhin eine Bindung ein, was dazu führt, daß der Stöpsel die Mündung des Ionenkanals freigibt (Abb. 18). Nach 1–2 ms werden die Transmittermoleküle enzymatisch gespalten. Die Spaltprodukte diffundieren ihrem Konzentrationsgradienten folgend zur präsynaptischen Membran zurück, die sie aufnimmt. Innerhalb des Axonendknotens wird die Transmittersubstanz dann wieder aus den beiden Komponenten synthetisiert. Voraussetzung für die synaptische Erregungsübertragung sind Ca^{++}-Ionen, über deren Wirkungsweise jedoch nichts Genaues bekannt ist.

Ein Aktionspotential kann somit auf chemischem Wege über Ausschüttung von bestimmten Transmittermolekülen die postsynaptische Membran depolarisieren. Der Verlauf dieses postsynaptischen Potentials wird hierbei durch die Konzentration der Transmittersubstanz im Spalt bestimmt: relativ schneller Anstieg (bedingt durch die Transmitteraus-

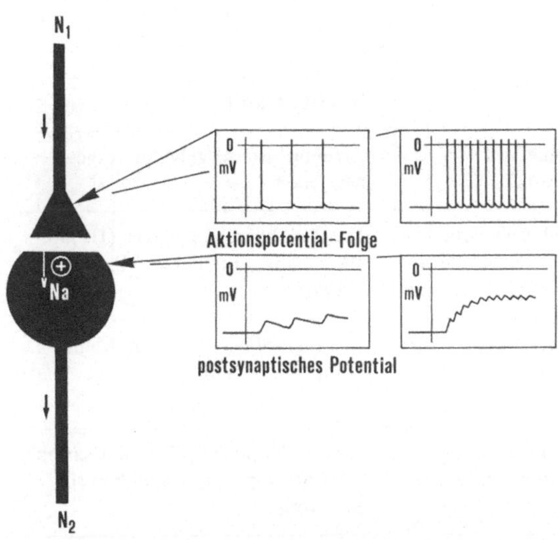

Abb. 19. Prinzip der „Dekodierung" an einer erregenden Synapse. Rückübersetzung einer Folge von Aktionspotentialen in ein *nicht-linear* aufsummiertes postsynaptisches Potential. Beispiel für relativ niedrige und hohe Frequenz präsynaptisch einlaufender Impulse

schüttung) und langsamer Abfall (bedingt durch die enzymatische Spaltung des Transmitters). Ein postsynaptisches Potential (PSP) unterscheidet sich gegenüber dem Aktionspotential darin, daß es einen relativ langsamen Zeitverlauf hat (ca. 15 ms) und eine kleine Amplitude besitzt (ca. 5 mV), die sich jedoch durch weiter hinzutretende PSPs durch Summation vergrößern kann. Da jedes PSP seine Entstehung einem Transmitterschub verdankt, der durch ein präsynaptisch einlaufendes AP in Gang gesetzt worden ist, muß die Amplitude des aufsummierten PSP um so größer sein, je kürzer der Zeitabstand zwischen den aufeinanderfolgenden Transmitterschüben ist. Somit kann sich die Frequenz der präsynaptisch einlaufenden APs postsynaptisch in der Amplitude des resultierenden PSP ausdrücken (Abb. 19).

Bei erregenden Synapsen tritt das PSP als Depolarisation auf. Es breitet sich passiv über das Soma aus und kann dann in der Triggerzone des elektrisch erregbaren Axons wieder in eine entsprechende Folge von APs umgesetzt werden. Wir hatten das Kodierungsprinzip bereits kennengelernt.

Für die Nachrichtenübermittlung im Nervensystem sind Dendriten und Neuriten (Axone) verantwortlich.

Wir fassen einige Merkmale und Funktionseigenschaften in einer Tabelle zusammen:

	Dendrit	Neurit (Axon)
Funktions-eigenschaft	Erregungsaufnahme von vor-geschalteten Neuronen	Erregungsweitergabe an Folge-neuronen
Physio-logisches Merkmal	An der Synapse überwiegend chemisch erregbar. (Schwelle für elektrische Erregung ist sehr hoch)	Meist elektrisch erregbar. (Es gibt auch Axone, die keine APs bilden)
	Ionenleitfähigkeit der postsynapti-schen Membran ist von der Trans-mittersubstanz abhängig	Ionenleitfähigkeit ist vom Mem-branpotential abhängig
	Membranpotential PSP spiegelt Transmitterkonzentration wider	Potentialänderung (Depolarisation) bewirkt weitere Leitfähigkeit für Na^+-Ionen
	PSPs zeigen langsamen Zeit-verlauf (10–15 ms) und lassen sich (nicht-linear) aufsummieren	APs haben schnellen Zeitverlauf (1–2 ms), sehr viel höhere Ampli-tuden und sind ihrer Entstehungs-weise nach „Alles-oder-Nichts"-Reaktionen

	Dendrit	Neurit (Axon)
Transformation	Dekodierung einer AP-Folge in ein aufsummiertes PSP: Amplitudenmodulation	Kodierung einer als Depolarisation erscheinenden Potentialänderung (PSP) in eine AP-Folge: Frequenzmodulation
Entwicklungsgeschichte	Sekundärer Zytoplasmafortsatz des Neuroblasten	Primärer Fortsatz des Neuroblasten
Histologische Merkmale	Breite Abgangsstelle vom Soma	Schmale Abgangsstelle vom Soma
	Enthält Nissl-Substanz	Enthält wenig oder keine Nissl-Substanz

V. Die drei Grundrechenarten

1. Rechenoperationen

Die Informationsübertragung findet an den Synapsen statt. Es gibt zwei Hauptgruppen von Synapsen: erregende (*exzitatorische*) und hemmende (*inhibitorische*). Bei den erregenden können Aktionspotentiale über Ausschüttung eines bestimmten Transmitters die postsynaptische Membran depolarisieren; dieses Potential heißt exzitatorisches PSP (EPSP). Wenn zwei Neuronen N_1 und N_2 mit einem dritten N_3 je eine erregende Synapse bilden (Abb. 20 A), so können sich die zugeordneten EPSPs an der Somamembran von N_3 aufsummieren. Das Resultat dieser *Addition* wird dann entlang des Axons in der Impulsfrequenz verschlüsselt nachgeschalteten Neuronen zugeführt.

Bei hemmenden Synapsen können Aktionspotentiale über die Ausschüttung eines anderen Transmitters die postsynaptische Membran hyperpolarisieren; dieses Potential heißt inhibitorisches PSP (IPSP). Es verläuft spiegelbildlich zum EPSP. Zwischen Impulsfrequenz und IPSP-Amplitude besteht prinzipiell die gleiche Beziehung, die wir bereits bei den erregenden Synapsen kennengelernt haben. Wenn ein Neuron N_1 mit einer erregenden und ein zweites Neuron N_2 mit einer hemmenden Synapse auf ein drittes N_3 konvergieren (Abb. 15 und 20 B), so wird das IPSP vom EPSP *subtrahiert*. Das Resultat wird in einem entsprechenden Impulskode entlang des Axons von N_3 fortgeleitet.

Außer der postsynaptischen Hemmung gibt es noch einen anderen Typ, die präsynaptische Hemmung. Sie setzt eine axo-axonale Synapse voraus (Abb. 20C). Angenommen, ein Neuron N_1 bildet mit einem Folgeneuron N_2 eine erregende Synapse. Man weiß, daß die Transmitterfreisetzung aus dem Endknoten der Faser N_1 von der Amplitude der einlaufenden Aktionspotentiale abhängig ist; diese wiederum ist korreliert mit dem bereits bestehenden Depolarisierungsgrad der Endknotenmembran. Je höher diese Grundlinien-Depolarisation ist, desto kleiner wird die AP-Amplitude. Die Endknotenmembran von N_1 kann durch eine dort ansetzende erregende Synapse depolarisiert werden. Sie stammt von einem Neuron N_3. Wir verstehen jetzt das Prinzip: Erregung

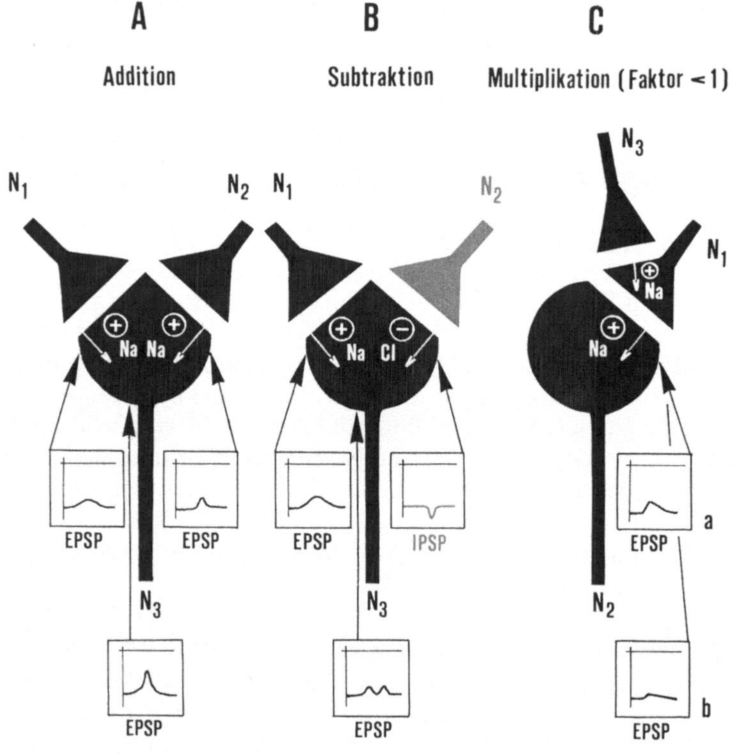

Abb. 20 A–C. Prinzip der drei Grundrechenoperationen, dargestellt an willkürlich ausgewählten postsynaptischen Potentialen für verschiedene Synapsentypen: (A) Zwei erregende Synapsen, (B) eine erregende und eine postsynaptisch hemmende Synapse (rot), (C) axo-axonale Synapse für präsynaptische Hemmung. Das Rechenergebnis ist als resultierendes EPSP jeweils unten wiedergegeben. Ca gibt das EPSP für in N_1 einlaufende Impulse wieder und Cb für zusätzliche Erregung von N_3

im Neuron N_3 senkt jeweils die Erregungsübertragung von N_1 auf N_2 um einen bestimmten Prozentsatz. Diese Hemmung entspricht einer *Multiplikation* mit einem Faktor, der kleiner als 1 ist.

2. Neuronenschaltungen

Für die Anwendung solcher neuronaler Rechenoperationen gibt es eine Reihe von übersichtlichen Beispielen. So kennen wir Neuronenschaltungen — man nennt sie negative Rückkoppelungssysteme — (Abb. 21 A), in denen ein Neuron bei der Fortleitung seiner Erregung sich selber durch Axonkollaterale über *hemmende Interneuronen* zum Schweigen bringt (Abb. 21 C). Weiterhin ist es möglich, daß sich Neuronen über *erregende Interneuronen* selbst erregen (Abb. 21 D) und auf diese Weise „kreisende Erregungen" kurzfristig speichern

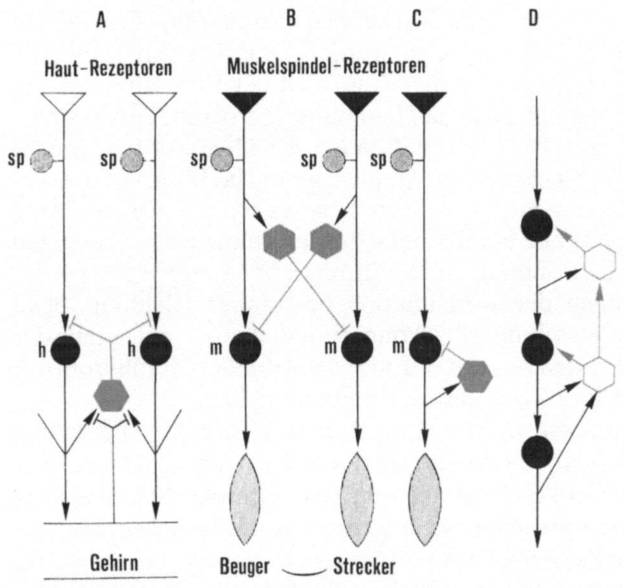

Abb. 21 A–D. Beispiele für relativ übersichtliche Neuronenschaltungen. (A) Prinzip der „lateralen Hemmung" im Rückenmark der Wirbeltiere, dargestellt am Beispiel der Rückwärts-Inhibition; *sp* Spinalganglion, *h* Hauptneuron. (B) „Reziproke Hemmung" (Vorwärts-Inhibition) von Beuger- und Streckermuskeln, *m* motorische Vorderhornzelle (C) „Negative Rückkoppelung" der α-Motoneuronen im Eigenreflex. (D) „Positive Rückkoppelung". — Bei den rot gezeichneten Zellen in (A–C) handelt es sich um hemmende, in (D) um erregende Interneuronen. (Pfeile bedeuten erregende, Linien mit Querstrich hemmende Synapsen)

können. Vielleicht beruht das Kurzzeitgedächtnis auf derartigen Verknüpfungen. Ein anderes Verschaltungsprinzip zeigt die reziproke Antagonisten-Hemmung (Abb. 21B); hier wird beim Aktivieren des Agonisten (z.B. Strecker) der Antagonist (Beuger) gehemmt — und vice versa.

3. Die „laterale Inhibition"

Eine wichtige Rolle bei der Informationsverarbeitung im Nervensystem spielt die sogenannte „seitliche Hemmung" (laterale Inhibition). Hierbei reduziert ein Neuron über Interneuronen die Erregung seiner Nachbarneuronen um ein bestimmtes Verhältnis der eigenen Aktivität (Abb. 21A). Laterale Hemmung — möglicherweise durch präsynaptische Rückwärts-Inhibition bedingt — finden wir z.B. im Rückenmark der Wirbeltiere. Sie bildet sich über hemmende Interneuronen zwischen solchen Bahnen aus, die Erregungen über Berührungsreize von bestimmten Hautrezeptoren dem Rückenmark zuführen. Erregungen durch großflächige Berührungsreize werden zunächst weitergeleitet. Hält der Reiz jedoch längere Zeit an, so wird der Erregungszustrom durch die rückwirkend einsetzende Hemmung gedrosselt. Erregungen, die auf einen stärkeren Reiz folgen, können das Hemmsystem wieder kurzfristig passieren. Sicherlich erfolgt die eigentliche Informationsverarbeitung erst in höheren Stufen des Zentralnervensystems. Man könnte sich jedoch auf diese Weise bereits einfache Gewöhnungserscheinungen erklären, z.B. die Gewöhnung an Berührungsreize unserer Körperbekleidung. Änderungen der Reizsituation bei rauher Kleidung, etwa durch „schlechte Waschmittel", können jedoch — entgegen der Meinung einiger Firmen — auf Grund der lateralen Inhibition nur vorübergehenden Einfluß auf unsere Empfindung haben.
Das Gehirn ist jedoch in der Lage, über bestimmte Faserzüge (Pyramidenbahnen) seine Aufmerksamkeit auf das taktile Reizgeschehen „bewußt" zu lenken; hierzu wird die laterale Inhibition — möglicherweise durch präsynaptische Hemmung der Interneuronen — kurzfristig reduziert (s. Abb. 21A).
Laterale Inhibition ist auch im optischen System ausgebildet. Bei der Betrachtung des Karomusters in Abb. 22 haben wir die Empfindung, daß in der Mitte der weißen Aussparungen „dunkle Straßen" verlaufen; man nennt sie Mach-Streifen. Diese Sinnestäuschung wird durch laterale Inhibition innerhalb unseres Sehsystems bedingt, und sie stellt gewissermaßen für uns „sichtbare" Informationsverarbeitung dar. Wir lernen hiermit eine weitere Leistung der lateralen Inhibition kennen, nämlich die Kontrastverschärfung; sie spielt bei der Wahrnehmung von

Graustufenkonturen eine wichtige Rolle. Abb. 22 zeigt das Prinzip grob schematisch an einem Beispiel: Hierbei soll ein Neuron j die Erregung seiner Nachbarn j+1 und j−1 jeweils um 25 % der eigenen reduzieren. Ergebnis: Durch laterale Inhibition wird das gesamte Erregungsniveau leicht gesenkt, die Erregungsunterschiede sind im Bereich der Kontrast-

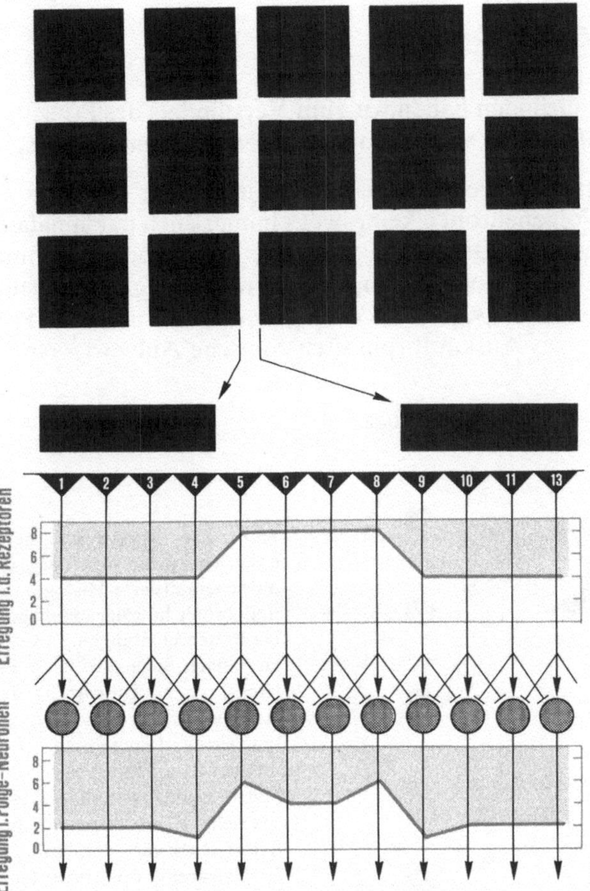

Abb. 22. Kontrastverschärfung durch „laterale Hemmung" zwischen rezeptorischen Bahnen im visuellen System. Das Prinzip der Wirkungsweise ist für zwei aus dem Karomuster herausgezeichnete Kontrastkanten anhand eines einfachen Schaltschemas veranschaulicht. Die oben rot eingeblendete Graphik möge den räumlichen Erregungsgrad in den rezeptorischen Bahnen *1–13* wiedergeben. Die untere Graphik zeigt die Erregungsverteilung nach lateraler Inhibition. In diesem Beispiel wurde davon ausgegangen, daß jede Bahn von der seitlich benachbarten 25 % ihrer eigenen Erregung subtrahiert

kanten überhöht. Jetzt finden auch die „dunklen Straßen" ihre
Erklärung.
Dem Prinzip der Kontrastverschärfung durch laterale Inhibition begeg-
nen wir auch in anderen sensorischen Systemen — sowohl bei
Wirbeltieren als auch bei den Wirbellosen.

VI. Komplexität

Aus didaktischen Gründen haben wir zum Verständnis des Prinzips[5] in
diesem Kapitel eine Reihe von vereinfachenden Annahmen gemacht.

1. Der Intensitätsverlauf eines Reizes wird durch die Aktivität von
Rezeptoren und Folgeneuronen keineswegs immer auch nur annähernd
getreu wiedergegeben. Derartige „tonische" Antworten kommen
höchst selten vor. Viele Sinneszellen und Neuronen zeigen auf Dauer-
reize leichte Adaptation (Abb. 23 A); sie geben über Einsetzen, Höhe
und Dauer des Reizes Auskunft (phasisch-tonische Antwort). Andere

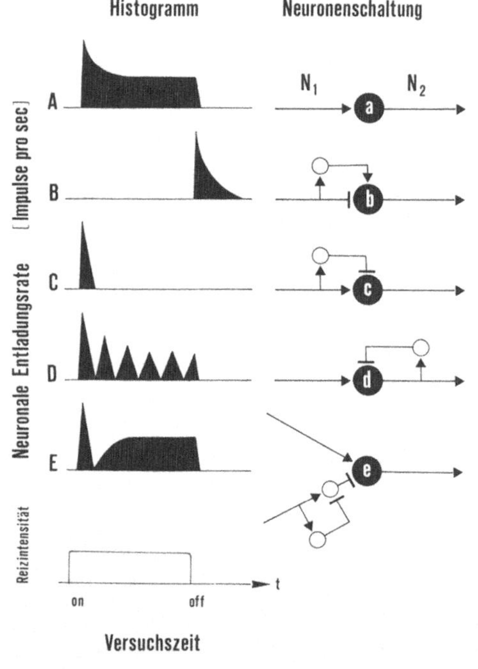

Abb. 23. Verschiedene neuronale Antwortmuster, dargestellt
als schematisierte Histogramme,
und mögliche zugrundeliegende
Neuronenschaltungen. (Modifiziert nach Suga, 1973). *A* Phasisch-tonische Antwort (*a*). *B* off-
Antwort als Folge einer verzöger-
ten Erregungsschaltung (*b*). *C*
on-Antwort als Folge einer
Selbst-Vorwärts-Inhibition (*c*). *D*
„Serielle on-Antworten" durch
Selbst-Rückwärts-Inhibition (*d*).
E „Pausierte" on-Antworten als
Folge von zwei konvergierenden
Eingängen (*e*); der eine ist „to-
nisch" erregend, der andere
„phasisch" hemmend über ein
hemmendes Interneuron. Pfeile
bedeuten erregende, Linien mit
Querstrich hemmende Synapsen

---

5 Einzelheiten s. Schmidt: Neurophysiologie, Heidelberger Taschenbücher, Band 96.

rein phasische Neuronen antworten nur beim Einsetzen des Reizes (on-Antwort, Abb. 23C), nach dem Aussetzen (off-Antwort, Abb. 23B) oder generell bei Änderung des Reizes (on-off-Antwort). Wie könnte z. B. eine on- oder off-Antwort zustandekommen? Angenommen, ein Neuron N_1 bildet mit einem Folgeneuron N_2 eine erregende und über Axonkollaterale (möglicherweise über ein Interneuron) eine hemmende Synapse (Abb. 23C). Setzt die Hemmung später ein als die

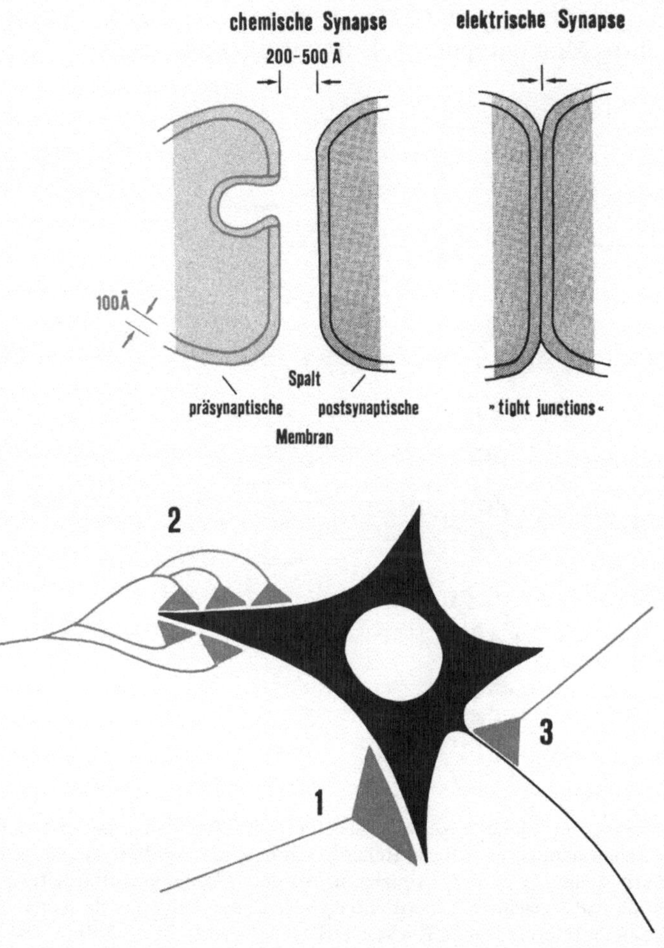

Abb. 24. Synapsentypen und Sicherheitsfaktoren für die synaptische Erregungsübertragung. *1* „Riesensynapse", *2* „Multiterminal-Synapse", *3* Synapse in Nachbarschaft des Axonhügels (stark schematisiert)

Erregung, so wird N_1 zuerst erregt und dann gehemmt; die on-Antwort erscheint dann als Folge einer postexzitatorischen Hemmung (Abb. 23 C). Setzt die Hemmung jedoch vor der Erregung ein (präexzitatorisch), so bleibt N_2 beim Einsetzen des Reizes stumm; erst nach Ausschalten des Reizes antwortet N_2 sozusagen als Folge der fortgefallenen Hemmung (Abb. 23 B).

2. Die Neuronen des Zentralnervensystems erhalten ihre Erregungen nicht ausschließlich durch Reizung der Sinnesorgane. Viele Rezeptoren besitzen eine schwache „Daueraktivität", auch „Hintergrundaktivität" genannt. Ferner gibt es spontan aktive Neuronen, die durch „endogene" Änderung ihres Membranpotentials Impulse erzeugen.

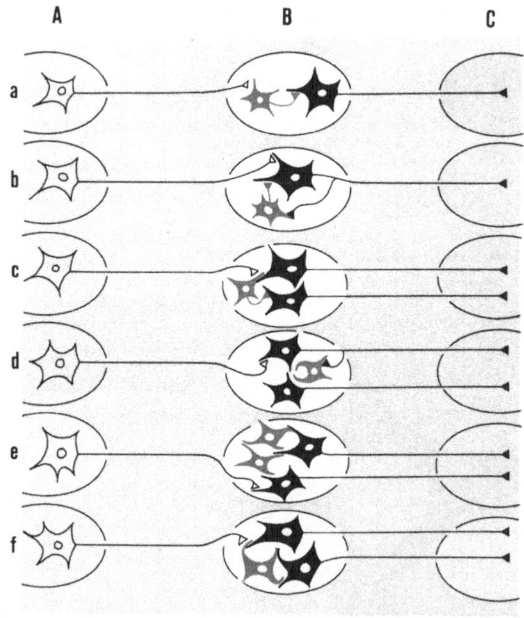

Abb. 25. Beispiele für „lokale Neuronenschaltungen". Bei den grau und schwarz gezeichneten Zellen handelt es sich um Relais-Neuronen, die mit ihren langen Axonen von einem Kern A über B nach C projizieren. An der Informationsverarbeitung sind hauptsächlich die rot gezeichneten „local circuit"-Neuronen beteiligt; sie haben kurze oder keine Axone. a Interneuron im Rückenmark (s. auch Abb. 21 B), b Renshaw-Zelle im Rückenmark (s. auch Abb. 21 C), c periglomere Zelle im Bulbus olfactorius, d und e axonlose Neuronen im Thalamus des Zwischenhirns, f amakrine Zellen in der Wirbeltierretina. (Beachte axo-dendritische und dendro-dendritische Synapsen!). (Modifiziert nach Rakic, 1975)

44

3. Es wurde vorausgesetzt, daß an einer Synapse eine 1:1-Übertragung vorliegt; sie ist allerdings nur selten verwirklicht. Um für den Normalfall zu gewährleisten, daß ein Aktionspotential an der postsynaptischen Membran ein über der Ansprechbarkeitsschwelle liegendes EPSP auslöst, sind gewisse „Sicherheitsfaktoren" eingebaut (Abb. 24): (1) Erhöhung der Transmitterkonzentration durch Vergrößerung der ganzen Synapse. (2) Vergrößerung der synaptischen Oberfläche durch Verzweigung des Axons über Kollaterale in multiterminale Synapsen. (3) Lokalisation der Synapse in Nachbarschaft der Triggerzone sichert die Amplitude des postsynaptischen Potentials. Bei einem kleinen synaptischen Spalt ist der Diffusionsweg für den Transmitter verkürzt. Es gibt auch Synapsen, die keinen Spalt besitzen („tight junction"). Bei ihnen kann eine 1:1-Übertragung durch elektrische Koppelung herbeigeführt werden. Sie heißen elektrische Synapsen (Abb. 24 oben rechts). Wie wir heute wissen, besteht das Substrat für Informationsverarbeitungsprozesse im Zentralnervensystem zum großen Teil aus sogenannten lokalen Schaltungen („local circuits"), denen die verschiedenartigsten Synapsentypen zugrunde liegen können (Abb. 25), über deren Funktionseigenschaften wir jedoch noch keine vollständigen Kenntnisse besitzen. (Methoden zur funktionellen Aufklärung von Neuronenschaltungen s. Anhang S. 232 und Abb. 136.)

VII. Wie können Nervenimpulse eine Muskelverkürzung herbeiführen?

Bei der Betrachtung des Feinbaus einer quergestreiften Muskelfaser finden wir dicht nebeneinander liegende Myofibrillen (Abb. 26). Jede von ihnen setzt sich aus langen, achsenparallel verlaufenden Proteinsträngen zusammen, den Myofilamenten. Sie bestehen aus Aktin und Myosin. Beide sind für den mechanischen Teil der Muskelverkürzung verantwortlich. Hierzu gibt es mehrere Theorien. Man nimmt heute an, daß bestimmte Molekülstrukturen, die auf dem Myosinkomplex angeordnet sind, die Aktinfilamente durch eine Art „Greif-Loslaß"-Mechanismus an sich entlang ziehen (Gleit-Theorie der Faserkontraktion). Dabei schieben sich die Filamente gewissermaßen teleskopartig ineinander (Abb. 26 unten).
Für einen solchen Zugmechanismus ist Energie erforderlich. Sie kann durch Adenosintriphosphat (ATP) aus dem Stoffwechsel zur Verfügung gestellt werden. Die Energie ist aber erst als energiereiche Phosphatbindung verfügbar, wenn ATP enzymatisch gespalten wird. Das Myosin

selbst wirkt als ATPase. Für seine Aktivierung sind jedoch Ca^{++}-Ionen
erforderlich, die sich zunächst abgeschlossen in einem intrazellulären
Hohlraumsystem der Muskelfaser, dem sarkoplasmatischen Retikulum
(SR), befinden (s. Abb. 15). Die Freisetzung der Ca^{++}-Ionen kann erst
durch Depolarisation der an das sarkoplasmatische Retikulum grenzen-

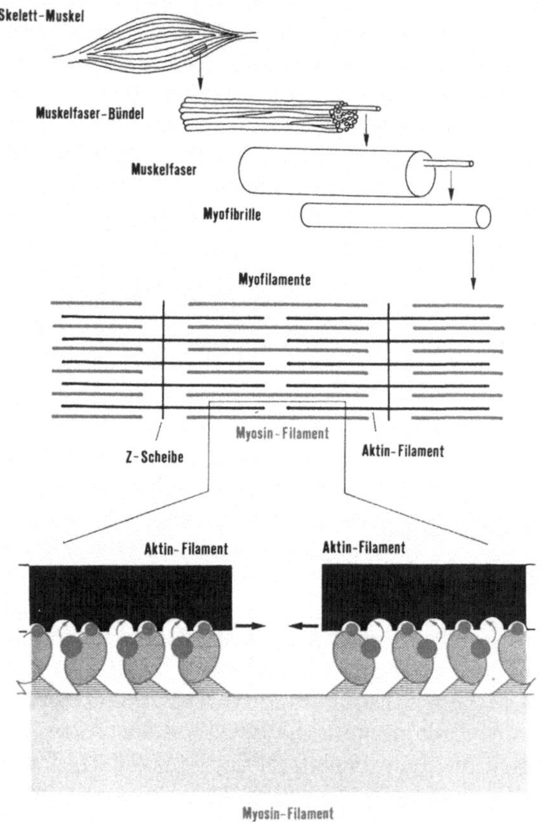

Abb. 26. Bauprinzip des quergestreiften Wirbeltiermuskels und „Elementarvorgang" für
seine Kontraktion. Man vermutet, daß die eiförmigen Köpfe eines Myosinfilaments
„gelenkartige" Bindungen mit entsprechenden Molekülstrukturen der Aktinfilamente
eingehen und diese nach der Art eines „Greif-Loslaß"-Mechanismus über sich hinwegzie-
hen. Eine Synchronbewegung aller Myosinköpfe in Pfeilrichtung schiebt die beiden
eingezeichneten Aktinfäden um je 5 nm aufeinander zu (s. schwarze Pfeile). Bei einer
Zugbewegungsfrequenz von 50 Hz würde sich der ganze Muskel bereits nach 1 sec etwa
um die Hälfte verkürzt haben. (Nach Huxley u. Simmons; „Tauzieheffekt" vereinfacht
nach Rüegg)

den Fasermembran des T-Systems erfolgen. Hierdurch wird die ganze
Reaktionskette gestartet.

Wie kommt es zu dieser Depolarisation? Das Axon einer motorischen
Vorderhornzelle spaltet sich in eine Anzahl von Axonkollateralen auf
(Abb. 27). Jede von ihnen bildet mit einer Muskelfaser eine Art
Riesensynapse, die motorische Endplatte. Ihre große Oberfläche sichert
durch entsprechend hohe Transmitterausschüttung die Erregungsübertragung. Die Endplatten des quergestreiften Wirbeltiermuskels sind
stets erregend; das hervorgerufene postsynaptische Potential wird
Endplattenpotential (EPP) genannt. Zur weiteren Sicherung der
Erregungsübertragung werden auch im unerregten Zustand präsynaptisch laufend geringe Transmitterschübe zur Endplattenmembran geschickt, die zu kleinen, unterschwelligen Miniatur-Endplattenpotentia-
len (MEPP) führen. Bei Erregung des motorischen Nerven werden sie
von den EPPs überlagert. Das EPP wird nun durch die elektrisch
erregbaren Nachbarbereiche der Endplatte in Muskel-Aktionspoten-
tiale überführt, die sich schnell entlang des extrazellulären transversal-
tubulären (T-)Systems in das Innere der Muskelfaser fortsetzen.

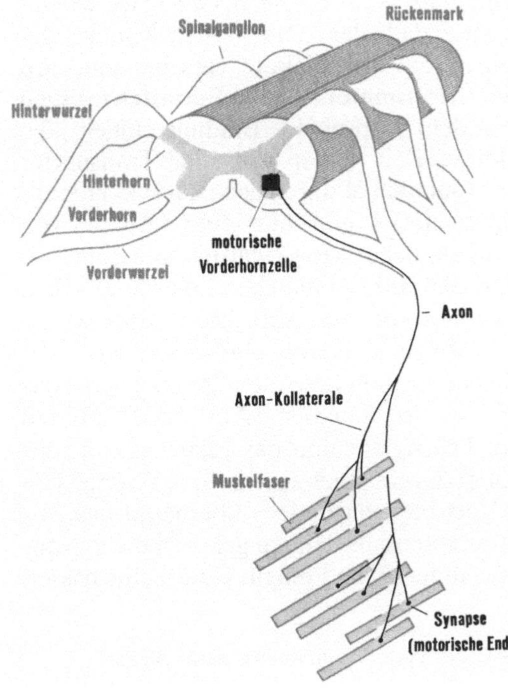

Abb. 27. Bestandteile einer
„motorischen Einheit" des
quergestreiften Wirbeltiermuskels

Hierdurch wird die Membran des angrenzenden sarkoplasmatischen Retikulums (Abb. 15) für die Ca^{++}-Ionen permeabel. Ihrem Konzentrationsgradienten folgend können sie im Austausch gegen Mg^{++}-Ionen die Membran passieren und die bereits beschriebene Reaktionskette starten, die dann über Aktivierung der ATPase[6] zur Verkürzung der Muskelfaser führt (Abb. 15).

Beim Erschlaffen der Faser werden die Ca^{++}-Ionen entgegen ihrem Konzentrationsgefälle wieder im Austausch gegen Mg^{++}-Ionen in das sarkoplasmatische Retikulum „gepumpt". Dann ist die ATPase inaktiviert; ATP kann nicht mehr gespalten werden und übt jetzt auf die Faser eine sogenannte „Weichmacher-Wirkung" aus. Hierbei trennt ATP zusammen mit Mg^{++} die für den „Greif-Loslaß"-Mechanismus zeitweilig zwischen Myosin (M) und Aktin (A) geschlossenen Bindungen: $AM + ATP + Mg^{++} \rightarrow M \cdot Mg^{++} \cdot ATP + A$.

Wie kann die neuromuskuläre Übertragung blockiert werden? Der natürliche Transmitter für die motorische Endplatte ist das Acetylcholin (ACh); es wird präsynaptisch im Bereich der motorischen Nervenfaser aus den Bestandteilen Cholin und Essigsäure synthetisiert. Die Wirkung von ACh läßt sich jedoch experimentell durch bestimmte Pharmaka, die wir Übertragungs- oder Transmissionsblocker nennen, unterbinden. Das kann prinzipiell auf verschiedene Weise erfolgen. Gehen wir wieder von der Modellvorstellung aus, daß der „Na^+-Ionen-Kanal" der Endplatte zunächst durch ein „Stöpsel-Molekül" verschlossen wird (Abb. 28 A_1), und der natürliche Transmitter — beim Einrasten in einen benachbarten Akzeptor — mit dem Stöpsel eine Bindung eingeht, die ihn anhebt (Abb. 28 A_2); kurze Zeit später wird der Transmitter enzymatisch gespalten und der Ionenkanal durch den „zurückklappenden" Stöpsel wieder verschlossen. Es gibt nun eine Gruppe von Substanzen, die z.B. auf Grund ähnlicher Molekülaffinitäten ebenfalls in den Akzeptor einrasten und den Stöpsel anheben, allerdings selbst nur sehr langsam abgebaut werden können (Abb. 28 C). Eine solche Substanz ist Succinylcholin. Infolge Dauerdepolarisation wird die Membran unerregbar. Den gleichen Effekt bewirken Pharmaka, die das ACh-spaltende Enzym *ACh-Esterase* hemmen (Abb. 28 B). Hierzu gehören zum Beispiel Eserin, Prostigmin und das Pflanzenschutzgift E 605; letzteres wirkt irreversibel. Es gibt noch eine weitere Gruppe von Transmissionsblockern. Ihre Vertreter verhindern überhaupt das Zustandekommen eines Endplattenpotentials. Hierzu gehören die γ-Aminobuttersäure (GABA) und das indianische Pfeilgift Curare. Sie passen

---

6 Ca^{++} reagiert über ein Troponin-System; Aktomyosin ist eine starke ATPase.

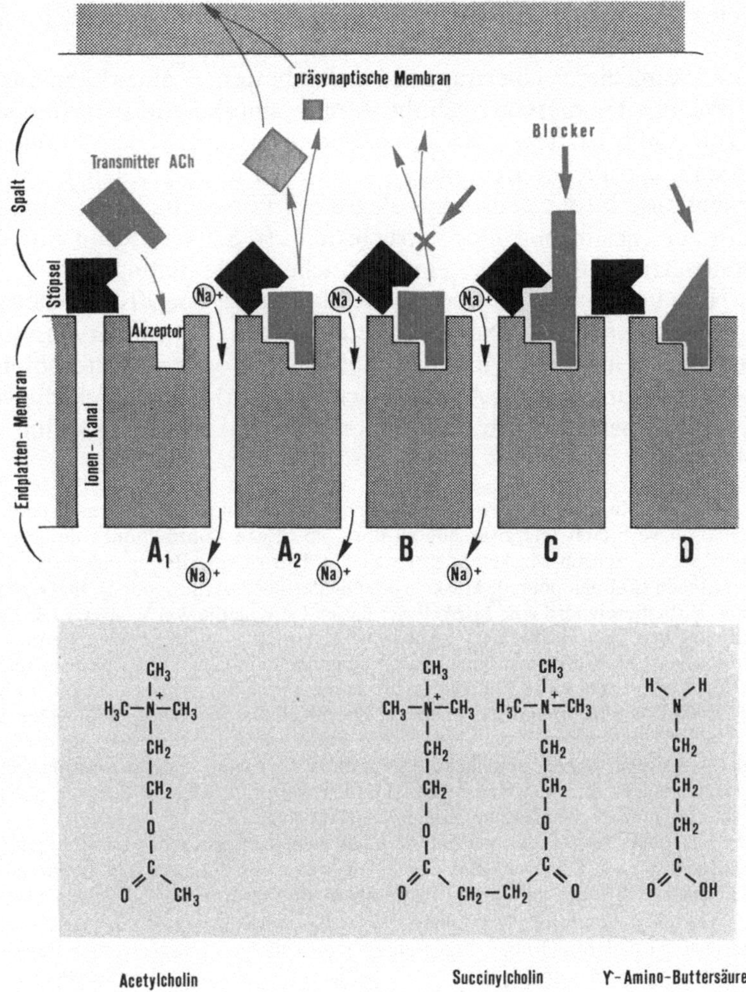

Abb. 28. Transmitter und Transmissionsblocker für die motorische Endplatte des quergestreiften Wirbeltiermuskels. Einfache Modellvorstellungen über die Wirkungsweisen. *A₁* Normale Depolarisation der Endplattenmembran durch Acetylcholin (ACh) als Transmitter mit anschließender Transmitterspaltung *A₂* durch das Enzym ACh-Esterase. *B* Der enzymatische Abbau von ACh wird blockiert durch Hemmung der ACh-Esterase: Änderung der Membraneigenschaften infolge Dauerdepolarisation. *C* Dauerdepolarisation durch Succinylcholin. *D* Verdrängung des Acetylcholins von den „Akzeptorplätzen" durch γ-Aminobuttersäure. Weitere Erläuterungen im Text

in den Akzeptor, können jedoch den Ionenkanal nicht öffnen und besetzen somit die Akzeptorplätze für den Transmitter ACh (Abb. 28 D).
Die Wirkung dieser Übertragungsblocker besteht in einer Lähmung der Muskulatur. Da hiervon auch die Atmungsmuskulatur betroffen wird, ist Tod durch Ersticken die Folge. Die reversiblen Blocker finden — während künstlicher Beatmung — z. B. bei chirurgischen Eingriffen Anwendung. In der neurophysiologischen Forschung benutzt man sie häufig zur „Festlegung" des Versuchstieres (s. S. 94, 215 und Abb. 52). Voraussetzung ist auch hier eine ausreichende Beatmung.
Mit Hilfe bestimmter Mikromethoden lassen sich spezifische Transmissionsblocker auch in Neuronenbereiche des Zentralnervensystems bringen; aus möglichen neurophysiologischen oder verhaltensbiologischen Änderungen (z. B. Ausfallserscheinungen) können sich Hinweise auf zugeordnete Neurotransmitter ergeben (s. S. 88, 174, 206 und Abb. 102).

Quergestreifte Muskulatur gibt es keineswegs nur bei Wirbeltieren. Sie ist auch unter den *Wirbellosen* verbreitet und zwar überall dort, wo rasche Kontraktionen durchgeführt werden sollen: Schirm-Muskeln der Quallen (Hydrozoen), Bewegungsmuskeln von Tintenfischen (Cephalopoden), Muskeln der Gliederfüßer (Arthropoden). Im Gegensatz zu den Wirbeltieren wird eine Muskelfaser dieser Tiere häufig von Vertretern mehrerer Neuronentypen innerviert, einem schnell und einem langsam erregenden Neuron. Bei Arthropoden (die Insekten ausgenommen) kann auch ein hemmendes Neuron beteiligt sein. Jedes bildet zahlreiche Endplatten, die über die Faser hinweg verteilt sind. Welchen Sinn hat diese multiterminale Innervation? Die Muskelfasermembran vermag hier meistens keine Aktionspotentiale auszubilden. Die mehrfache Innervierung der Faser sichert daher eine schnelle räumliche Ausbreitung der Membrandepolarisation. Ausgehend von einem motorischen Neuron können alle Fasern eines Muskels über Axonkollaterale zu einer motorischen Einheit zusammengefaßt sein.
Durch besondere Leistungen zeichnet sich die Flugmuskulatur der Insekten aus. Wir unterscheiden zwei Gruppen. Bei der einen setzen die Flugmuskeln direkt an der Flügelbasis an; ihre Schlagfrequenz ist relativ niedrig und beträgt bei Käfer-Arten ca. 20 Hz. Hier wird durch einen Nervenimpuls jeweils eine Muskelkontraktion ausgelöst. Bei Vertretern der anderen Gruppe setzen die Flugmuskeln am Chitinpanzer an; sie bringen die Flügel indirekt durch Heben und Senken des Thorax zum Schwingen. Die Schlagfrequenz kann bei Stechmücken 500 Hz betragen. Dabei lassen sich durch einen Nervenimpuls bis zu 20 Muskelzuckungen herbeiführen. Sie werden nicht unmittelbar durch den Impuls, sondern durch mechanische Dehnung der Faser ausgelöst.

C. Signale und Auslösemechanismen: Einige Grundbegriffe aus der Ethologie

I. Umweltreize und Informationsreduktion

Wenn wir abends vor dem Fernsehschirm sitzen, wird dem visuellen System unseres Gehirns ein Informationsfluß von mehreren Millionen Binärdaten (Einheit = bit/sec) zugeführt. Von der auf uns einströmenden Informationsmenge wird jedoch nur ein geringer Prozentsatz bewußt wahrgenommen — es sind weniger als 100 bit/sec. In dem Augenblick, in dem wir z. B. das Gesicht eines bekannten Schauspielers erkennen, wird die visuelle Information bis auf 1 bit/sec vermindert: dies entspricht einer Ja/Nein-Entscheidung. Diese Informationsreduktion spielt eine sehr wichtige Rolle beim Zuordnen und Erkennen von Mustern. Durch sie werden die charakteristischen Merkmale von unbedeutsamen getrennt. Die Zeichnung eines Karikaturisten bildet hierfür ein gutes Beispiel: Wenige Federstriche, in bestimmten Richtungen geführt, heben in ihrer Gesamtheit jene charakteristischen Merkmale hervor, die wir z. B. mit einer bestimmten Person verknüpfen.

Von allen Umweltinformationen, die über die Sinnesorgane dem Gehirn zugeführt werden, ist jeweils nur ein begrenzter Ausschnitt biologisch wichtig. Lediglich Teile hiervon dienen als Merkmale oder Signale, die z. B. einem Feind, dem Artgenossen oder einem Beuteobjekt zugeordnet sind. Solche Merkmale zu erkennen, ist Aufgabe der entsprechenden sensorischen Systeme. Die Umwelt kann für ein Tier folglich auch nur das sein, was die Systemeigenschaften der Signale verarbeitenden Nervennetze erlauben. So vermittelt das ultraviolett-empfindliche Komplexauge dem Gehirn einer Biene andere Informationen als das Linsenauge dem Wirbeltiergehirn. Auch sieht für das Gehirn eines Frosches die Umwelt anders aus als für das eines Affen. Wie nun auch immer diese Welt für ein Tier aussehen mag, um sich in ihr zurechtzufinden, zu orientieren, kurz gesagt, um in ihr überleben zu können, müssen die sensorischen Systeme u. a. zwei wichtige Operationen an den zugeordneten Eingangssignalen durchführen: sie müssen sie im Raum *lokalisieren* und *identifizieren* können.

II. Angeborene und erworbene Auslösemechanismen

Jedes Tier hat ein bestimmtes Repertoire von festen Verhaltensprogrammen. Solche Verhaltensweisen können angeboren sein. Wir sprechen dann von „modalen Bewegungsabläufen"[7], die im klassischen Sinne auch Instinktbewegungen genannt werden. Modale Bewegungsabläufe sind erblich — im Zentralnervensystem sozusagen vorprogrammiert — und zeichnen sich durch starre Verlaufsanteile aus. In der vergleichenden Verhaltensforschung werden jene Reize Signale oder Schlüsselreize genannt, die einen solchen Bewegungsablauf, gleichsam wie der Schlüssel ein Schloß aufschließt, in Gang setzen. Das sensorische Filtersystem, das erkennt, ob dieser Schlüssel auch in das Schloß paßt, heißt angeborener Auslösemechanismus, AAM. Er übt eine Filterfunktion aus.
Angeborene Auslösemechanismen müssen nicht unbedingt auf einen konstanten Schlüsselreiz ausgerichtet sein. Sie können auch durch Erfahrung erweitert werden und damit ihr Antwortspektrum vergrößern; man spricht dann von einem erweiterten angeborenen Auslösemechanismus (EAAM). Schließlich gibt es auch Auslösemechanismen, die allein auf Lernbasis beruhen. Bei ihnen wird die Bedeutung eines Signals erst im Laufe der Individualgeschichte erlernt (erworbener Auslösemechanismus, EAM).

III. Auslösende Merkmale

1. Schlüsselreize und Attrappen

Fast alle Schlüsselreize sind verblüffend einfach beschaffen. Sie geben das betreffende Bezugsobjekt, das sie darstellen sollen, gleichsam als eine Art Karikatur wieder. Somit können sie als Signal leicht erkannt und schnell beantwortet werden. Ihre Wirksamkeit läßt sich in Attrappenversuchen durch Weglassen, Hinzufügen oder auch durch Übertreiben von bestimmten Merkmalen quantitativ ermitteln. Hierzu einige Beispiele:
Zwergbuntbarsche der Gattung *Nannacara* haben ein ausgeprägtes Brutfürsorgeverhalten. Dazu gehört z. B., daß die Jungtiere den Eltern

---

7 Von modal = die Art und Weise betreffend. Der Begriff „modaler Bewegungsablauf" wurde von G. W. Barlow für „Instinktbewegung" eingeführt. Mit dieser Bezeichnung soll darauf hingedeutet werden, daß das Verhalten an seinem normalen Ablauf erkennbar ist (s. K. Immelmann: Wörterbuch der Verhaltensforschung. Kindler: Zürich 1975).

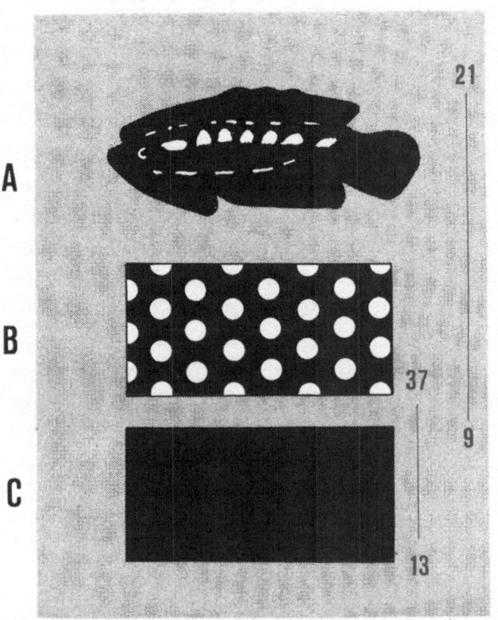

Abb. 29 A–C. Schlüsselreiz für die Nachfolge-Reaktion junger Buntbarsche. Die Wirksamkeit gegeneinander getesteter Attrappen wird durch die Reaktionsanzahlen wiedergegeben. (Modifiziert nach Kuenzer, 1973)

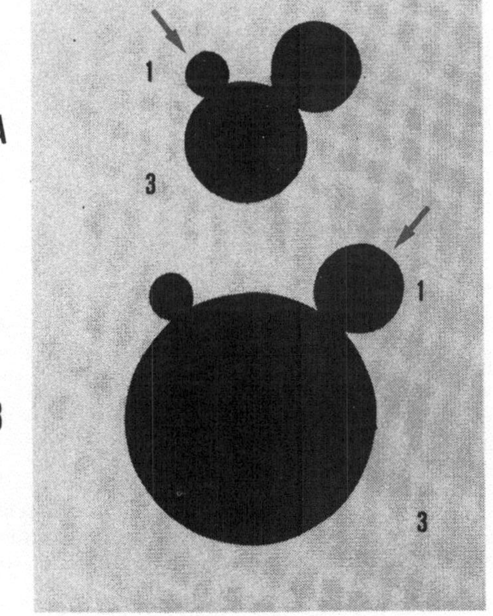

Abb. 30 A und B. Schlüsselreize für das Sperren junger Amseln. Der Elternvogel wird stets dann maximal beantwortet, wenn das Kopf-Rumpf-Verhältnis der Attrappe 1:3 beträgt, s. Pfeile. (Nach Tinbergen, 1951)

53

nachschwimmen. Woran erkennt der Jungfisch seine Mutter? Durch Attrappenversuche konnte gezeigt werden, daß hierfür in erster Linie das Brutkleid und die ruckartige Schwimmweise verantwortlich sind (Abb. 29). Die hellen und dunklen Musterelemente des Brutkleides liefern zwei einfache wichtige Merkmale: dunkle Abhebung vor dem Hintergrund (schwarzer Grundton) und hell vor schwarz (weiße Punktstrukturen). Die Fischform und die genaue Anordnung der Musterelemente haben nachrangige Bedeutung. Vergleichende Untersuchungen mit anderen *Nannacara*-Arten zeigten, daß die Schlüsselreize stets so einfach wie möglich und zum Aussehen und Verhalten des reaktionsauslösenden Muttertiers so genau wie nötig paßten.

Für junge Amseln läßt sich das Elterntier durch eine aus zwei unterschiedlich große Kreisscheiben bestehende Kopf-Rumpf-Attrappe simulieren. Experimente mit verschieden großen zweiköpfigen

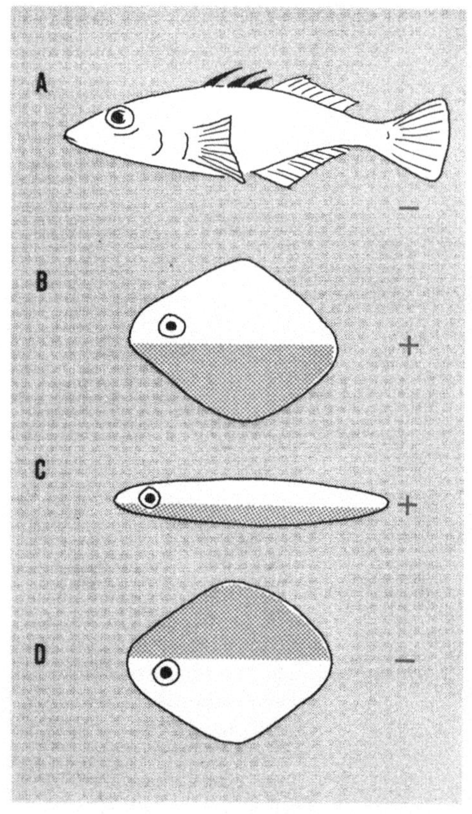

Abb. 31 A–D. Kampfauslösende (+) Schlüsselreize für das Stichlingsmännchen. (Nach Tinbergen, 1951)

Attrappen zeigten, daß als Schlüsselreiz für das Sperren der Nestlinge nicht etwa eine bestimmte Kopfgröße dieser Attrappe, sondern ein bestimmtes Größen*verhältnis* von Kopf zu Rumpf (1:3) bevorzugt wird (Abb. 30).

Beim Stichlingsmännchen stellt der rote Bauch ein für den Rivalen kampfauslösendes Merkmal dar (Abb. 31). Es ist jedoch nur dann wirksam, wenn sich der Bauch an der Unterseite befindet. Auch hier ist die Form des Fisches als Signal nebensächlich. Der Buntbarsch *Pelmatochromis subocellatus* besitzt eine charakteristische Kopfzeichnung, die auf rivalisierende Männchen drohend wirkt und ihre Aggressivität steigert. Bei dem auslösenden Merkmal handelt es sich um einen längs über das Auge verlaufenden schwarzen Streifen, der in bezug zur Körperachse des Fisches eine bestimmte Orientierung aufweist.

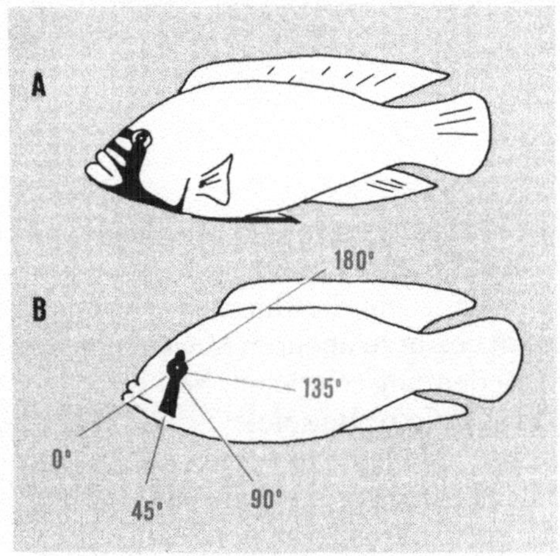

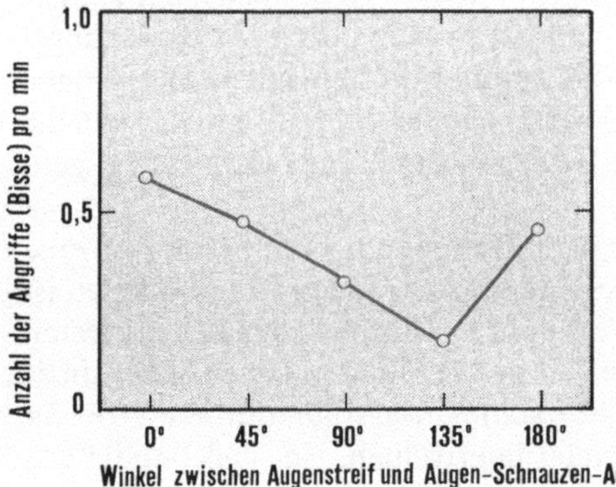

Abb. 32 A und B. Kopfzeichnung eines Buntbarsches als Schlüsselreiz mit Drohwirkung. (A) Natürliche Zeichnung des Fisches, (B) Attrappe, in der die Stellung des Augenstreifens verändert, und für die das Angriffsverhalten eines rivalisierenden Männchens gemessen werden kann. (Nach Heiligenberg et al., 1972)

55

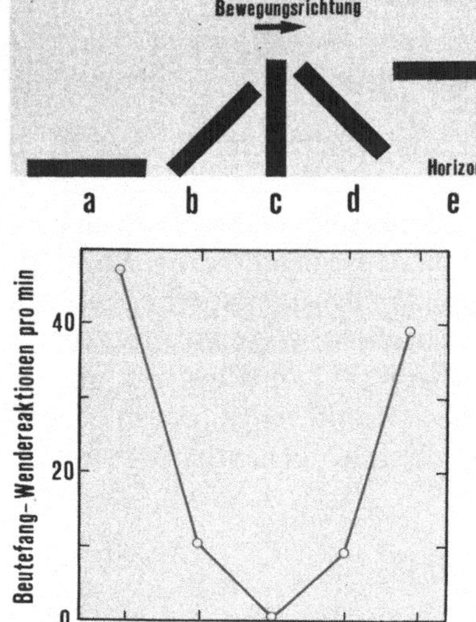

Abb. 33. Schlüsselreiz für die Auslösung des Beutefangs der Erdkröte. Die Wirksamkeit einer Wurmattrappe hängt von ihrer Längsachsenorientierung zur Bewegungsrichtung ab. (Nach Ewert, 1975)

Attrappenversuche ergaben, daß die Drohwirkung dieses Merkmals von der Winkelorientierung abhängig ist (Abb. 32).

Hieraus wird ersichtlich, daß nicht nur ein bestimmtes Merkmal, sondern auch dessen *Konfiguration* in bezug zu anderen Merkmalen für die Auslösewirkung von wichtiger Bedeutung sein kann. Wir sprechen dann von *Gestalt*wahrnehmung. Dazu weitere Beispiele:

Die Erdkröte *Bufo bufo* (L.) antwortet auf kleine bewegte Objekte mit Beutefang. Attrappenversuche mit kleinen, vor weißem Hintergrund sich abhebenden schmalen Streifen ergaben, daß sich der Schlüsselreiz „Beute" im wesentlichen aus zwei Merkmalen zusammensetzt: (1) der Bewegung und (2) der Flächenkonfiguration in bezug zur Bewegungsrichtung (Abb. 33). Wenn der Attrappenstreifen mit seiner langen Achse in die Bewegungsrichtung weist, signalisiert er „Beute", wenn die Streifenachse dagegen quer zur Bewegungsrichtung orientiert ist, geht dieser Signalwert verloren.

Figurale Merkmale spielen auch beim Betteln junger Silbermöwen eine Rolle. In Attrappenexperimenten mit verschiedenen Kopfmodellen ist es möglich, die Wirkung von bestimmten Einzelmerkmalen zu testen und gegeneinander auszuspielen (Abb. 34). Hierbei lassen sich Prinzipien der *Reizkonfiguration* und *Reizsummation* studieren. Wie Abb. 34 zeigt, kann man auch Merkmale übertreiben, so daß schließlich Kopfattrappen mit überoptimaler Auslösewirkung entstehen.

56

Verhaltensexperimente mit Babys weisen darauf hin, daß bei der Wahrnehmung von optischen Mustern *Reizsummen-Phänomene* im Laufe der Entwicklung in *Gestaltwahrnehmungs-Phänomene* übergehen können (Abb. 35). So ist bei *jungen* Säuglingen die Stärke der Orientierungsreaktion auf eine Gesichtattrappe gleich der algebrai-

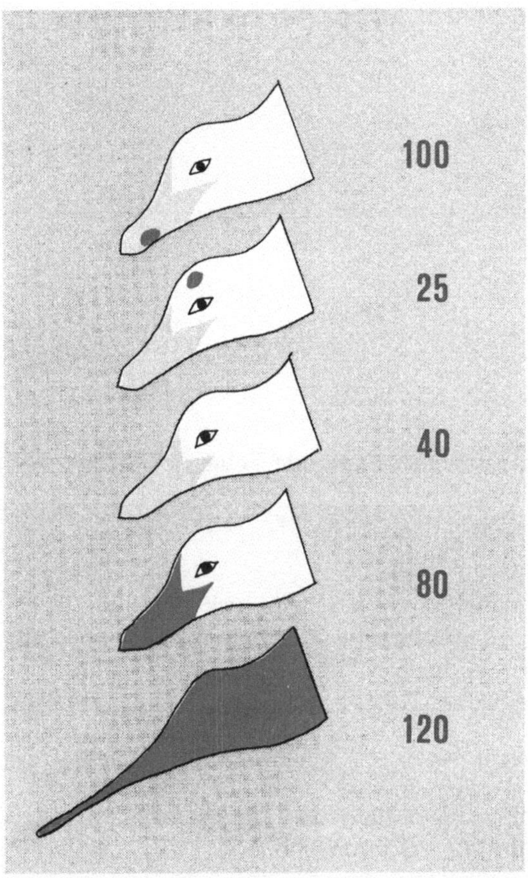

Abb. 34. Schlüsselreize für das Betteln junger Silbermöwen. Die Wirksamkeit der Kopfattrappe eines Elternvogels hängt von bestimmten Merkmalen ab: Schnabelform, Schnabelfarbe (Gelb-Bereich), Topographie des roten Flecks. Die Zahlen geben die jeweilige Wirksamkeit in % der Auslösewirkung eines natürlichen Elternvogels wieder. (Beispiele nach Tinbergen, 1951)

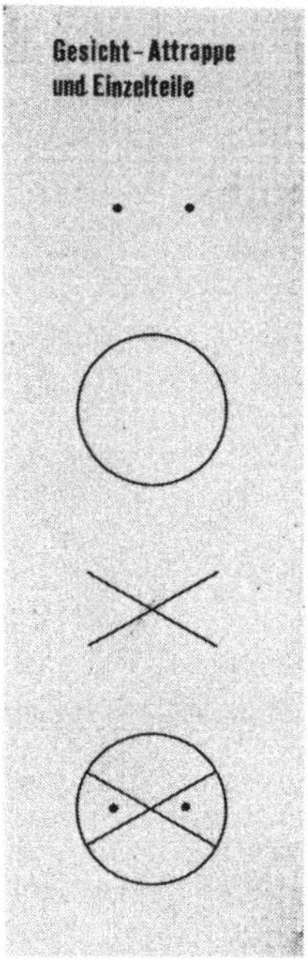

Abb. 35. Reizsummen- und Gestaltwahrnehmungs-Phänomene beim Erkennen von Gesicht- und Teilgesichtattrappen bei Säuglingen unterschiedlicher Altersstufen. (Modifiziert nach Bower, 1966)

Gesicht-Attrappe und Einzelteile	Kopfwende-Intensität von Säuglingen	
	8 Wochen	20 Wochen alt
	1 500	1 600
	4 000	2 300
	1 466	1 000
	Σ 6 966	Σ 4 900
	6 900	10 600

schen Summe der Antworten (A) auf jede Teilgesichtattrappe (Kreisscheibe S, Punkt P, Kreuz K):

$$A_{SPK} \approx A_S + A_P + A_K.$$

Spätestens nach einem halben Jahr scheint sich bei ihnen dann eine Gestaltwahrnehmung zu entwickeln. Jetzt ist die Antwort auf das Gesicht nahezu doppelt so hoch wie die algebraische Summe aus den Antworten auf jedes einzelne Teilgesicht:

$$A_{SPK} \gg A_S + A_P + A_K.$$

Das Muster wird nun weniger an seinen Teilmerkmalen als an der *geschlossenen* Konfiguration erkannt (Abb. 35).

2. Auslöser und Signalnachahmung

Während die Begriffe Schlüsselreiz und Signalreiz meistens synonym verwendet werden, sollte man sie jedoch von dem Begriff Auslöser trennen. Worin besteht der Unterschied? Bei einem Auslöser ist das

Interesse an der Informationsübermittlung wechselseitig, bei einem Schlüsselreiz dagegen einseitig auf der Seite des Empfängers. So ist ein Wurm z. B. nicht daran interessiert, durch verschiedene Merkmalsträger, wie *Bewegung* und *äußere Form*, einen Schlüsselreiz für den Beutefang der Erdkröte zu bilden.

Auslöser treffen wir hauptsächlich im innerartlichen Bereich an. Sie dienen der Verständigung. Diese sozialen Auslöser setzen sich oft aus optischen, akustischen bzw. chemischen Merkmalen zusammen. Sie können sich aber auch im Laufe der Evolution aus modalen Bewegungsabläufen — wie Sich-Putzen, Futtersuchen — entwickelt haben. Solche ritualisierten Bewegungen sind dann stark vereinfacht (Signalhandlung). Die Aufgaben der sozialen Auslöser können darin bestehen, Arten zu erkennen, Paare zusammenzuführen und das Territorium abzugrenzen.

Auslöser finden wir auch im zwischenartlichen Bereich. So vertreibt der Pfauenspinner *Automeris memusae* seine Feinde dadurch, daß er durch Aufklappen der Flügel eine auffällige und drohend wirkende Augenzeichnung zu erkennen gibt. In diesem Zusammenhang muß auch die *Signalfälschung (Mimikry)* erwähnt werden. Dabei ahmt ein Tier bestimmte Merkmale eines anderen nach, um sich hierdurch dessen biologische Vorteile zu verschaffen. So wird von den wehrlosen Schwebefliegen die schwarz-gelb geringelte Warntracht der Wespen getragen (Wespenmimikry). Die nordamerikanische Geierschildkröte *Macroclemis temminckii* benutzt zum Beutefang sogar natürliche Attrappen als Köder: Am Boden des Gewässers lauert sie unbewegt mit geöffnetem Maul auf Beute; als Köder zeigt sie zwei dünne rote Hautfortsätze, die sich von der dunkel gefärbten Zunge abheben und von ihr wie kleine Würmer bewegt werden. Sobald sich ein Fisch nähert und diese Wurmattrappe berührt, klappt sie ihr Maul zu.

IV. Prinzipien der Reizselektion

1. Gewöhnungsphänomene

Die Wirksamkeit eines Schlüsselreizes kann von der Häufigkeit abhängen, mit der er dem Tier wiederholt dargeboten wird. Solche Gewöhnungsphänomene sind oft reizspezifisch: Wenn z. B. im Experiment eine Verhaltensreaktion an einen Reiz A gewöhnt worden ist, so kann sie durch einen geringfügig veränderten Reiz B wieder ausgelöst werden. Die Ursache solcher reizspezifischen Gewöhnungsvorgänge beruht vermutlich auf Nachwirkungsprozessen, die dem betreffenden Auslösemechanismus als Schranken vorgeschaltet werden. Der biologische Sinn besteht offenbar darin, den Auslösemechanismus vor sinnlosen Reaktionen zu schützen und ihn für neue Reizsituationen wach zu halten.

Langfristige Gewöhnungen an bestimmte Reizkonfigurationen können damit auch die Selektivität des Auslösemechanismus erhöhen und eine weitere Differenzierung von Schlüsselreizen bewirken. Hierzu ein Beispiel: Junge Truthähne zeigen gegenüber Luftfeinden ein ausgeprägtes Fluchtverhalten. Der zugeordnete Schlüsselreiz ist zunächst relativ unspezifisch. Jeder über sie hinweg bewegte Schatten löst Flucht aus. Die Form spielt zunächst keine Rolle. Im Laufe der Zeit gewöhnen sich die Truthähne an die wiederholt in ihrer Umgebung vorüberziehenden Entenvögel (langer Hals, kurzer Schwanz), während die selteneren Raubvögel (kurzer Hals, langer Schwanz) weiter gemieden werden. Dies läßt sich dann in einem Attrappenversuch besonders eindrucksvoll demonstrieren (Abb. 36): Wenn man ein und dieselbe Vogelattrappe mit dem kurzen Ende voran bewegt, symbolisiert sie einen Luftfeind und löst Fluchtverhalten aus. In entgegengesetzte Richtung bewegt, symbolisiert sie mit dem langen Hals einen friedlichen Entenvogel und bleibt daher unbeantwortet.

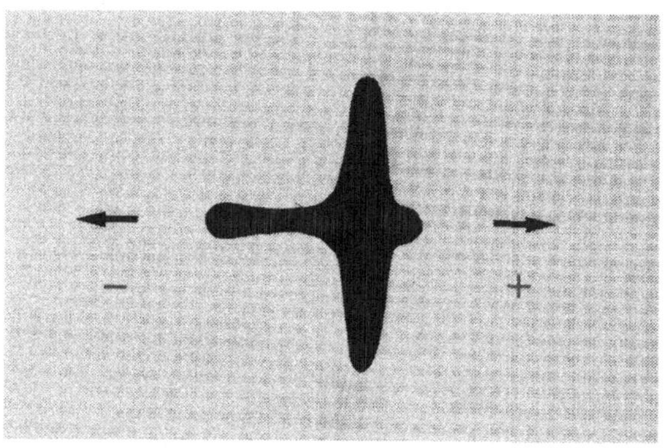

Abb. 36. Wirksamkeit einer Vogelattrappe auf Truthähne. Der Feindcharakter (+) hängt von der Bewegungsrichtung dieser Attrappe ab. Erläuterungen im Text. (Nach Tinbergen, 1951)

2. Erkennen mit Suchbildern

Die Abstraktion eines bestimmten Musters, von dem wir wissen, wie es aussieht, und das wir neben vielen anderen herausfinden wollen, ist dessen Suchbild. Es kann die Vorstellung vom Original durch charakteristische Form- oder auch durch Farb- und Kontrastmerkmale wiedergeben. Prägung eines falschen Suchbildes kann zu einem wahrnehmungspsychologischen Versteckspiel führen.
Das Erkennen von Beuteobjekten mit Suchbildern ist z. B. für Kohlmeisen beschrieben worden. Hierbei scheint auf den ersten Blick ein entgegengesetztes Prinzip vorzuliegen wie bei der oben beschriebenen Gewöhnung. Im Endeffekt wird jedoch etwas ähnliches erreicht, nämlich eine Merkmalsselektion. Wenn eine Kohlmeise in ihrer Umgebung wiederholt auffällige und gut schmeckende Beute vorfindet, vernachlässigt sie alle anderen Beuteobjekte. Offenbar hat sie sich von dem bevorzugten Objekt ein Suchbild geprägt, das das Auffinden erleichtert. Dieses Suchbild setzt jedoch voraus, daß es bei Bedarf wieder schnell umgeprägt werden kann: Wenn die bevorzugte Beute seltener auftritt, ist ein neues Suchbild erforderlich.

V. Triebstärke und Bedeutungswandel

Nicht alle Auslöser haften ihren Trägern fortwährend an. Ihre Ausbildung kann auf bestimmte Zeiten des Lebens und hier wieder auf bestimmte Jahreszeiten beschränkt sein. Desgleichen stellt auch die Bedeutung eines Schlüsselreizes für die Auslösung einer Verhaltensweise keine konstante Größe dar. Sie kann tages- sowie jahreszeitlichen Schwankungen unterworfen sein, von zahlreichen triebbestimmenden Faktoren abhängen oder überhaupt auf eine kurze Zeitspanne als sensible Phase im Individualleben begrenzt sein. Ursache hierfür sind Änderungen des physiologischen Zustandes, die die Motivation des Tieres bedingen, das Tier in einen bestimmten Funktionskreis einklinken lassen — z. B. Kampf, Balz, Nahrungserwerb — und es somit in eine bestimmte Handlungsbereitschaft versetzen. Je nachdem, in welchem Funktionskreis sich ein Tier befindet, können dann bestimmte Objekte der Umwelt an Bedeutung gewinnen oder verlieren: Wenn sich ein Sperling in Nestbaustimmung befindet, so ist für ihn ein Strohhalm bedeutsam; während der Balz übersieht er den Halm, denn in diesem Funktionskreis spielt für ihn der Partner die entscheidende Rolle. Anders ausgedrückt: Wenn ein Individuum auf konstante Reizbedingungen unterschiedlich reagiert, schließt der Ethologe hieraus auf eine Motivationsänderung.

Bei geringer Triebstärke ist selbst die Auslösewirkung von optimalen Schlüsselreizen stark vermindert. Umgekehrt kann der Auslösewert bei sehr hoher Triebstärke so weit ansteigen, daß die betreffende Verhaltensweise sogar am unpassenden Objekt ausgeführt wird. Wir sprechen dann von einer Fehllaufhandlung. Hier läßt sich der Auslösemechanismus — wenn kein Schlüsselreiz in der Umgebung vorhanden ist — auch mit Hilfe eines mehr oder weniger guten „Dietrichs" aufschließen.

Wir halten folgende Gesichtspunkte fest:

1. Auslösemechanismen (AMs) sind sensorische Erkennungssysteme, denen feste Verhaltensprogramme zugeordnet sind.

2. Diese Erkennungssysteme können angeboren sein (AAM), durch Lernvorgänge erweitert werden (EAAM) oder allein auf Lernbasis beruhen (EAM).

3. Die zugeordneten Signale (Schlüsselreize oder Auslöser), die es zu erkennen gilt, sind meist einfach ausgeprägt und gestalthaft.

4. Die Wirksamkeit von Schlüsselreizen — und damit auch die Selektivität eines AM — kann von der Motivation des Tieres abhängen.

Was wissen wir nun über *neuronale Prozesse*, die dem Erkennen und Lokalisieren von Schlüsselreizen bzw. Auslösern zugrundeliegen? Wie könnte ein Auslösemechanismus funktionieren? Wir wollen zunächst versuchen, diese Fragen an einem gut untersuchten Beispiel ausführlich zu beantworten.

D. Neurobiologische Grundlagen für das Erkennen und Orten von Umweltsignalen: Wie erkennt ein Krötenhirn Beute und Feinde?

Wenn eine Erdkröte in der Abenddämmerung bewegungslos vor ihrem Unterschlupf sitzt, wird ihrem Gehirn von der statischen visuellen Umwelt kaum Information zugeführt. Dies zeigten Versuche, in denen mit Hilfe einer relativ aufwendigen elektrophysiologischen Ableittechnik (Abb. 129) beim ruhig sitzenden Tier angesichts eines stationären Musters die neuronalen Antworten von einzelnen Sehnervfasern untersucht wurden. Ergebnis: Die Antworten blieben aus. Sie setzten ein, sobald das Muster vom Ort bewegt wurde.

Bereits in diesem wichtigen Punkt unterscheiden wir uns — mit den Säugetieren — von der Kröte. Zwar kann auch unser Auge statische Netzhautbilder auf Grund der Lokaladaptation nicht wahrnehmen. Wir können jedoch der Adaptation entgegenwirken, indem das abgebildete Muster vermöge feinschlägiger Augenrucke — den sogenannten unwillkürlichen Augenbewegungen — über ein Netzhautareal verschoben und damit in Bewegungsreize überführt wird.
Kröten führen keine unwillkürlichen Augenbewegungen durch. Sie antworten folglich auch im Verhalten hauptsächlich auf solche Reizmuster, die Ausschnitte ihres Gesichtsfeldes durchqueren. So löst ein bewegter Käfer Beutefang, ein auf sie zulaufender Igel oder über sie hinwegfliegender Raubvogel dagegen Fluchtverhalten aus. Sind sie beide — Beute und Feind — unbeweglich, dann bleibt die Kröte im allgemeinen reaktionslos. Schall oder Geruch sind hier von untergeordneter Bedeutung. Offenbar kann es sich die Kröte „leisten", ihre Aufmerksamkeit hier auf bewegte Objekte zu beschränken: Ein unbewegter toter Wurm ist für sie nicht nützlich, ein bewegungsloser Feind auch nicht gefährlich. — Die Kröte kann jedoch statische optische Muster wahrnehmen, indem sie deren Netzhautbilder während einer Kopfbewegung verschiebt.

Wenn sich eine Kröte in Beutestimmung befindet und in ihrem Gesichtsfeld ein bewegtes kleines Beuteobjekt erscheint, dann antwortet sie mit einer Sequenz nacheinander ablaufender Verhaltensreaktionen: (1) *orientierende Wendebewegung* in Richtung Beute, (2) *Heranschleichen* zur Beute, (3) *binokulares Fixieren*, (4) *Zuschnappen*, (5) *Schlucken* und (6) *Schnauzeputzen* mit den Vorderextremitäten. Man kann diese Verhaltensfolge als Reiz-Reaktions-Kette auffassen, in der — durch den Beutereiz in Gang gebracht — jede Reaktion der Kröte gewissermaßen den Reiz für die nächstfolgende Antwort setzt (Abb. 37). Einzelne Glieder dieser Verhaltensfolge müssen jedoch auch zentralnervös miteinander verkettet sein: Wenn man nämlich das Beuteobjekt während des binokularen *Fixierens* schnell entfernt, so können die anschließenden Teilhandlungen *Zuschnappen, Schlucken* und *Putzen* in der richtigen Reihenfolge gleichsam automatisch ins Leere ablaufen.

Bewegt sich ein großes Feindobjekt an der Kröte vorbei, dann antwortet sie mit Fluchtreaktionen, die den Reiz meiden: *Sich-Ducken* mit aufgeblähten Lymphsäcken oder *Fortspringen* (Luftfeind); *Aufstelzen* und *Sich-Aufblähen, Sich-Abwenden* oder *Weglaufen* (Bodenfeind).

Beute- und Feindschlüsselreizen gemeinsam ist das Merkmal *Bewegung*; die Unterscheidung zwischen Beute und Feind wird wohl hauptsächlich durch das Merkmal *Größe* getroffen.

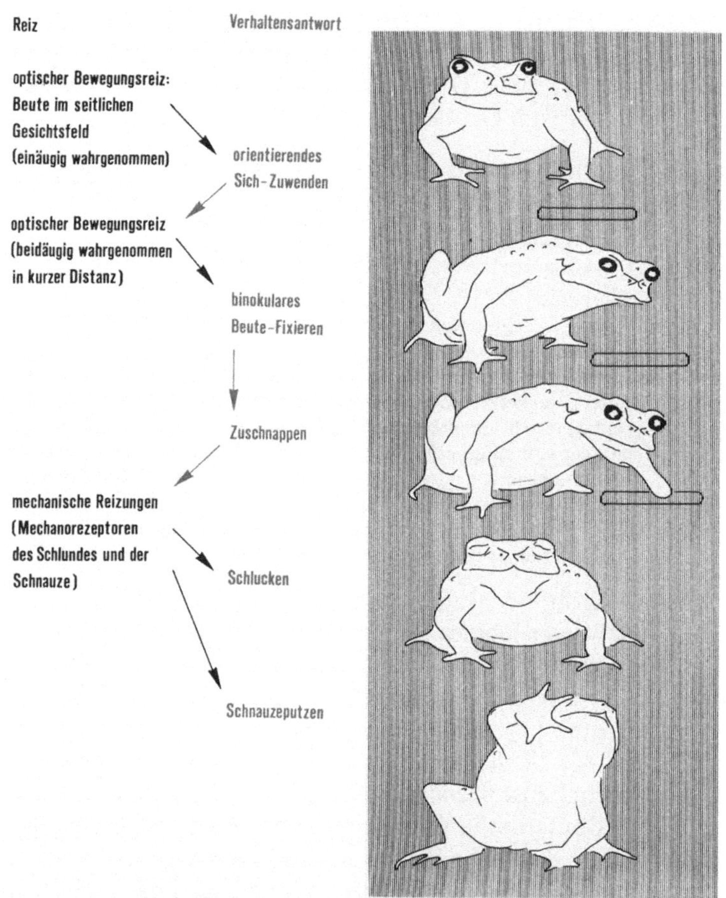

Abb. 37. Reiz-Reaktions-Kette beim Beutefang der Erdkröte. (Nach Ewert, 1967 aus Tembrock, 1968; modifiziert)

Wir stellen folgende Fragen:

1. Welche Größen- oder Gestaltmerkmale[8] einer bewegten Attrappe haben für die Kröte die Bedeutung Beute und welche Feind?

2. Gibt es im Krötenhirn „Beutefang- und Fluchtzentren"?

3. Inwieweit dient das Neuronensystem der Netzhaut als erstes Informationsfilter?

4. Welche Hirnabschnitte verarbeiten die retinalen Informationen und inwieweit tragen sie zur Lokalisation und Interpretation von Beute- und Feindobjekten bei?

I. Die Schlüsselreize „Beute" und „Feind"

Wir betrachten zunächst das Gehirn — eigentlich den ganzen Organismus der Kröte — als „black box" und untersuchen für das visuelle Verhalten die Eingangs-Ausgangs-Beziehungen, d. h. die Reiz-Verhaltensreaktions-Beziehungen. Die Strategie dieser Experimente besteht etwa darin herauszufinden, wie aus „der Sicht der Erdkröte" eine Karikatur ihrer Beutetiere und Feinde aussehen könnte.

1. Das geeignete Maß für die Reizwirksamkeit

Die Wirksamkeit eines Reizes für die Auslösung einer Verhaltensweise kann sich in der Reaktionsstärke widerspiegeln. Um das Beutefangverhalten auf eine Beuteattrappe quantitativ erfassen zu können, bedarf es keineswegs der kompletten Verhaltensfolge. Es kann auch durch ein herausgelöstes Teilglied repräsentiert sein. Dann muß man wissen, welches Verhaltensglied auf die Unterschiede einer Beuteattrappe eindeutig anspricht: es ist das orientierende Sich-Zuwenden.

Der Beutefang der Erdkröte stellt einen typischen modalen Bewegungsablauf dar (Instinkthandlung), dessen Hauptkomponenten die *orientierende Wendebewegung* (Taxis) und das *Zuschnappen* (Erbkoordination) bilden. Während die Taxiskomponente der jeweiligen Reizsituation angepaßt ist, verläuft die Erbkoordination relativ starr: Wenn man das Beuteobjekt während des binokularen Fixierens entfernt, schnappt die Kröte ins Leere — sozusagen nach Nichts. Folglich drückt die Kröte ihr initiales Interesse an einem Beuteobjekt durch die zielgerichtete Wendereaktion aus. Je beuteähnlicher für sie der visuelle Reiz ist, desto schneller wendet sie sich ihm zu. Da sie ihre Augen hierbei starr hält, trifft sie die Entscheidung „Beute/keine Beute/Feind" offenbar schon vor der

---

8 Das Merkmal Farbe kann aus diesen Untersuchungen zunächst ausgeklammert werden.

Wendung: Besitzt ein Reizmuster keine Beutemerkmale, so unterbleibt in diesem Funktionskreis auch das Sich-Zuwenden.

Wie kann man die Wendeaktivität messen? Wir wählen folgende Versuchsanordnung (Abb. 38 und 119): Die Kröte sitzt in einem zylindrischen Glasgefäß, um das herum in der Horizontalebene in einem Abstand von 7 cm ein gegen den Hintergrund sich abhebendes Stück Karton maschinell mit konstanter Winkelgeschwindigkeit (20°/sec) bewegt wird. Die Kröte hält solch ein kleines Objekt für ein Beutetier und versucht, es durch sukzessive Wendereaktionen von Kopf und Körper jeweils in den binokularen Fixierkreis einzufangen; sie dreht sich hierbei *ruckartig* im Kreise. Als ein Maß für ihre Beutefangaktivität

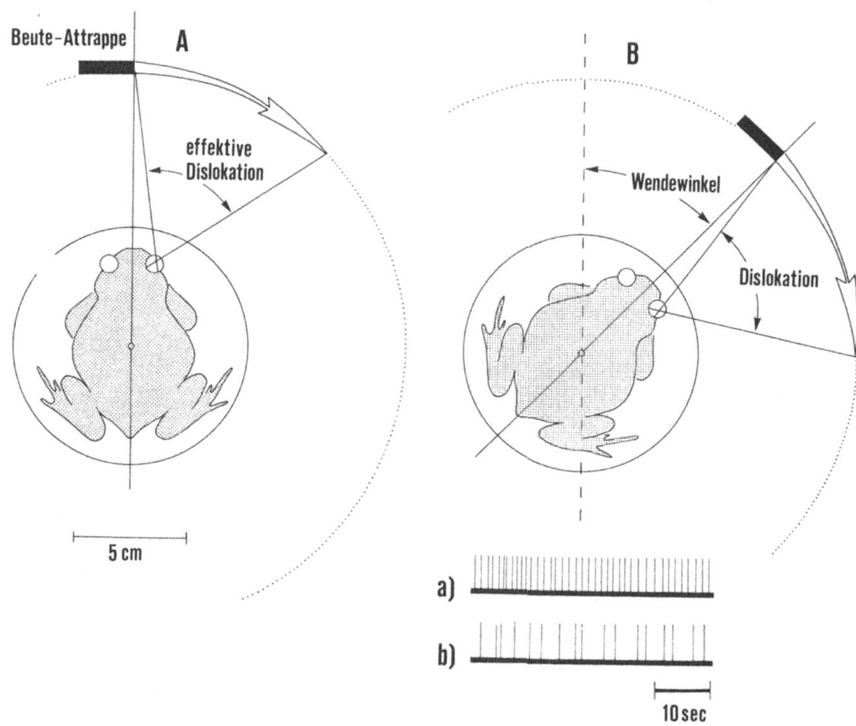

Abb. 38A und B. Prinzip der Versuchsanordnung für quantitative Messungen der Beutefang-Wendeaktivität einer Kröte. Beziehung zwischen effektiver Dislokation der Beuteattrappe (A), Wendewinkel der Kröte (B) und Beutefangaktivität; *a* zeitliche Folge der Wendereaktionen für eine stark und *b* für eine schwach auslösende Attrappe. Die Sehwinkelgeschwindigkeit wurde hierbei stets mit 20°/sec konstant gehalten. (Nach Ewert und Birukow, 1965; Ewert, 1969; vgl. auch Abb. 119)

kann die Anzahl (R) von Wendereaktionen genommen werden, die der kreisenden Attrappe während eines Minutenintervalls folgen:

R [Wendereaktionen/min].

Je geringer die Reizwirksamkeit einer Attrappe für den Beutefang ist, um so länger ist der Weg im Sehraum, der benötigt wird, um eine Wendereaktion auszulösen, desto größer ist der Winkel für die Wendebewegung, und desto geringer ist die Wendehäufigkeit (Abb. 38 a und b). Wenn die Kröte der Beute ständig folgen kann, ist das Produkt aus der Wendeaktivität (R) und dem mittleren Wendewinkel ($\bar{W}$) konstant:

$$R \times \bar{W} = c \text{ [grad/min]},$$

worin c die Drehwinkelgeschwindigkeit der Attrappe ist. Wenn c konstant gehalten wird, kann der Wert von R als Maß für die Reizwirksamkeit einer Beuteattrappe genommen werden. Er gibt im Vergleich mit entsprechenden Bezugswerten den Grad an, mit dem eine Attrappe der *Kategorie Beute* zugeordnet wird.

2. Was ist für eine Kröte „groß"?

Es gibt für ein Tier im wesentlichen zwei Möglichkeiten, die Größe eines Objektes zu messen. Die einfachste Art ist die Winkelmessung in Sehwinkelgraden. Da aber ein Objekt seine eigene Größe konstant hält, die vom Tier aus gemessene Winkelgröße sich aber mit der Distanz verändert, könnte sich damit vielleicht auch seine „Bedeutung" ändern: Ein dicht vorbeifahrendes Auto würde zunächst Fluchtverhalten auslösen, etwa in 15 m Entfernung dagegen „Beute" signalisieren. Es mag daher wichtig sein, die absolute Größe des Objekts unter Abschätzung seiner Entfernung ermitteln zu können. Dieses Phänomen wird „Größenkonstanz" genannt.

Wie sich die Kröte beim Beuteerkennen verhält, läßt sich im Attrappenversuch leicht nachprüfen. Wenn man in aufeinanderfolgenden Versuchsserien die Wendeaktivität auf unterschiedlich große schwarze Kreisflächen (oder Quadrate), die um die Kröte herum bewegt werden, bestimmt, so ergibt sich bei einem Attrappenabstand von 7 cm eine optimale Beuteattrappengröße von 4–8° Durchmesser (Abb. 39 A). 20° große Objekte bleiben meistens unbeantwortet; vor größeren Objekten wendet sich die Kröte ab. Was geschieht nun, wenn wir den Abstand zwischen Kröte und Attrappe für die Musterserie verändern? Das

Ergebnis zeigt Abb. 39B: Über der Sehwinkelgradskala bleibt der
Optimalwert keineswegs konstant. Er verschiebt sich für kürzere
Entfernungen in Richtung größere Werte — und umgekehrt. Über der
metrischen Skala würde er dementsprechend seine Position beibehalten.

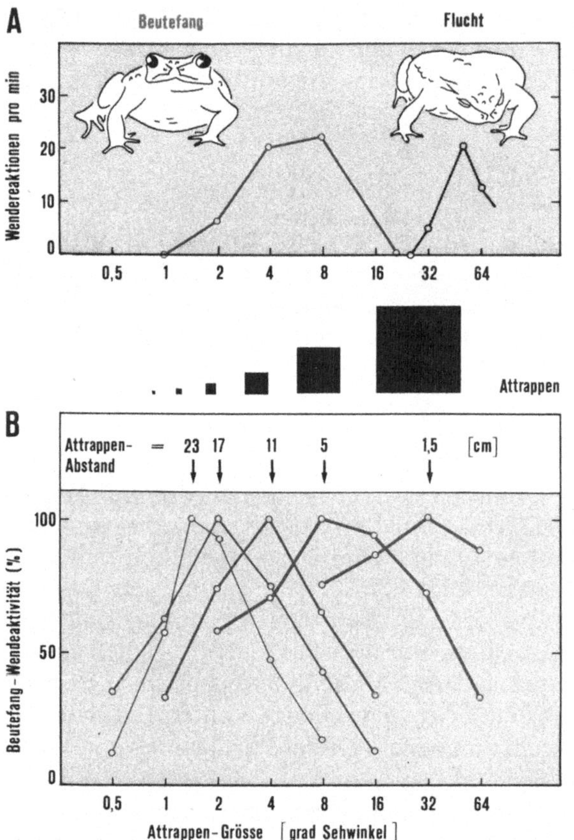

Abb. 39A und B. Einfluß unterschiedlich großer quadratischer, mit 20°/sec bewegter
Beuteattrappen auf die Wendeaktivität der Kröte. (A) Übergang von Beutefang in
Fluchtverhalten mit steigender Attrappengröße bei konstantem Attrappenabstand von ca.
7 cm zum Versuchstier. (B) Das Größenkonstanz-Phänomen. Änderung der Beutefangaktivität (normiert) auf unterschiedlich große, quadratische Attrappen bei verschiedenen Attrappenabständen. Mittelwertskurven von insgesamt 20 (A) bzw. 15 (B)
Versuchen mit verschiedenen Tieren. Erklärungen im Text. (Nach Ewert, 1972; Ewert
und Gebauer, 1973)

68

Erdkröten zeigen also beim Beutefang „Größenkonstanz": Nicht die Winkelgröße eines Objektes, sondern dessen absolute Größe ist für das Beuteerkennen entscheidend. Zwar nimmt die Attraktivität derselben

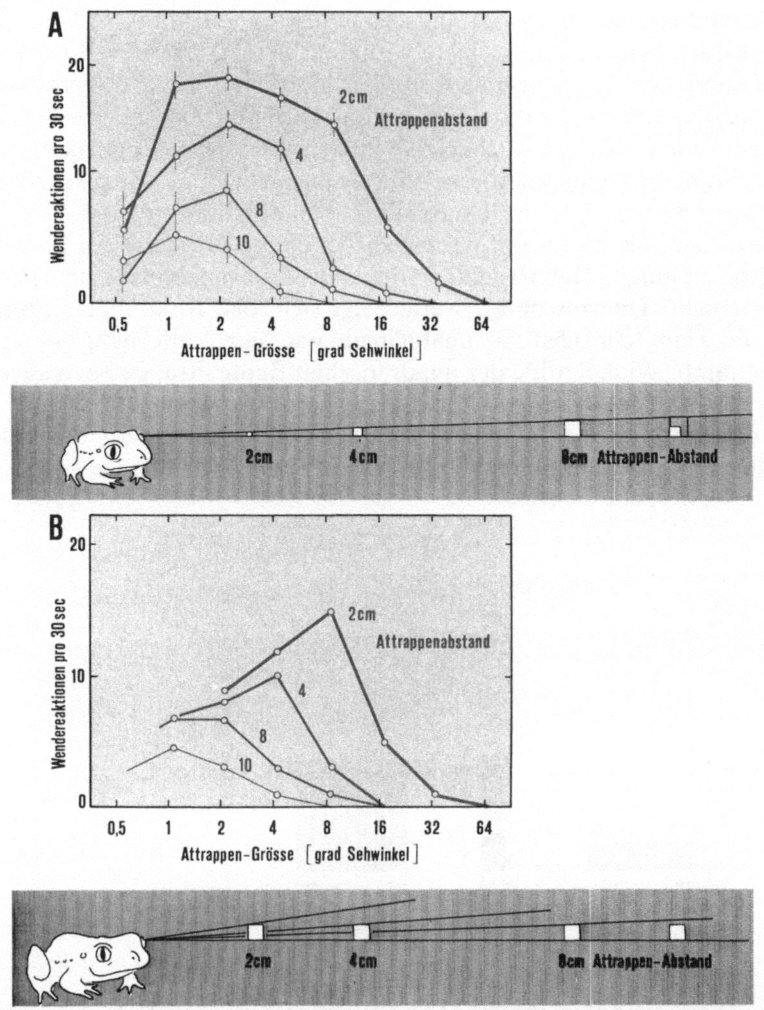

Abb. 40 A und B. Sehwinkelmessung (A) und Absolutgrößenschätzung (B) einer quadratischen Beuteattrappe bei frisch metamorphosierten (A) und älteren Geburtshelferkröten (B). Die Sehwinkelgeschwindigkeit der Attrappe betrug 20°/sec. Mittelwertskurven von jeweils 10 Versuchen mit verschiedenen Tieren. Erklärungen im Text. (Nach Ewert und Burghagen, 1976)

Attrappe mit zunehmender Entfernung vom Tier ab, *innerhalb einer Serie* von verschieden großen quadratischen Objekten, die jeweils im *gleichen* Abstand erscheinen, ist jedoch stets ein Quadrat von 10 mm Kantenlänge als Beuteattrappe maximal wirksam.

Die Frage, woher Kröten die zur Größenschätzung erforderliche Information über die Entfernung des Objektes nehmen, ist bislang noch ungeklärt, denn einäugige Tiere verhalten sich ganz ähnlich. Linsenakkommodationsmechanismen kommen hierfür grundsätzlich in Frage, sie sind jedoch bei Erdkröten — wenn überhaupt vorhanden — relativ träge. Eine weitere Möglichkeit neben der beidäugigen Entfernungspeilung wäre die trigonometrische Entfernungsschätzung durch kurzfristige Verschiebung der Netzhautbilder bei einer Kopfwendung.

Die Frage, ob und wann Kröten die „richtige Größe sehen lernen", wurde an jungen Geburtshelferkröten *Alytes obstetricans* (Laur.) näher untersucht. Überraschenderweise zeigt sich, daß frisch metamorphosierte Tiere zunächst — unabhängig von der Entfernung — eine bestimmte Winkelgröße der quadratischen Beuteattrappe bevorzugen, der Trend zur Absolutgrößenschätzung jedoch bereits angedeutet ist (Abb. 40 A). Etwa 6 Monate später ist das Größenkonstanz-Phänomen beim Beutefang ausgeprägt (Abb. 40 B). Vermutlich muß die Fähigkeit in der Ontogenese reifen.

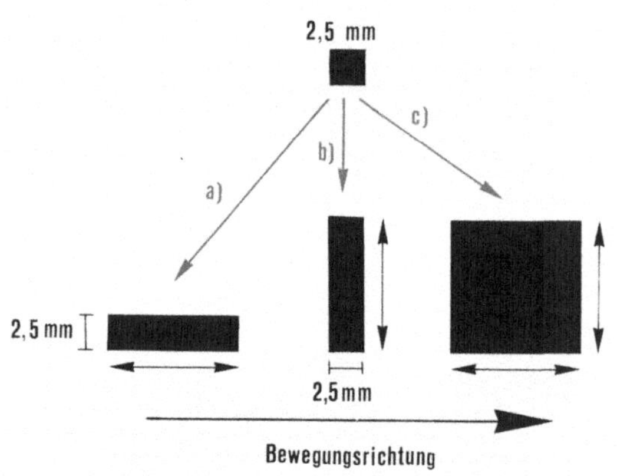

Abb. 41. Drei verschiedene Möglichkeiten für die Änderung figuraler Merkmale eines visuellen Bewegungsreizes. Von einem 2,5 × 2,5 mm^2 großen Quadrat ausgehend wird *a* die Vertikalkante mit 2,5 mm konstant gehalten und die Horizontalkante in der Bewegungsrichtung in aufeinanderfolgenden Versuchen schrittweise verlängert, *b* die Horizontalkante mit 2,5 mm konstant gehalten und die Vertikalkante quer zur Bewegungsrichtung verlängert, *c* verschieden große Quadrate geboten. Erläuterungen im Text. (Nach Ewert, 1969)

3. Der Einfluß von Gestaltfaktoren

Da Erdkröten Beute- und Feindobjekte durch die visuellen *Bewegungs-reize* wahrnehmen, ist es für die Analyse der Schlüsselreize naheliegend, zunächst solche Formkomponenten zu untersuchen, die in *Beziehung*

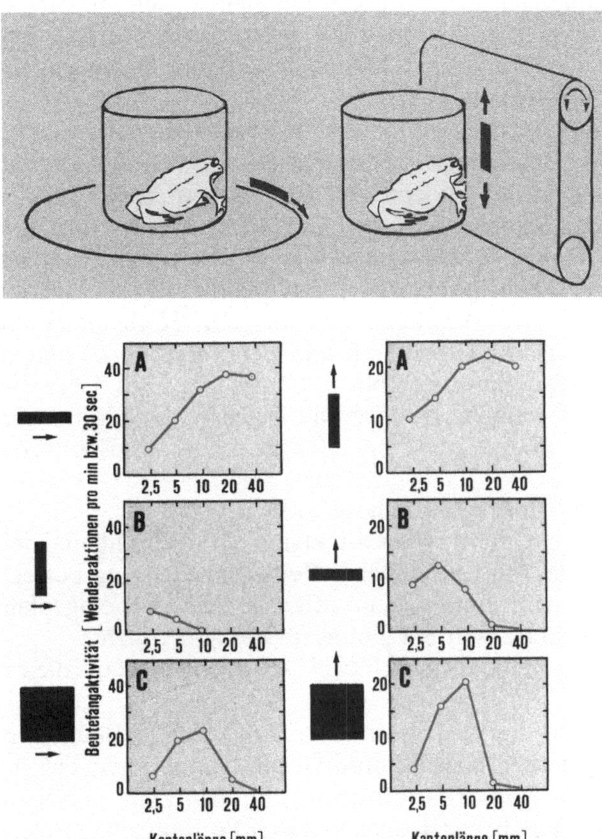

Abb. 42 A–C. Reizwirksamkeit von Beuteattrappen auf den Beutefang der Erdkröte in Abhängigkeit der entsprechend Abb. 41 variierten Gestaltkomponenten für horizontale (links) und vertikale (rechts) Bewegungsrichtung. (A) Unterschiedlich lange, in der Bewegungsrichtung orientierte Streifen; (B) verschieden lange, quer zur Bewegungsrichtung orientierte Streifen; (C) verschieden große Quadrate. Die Sehwinkelgeschwindigkeit der Attrappen betrug 20°/sec, der Attrappenabstand ca. 7 cm. Mittelwertskurven von jeweils 20 (links) bzw. 15 (rechts) Versuchen mit verschiedenen Tieren. (Nach Ewert, 1972; Ewert und Becker, 1976)

zur Bewegungsrichtung (x,y-Ebene) der Attrappe stehen (Abb. 41).
Unser Versuchsprogramm gliedert sich in drei Gruppen:
Von einer kleinen[9] quadratischen Attrappe ausgehend wird in der 1.
Versuchsgruppe — bei konstanter Vertikalausdehnung — die Kante in
der horizontalen Bewegungsrichtung schrittweise verlängert; in der 2.
Versuchsgruppe wird jetzt umgekehrt — bei konstanter Horizontalaus-
dehnung — die Kante quer zur Bewegungsrichtung verlängert; in der 3.
Gruppe werden schließlich beide Kanten um gleiche Beträge vergrößert, also unterschiedlich große Quadrate geboten. Alle Muster sind
schwarz und werden mit 20°/sec vor homogen weißem Hintergrund um
die Kröte maschinell herum bewegt.

Abb. 42 (links) zeigt die Reizwirksamkeit der drei Attrappenserien für
die Auslösung des Beutefangs, gemessen an der Wendeaktivität:
*Streifenverlängerung in der horizontalen Bewegungsrichtung steigert
— in Grenzen — den Signalwert Beute (Abb. 42 A). Streifenverlängerung quer zur Bewegungsrichtung senkt diesen Wert und signalisiert bei
einigen Tieren sogar Feind (Abb. 42 B). Bei quadratischen Objekten
kommt es zu einer Art Addition der von der Horizontalkante
ausgehenden Beutesignal steigernden und von der Vertikalkante
ausgehenden senkenden Effekte (Abb. 42 C).* Es gibt auch Tiere, bei
denen schwarze, vor weißem Hintergrund bewegte Quadrate oder
vertikale Streifen überhaupt keine Beutefangreaktion auslösen (Abb.
43 B).
Das bedeutet: wurm- und käferähnliche Objekte sind für die Kröte
besonders attraktiv; ein derartiges Objekt um 90° gedreht und mit
seiner Längsachse quer zur horizontalen Bewegungsrichtung bewegt,
bildet einen Reiz, der in ihr Beuteschema offensichtlich nicht eingeplant
ist: auf dem Kopf gehende Würmer gibt es für die Kröte nicht.
Diese Schlußfolgerung hat jedoch noch zwei „schwache Stellen", die wir
überprüfen müssen:
1. Die hemmende Wirkung der „Vertikalstreifen" auf das Beutefangverhalten könnte in dieser Versuchsanordnung darauf beruhen, daß sie,
infolge ihrer Ausdehnung über den Horizont, „Drohwirkung" ausüben.
Kontrollversuche zeigen aber, daß auch in dieser Position ein Horizon-
talstreifen als Beuteattrappe sehr viel reizwirksamer ist als ein entsprechender Vertikalstreifen (s. hierzu Abb. 33 c und e).
2. Gilt die oben gemachte Schlußfolgerung aber auch dann, wenn das
Muster in vertikaler Richtung vor der Kröte hin und her bewegt wird?

---

9 Nachdem inzwischen als erwiesen gelten kann, daß Kröten beim Beutefang „Größenkonstanz" zeigen, werden die früher in Sehwinkelgrad gemachten Angaben in metrische
Einheiten (mm) umgerechnet.

Wie Abb. 42 (rechts) zeigt, ist der Einfluß der untersuchten Gestaltfaktoren tatsächlich von der *Orientierung* der Bewegungsrichtung einer Attrappe im Prinzip unabhängig. Wir sprechen in diesem Zusammenhang bezüglich der x,y-Ebene von einer Richtungs-*Invarianz.*

4. Spezies-Unterschiede

Inzwischen ist das Beutefangverhalten von verschiedenen Amphibien-Arten auf solche Gestaltunterschiede eines Reizmusters untersucht worden, wobei auch ontogenetische Aspekte Berücksichtigung fanden. Die Geburtshelferkröte *Alytes obstetricans* (Laur.) verhält sich gegenüber Mustern der drei Serien kurz nach ihrer Metamorphose[10] ähnlich wie die erwachsene Erdkröte *Bufo bufo* (Abb. 43 A), mit dem Hauptunterschied, daß die Wirksamkeit von Streifen, die in der Bewegungsrichtung ausgedehnt sind, auf eine relativ kleine Größenspanne beschränkt ist (Abb. 43 C). Wenn man diese Versuche 6 Monate später wiederholt, ändert sich prinzipiell am Verlauf der Kurven nichts. Für den Laubfrosch *Hyla* (Abb. 43 D) und für die Gelbbauchunke *Bombina* ergeben sich ähnliche Resultate.

Der zu den Urodelen gehörende Feuersalamander *Salamandra salamandra* ist für ontogenetische Untersuchungen in diesem Zusammenhang besonders geeignet, zumal sich auch die Larven räuberisch ernähren. Im Larvenstadium kann der Salamander quadratische von ebenso langen, quer oder längs zur Bewegungsrichtung ausgedehnten streifenförmigen Beuteattrappen kaum unterscheiden (Abb. 44 A). Bevorzugt wird stets eine Mustergröße von 8 mm Kantenlänge. Erst nach der Metamorphose beginnen die Tiere zwischen verschiedenen Formen zu differenzieren (Abb. 44 B–D). Spätestens nach 10 Monaten hat sich dann der Auslösemechanismus offensichtlich auf ein „Wurm-Schema" spezialisiert (Abb. 44 D).

Das Beuteerkennungssystem scheint beim Feuersalamander einem „Reifungsprozeß" zu unterliegen, in den vermutlich keine Lernkompo-

---

10 Die Larven von *Alytes* ernähren sich von Pflanzen und sind folglich für diese Versuche ungeeignet. Abb. 43 C zeigt das Antwortverhalten von frisch metamorphosierten Geburtshelferkröten. Etwa ein halbes Jahr nach der Metamorphose ist bei ihnen das sogenannte Wurmschema noch stärker ausgeprägt: Während die Antwortaktivität — im selben Versuchsprogramm — auf horizontale, in der Bewegungsrichtung ausgedehnte Streifenmuster etwa gleich bleibt (wie in Abb. 43 C), ist die Aktivität auf Quadrate und entsprechend lange quer zur Bewegungsrichtung ausgedehnte Streifen um ca. 50% gesenkt.

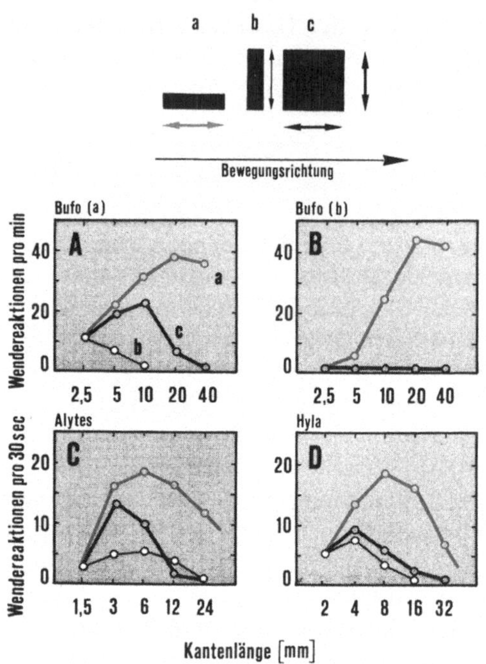

Abb. 43 A–D. Die Reizwirksamkeit einer Beuteattrappe — in Abhängigkeit verschiedener Gestaltkomponenten — auf den Beutefang von *Bufo*, *Alytes* und *Hyla*. — *Rote Kurve*: unterschiedlich lange, in der Bewegungsrichtung ausgedehnte Streifen. *Dünne schwarze Kurve*: verschieden lange, quer zur Bewegungsrichtung ausgedehnte Streifen. *Dicke schwarze Kurve*: verschieden große Quadrate. (Diese Darstellungsweise wird in den nachfolgenden entsprechenden Abbildungen beibehalten). Sehwinkelgeschwindigkeit: 20°/sec; Attrappenabstand: 7 cm (A und B) bzw. 2 cm (C und D). Mittelwertskurven von jeweils 20 (A, B) bzw. 10 (C, D) Versuchen mit verschiedenen Tieren. (Nach Ewert, 1968, 1972; Ewert und Burghagen, 1976)

nenten eingehen[11]. Der biologische Sinn eines solchen „adaptiven" Erkennungssystems ist leicht einzusehen: Für die aquatischen Larven sind auch solche Beutetiere wichtig, die nicht in das enge Schema „kriechender Wurm" passen; hierzu gehören Daphnien, Stechmückenlarven, Tubifex u.a. Zudem können bei einem Beuteobjekt durch Passivverfrachtung im Wasser ständig *verschiedene* Flächenkomponenten in bezug zur Fortbewegungsrichtung auftreten. Nach der Metamorphose findet der Salamander — ebenso wie die Kröte — vorwiegend Beutetiere, deren Körperlängsachse mit der Bewegungsrichtung übereinstimmt (Raupen, Regenwürmer, Käfer u.a.). Vielleicht ist diese neue Umwelt in das Erkennungssystem des Salamanders bereits „eingeplant".

---

11 Die Tiere wurden während der Aufzucht ausschließlich mit *Tubifex* gefüttert.

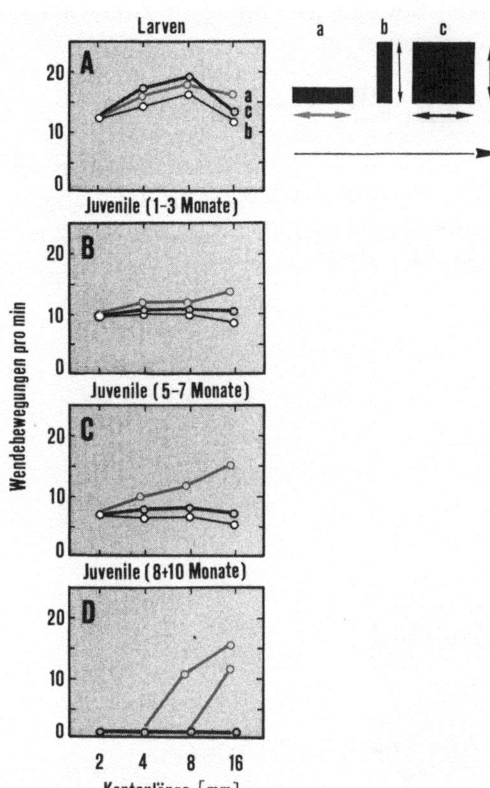

Abb. 44 A–D. Einfluß verschiedener Gestaltmerkmale einer Attrappe auf den Beutefang des Feuersalamanders: (A) Larven und (B–D) juvenile Tiere unterschiedlicher Altersstufen. Sehwinkelgeschwindigkeit der Attrappe: 10°/sec, horizontale Bewegungsrichtung, Attrappenabstand: 3 cm. Mittelwertskurven aus je 20 Versuchen. (Modifiziert nach Himstedt et al., 1976)

5. Strukturierte Reizmuster

Wir wollen jetzt — wieder an Erdkröten — prüfen, ob auch die Reizwirksamkeit von *strukturierten* Mustern mit Hilfe des einfachen Gestaltzuordnungsschemas erläutert werden kann: Ein 2,5 × 2,5 mm² großes schwarzes Quadrat, in 7 cm Entfernung mit 20°/sec vor weißem Hintergrund bewegt, stellt einen gerade überschwelligen Beutereiz dar:

Bewegungsrichtung

Fügt man — 2 mm daneben — ein weiteres hinzu, so steigt der Signalwert:

Verlängert man diese Kette in der Bewegungsrichtung um zwei weitere
Glieder, so steigt die Attraktivität weiter an:

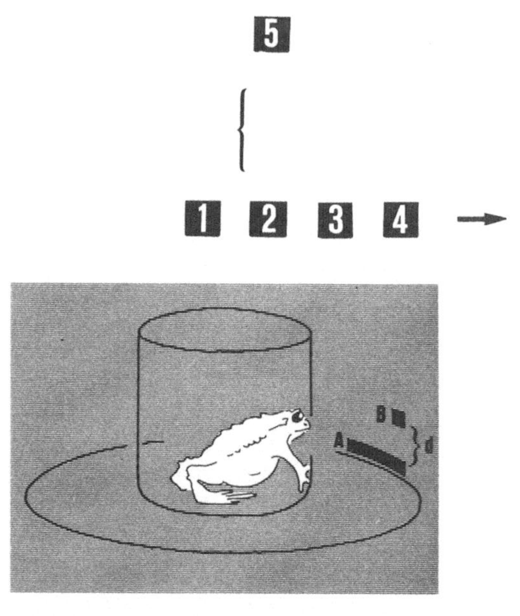

Sie würde sich sogar noch etwas erhöhen, wenn ein fünftes Glied *neben*
dem vierten mitbewegt wird, jedoch ihre Signalwirkung als Beuteobjekt
nahezu vollständig verlieren, wenn es im Abstand von 10 mm zusätzlich
über einem dieser Glieder angeordnet wäre:

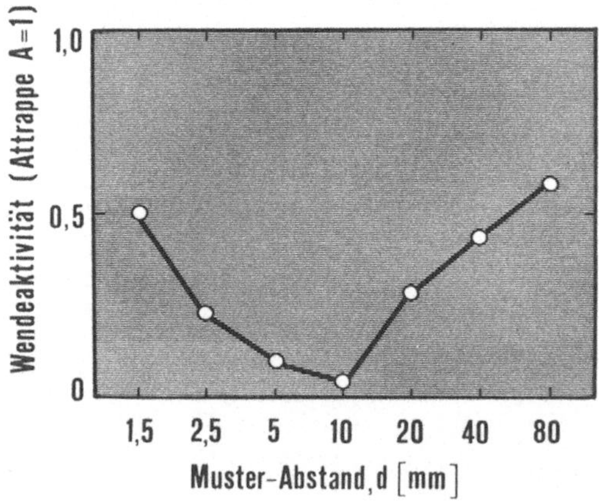

Abb. 45. Hemmender Einfluß eines 2×2 mm² großen Quadrates B auf die Reizwirksamkeit einer 2×20 mm² großen optimalen Beuteattrappe A. Die Wirksamkeit des Doppelreizes AB ist vom Abstand d beider Einzelreize abhängig. Sehwinkelgeschwindigkeit: 20°/sec; Attrappenabstand: ca. 7 cm. Mittelwertskurve aus 20 Versuchen mit verschiedenen Erdkröten. (Nach Ewert et al., 1970)

Hierbei ist der Signal löschende Einfluß vom Abstand des Punktes
abhängig (Abb. 45). Das Gestaltzuordnungsschema gilt also in Grenzen
auch für diskontinuierlich ausgedehnte Muster.

Untersuchungen zum natürlichen Feindbild der Erdkröte lassen es
denkbar erscheinen, daß solche „Punkt-Streifen-Muster" drohend
wirken und vielleicht das Feindbild Schlange wiedergeben, denn die
Kröte zeigt auf die Attrappe (Abb. 46B) das gleiche spezifische
Abwehrverhalten wie auf den natürlichen Feind (Abb. 46A): Sich-Aufblähen, Stelzenstellung und Flankebieten. In dieses Feindbild paßt
offenbar auch der an Land spannerartig gehende Blutegel, wenn er
seinen Vordersaugnapf hebt (Abb. 46C); sobald der Saugnapf jedoch
wieder in Bewegungsrichtung am Boden ist, wird der Egel der Kategorie
Beute zugeordnet (Abb. 46D).

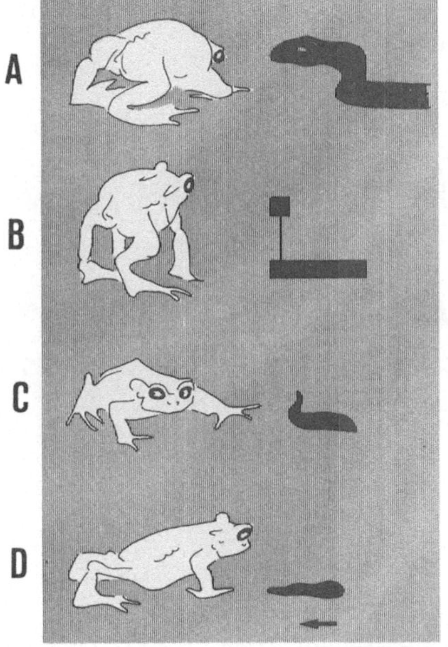

Abb. 46A–D. Feindbilder der Erdkröte. (A) Schlange, (B) Kopf-Rumpf-
Attrappe, (C) Blutegel mit erhobenem
Saugnapf, (D) Saugnapf in der Bewe-
gungsebene des Körpers („Wurm-
Schema"). Die Reizobjekte bewegen
sich in Pfeilrichtung an der Kröte vorbei. Die Verhaltensphasen der Kröte
wurden nach Photos gezeichnet.
(Ewert und Traud, 1976)

6. Musterselektion durch Gewöhnung

Mit dem vermuteten Gestaltzuordnungsschema soll der Kröte keineswegs abgesprochen werden, auch detailliertere Dinge eines visuellen
Musters unterscheiden und in Verbindung mit individuellen Erfahrungen für ihr Verhalten nutzen zu können: Bei wiederholter Auslösung der

Wendereaktion mit derselben Beuteattrappe (Abb. 47 A) kann sich die
Kröte an den Reiz gewöhnen, bis sie ihn schließlich unbeantwortet läßt.
Wenn unmittelbar danach ein neues Beuteobjekt erscheint (Abb. 47 B),
und die Kröte jetzt wieder reagiert, muß sie es von dem vorhergehenden

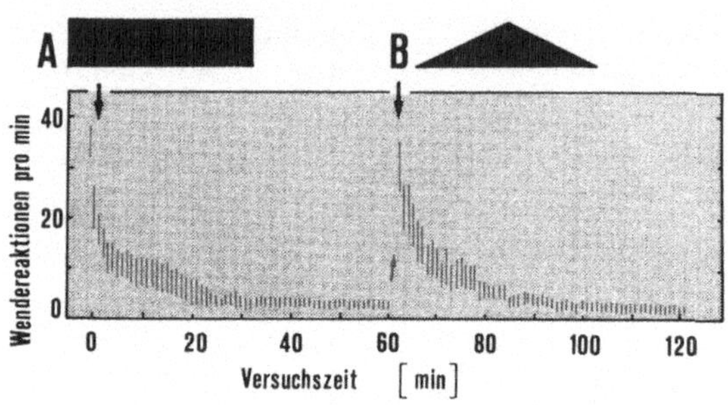

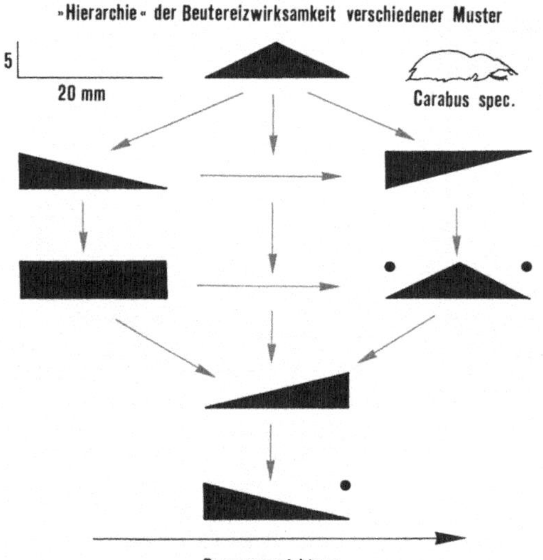

Abb. 47 A und B. „Musterselektion" durch Gewöhnung bei Erdkröten. (A) Absinken
der Reizwirksamkeit einer Beuteattrappe bei wiederholter Darbietung in einer langfristi-
gen Reizserie (Versuchsanordnung von Abb. 42 links). (B) Eine Attrappe mit anderer
Form kann anschließend wieder maximal auslösen, verliert dann jedoch langfristig
geboten ebenfalls ihre Reizwirksamkeit. Durch paarweises Testen von Attrappen läßt sich
eine Art Hierarchie von Beutefang auslösenden und hemmenden Merkmalen aufstellen:
Spitzen, die in die Bewegungsrichtung weisen, sind wirksamer als Kanten; isolierte Punkte
können, je nach Konfiguration, hemmenden Einfluß haben. Die Wirksamkeit der hier
dargestellten Beuteattrappen sinkt in Pfeilrichtung (rot). (Nach Birukow und Meng, 1955
(Prinzip); Ewert und Kehl, 1976)

unterschieden haben. Schließlich gewöhnt sie sich auch an diesen Reiz. Die Gewöhnung kann bis zu 24 Std lang anhalten.

Als Methode ist die *Reizgewöhnung* geeignet, das Formenunterscheidungsvermögen der Kröte näher zu untersuchen. Abb. 47 zeigt eine Zusammenstellung von verschiedenen Mustern, die ihrer Reizwirksamkeit entsprechend hierarchisch geordnet sind. Dieses Unterscheidungsvermögen der Kröte läßt sich mit Hilfe des einfachen Gestaltzuordnungsschemas allein wohl nicht erklären. Es setzt innerhalb der bereits zugeordneten *Kategorie Beute* weitere, vorerst noch unbekannte Prinzipien voraus.

7. Das Merkmal „Bewegungsgeschwindigkeit" der Attrappe

Wenn man in der Versuchsanordnung von Abb. 42 (rechts) eine Beuteattrappe mit einer Winkelgeschwindigkeit von 1°/sec bewegt, so wird sie von der Kröte nur mit geringer Aktivität beantwortet. Die Fangaktivität steigt an, wenn man in sukzessiven Versuchen die Winkelgeschwindigkeit erhöht; sie erreicht bei 20°/sec ein Maximum und sinkt oberhalb 50°/sec wieder ab; 100°/sec bewegte Muster bleiben meistens unbeachtet.

Entsprechende Versuche mit 40° großen, dunklen, scheibenförmigen Feindattrappen, die über die Kröte hinweg bewegt werden, ergeben für das Fluchtverhalten prinzipiell einen ähnlichen Abhängigkeitsverlauf, doch ist der gesamte Antwortbereich etwas in Richtung höhere Geschwindigkeiten verschoben: Ein Feind „müßte" sich also schneller bewegen, um eine Fluchtreaktion auszulösen, als es das Beutetier tun „müßte", um gefangen zu werden.

Teilweise unabhängig von Gestaltfaktoren kann die Bedeutung eines Objekts aber auch z.T. durch seine Bewegungs*richtung* bestimmt werden : Wenn sich eine Riesenameise *an der Kröte vorbei* bewegt, wirkt sie als Beuteobjekt; bewegt sie sich jedoch *auf die Kröte zu*, so kann sie Flucht auslösen.

8. Der Reiz-Hintergrund-Kontrast

Wir halten jetzt die Parameter Winkelgeschwindigkeit und Größe einer Beuteattrappe in den Optimalbereichen konstant und variieren ihren Hintergrundkontrast: Die Wendeaktivität steigt an, je stärker sich die Attrappe vor dem Hintergrund abhebt. Entsprechendes gilt für die Wirksamkeit einer Feindattrappe. Unterschiede ergeben sich hier für die *Richtung* des Reiz-Hintergrund-Kontrastes: Während im Beutefangverhalten helle, vor dunklem Hintergrund bewegte Objekte allgemein sehr effektiv sind, wird das Fluchtverhalten hauptsächlich durch dunkle, vor weißem Hintergrund bewegte Objekte aktiviert.

Es gibt auch deutliche Beziehungen zwischen der Gestalt einer Beuteattrappe, ihrer Kontrastrichtung und der Umgebungshelligkeit. Wenn eine Attrappe auf Grund ihrer Gestalt sehr gut in das „Beuteschema" paßt (Wurmattrappe), wird ihre Reizwirksamkeit durch die Kontrastrichtung kaum beeinflußt. Paßt die Attrappenform weniger in dieses Schema (z.B. quadratische Attrappen), so wird die Richtung ihres Kontrastes stärker gewertet: Dann sind weiße, in schwarzer Umgebung bewegte Objekte reizwirksamer als schwarze in weißer Umgebung; letztere können sogar unwirksam sein.

Hervorzuheben ist, daß der *generelle Verlauf* der gestalt- und größenabhängigen Beziehungen durch die Parameter Winkelgeschwindigkeit und Kontrast weitgehend unbeeinflußt bleibt.

9. Jahreszeitliche Einflüsse

Es gibt Anzeichen, die darauf hinweisen, daß die visuelle Welt für die Kröte im Verlauf des Jahres nicht konstant bleibt: Während der Sommermonate sind weiße, in schwarzer Umgebung bewegte quadratische Objekte für ihren Beutefang wirksamer als schwarze in weißer Umgebung. Interessanterweise kehrt sich diese Beziehung im Herbst und Winter um: Dann ist — bei gleich hohem Betrag des Hintergrundkontrastes — die schwarze Beuteattrappe wirksamer als die weiße.

Zur Zeit der Winterruhe ist die Beutefangaktivität von Labortieren im ganzen sehr viel niedriger als während der Sommermonate.

10. Einfluß der Motivation

Die Reizwirksamkeit einer Beuteattrappe ist auch von der jeweiligen Motivation des Tieres abhängig. Satte Kröten sind im Experiment reaktionsträge, hungrige können dagegen sehr aktiv sein. Solche Unterschiede kommen jedoch in den quantitativen Versuchen hauptsächlich in der *allgemeinen Höhe* der Reaktionsanzahlen zum Ausdruck.

Die Beutestimmung der Kröte läßt sich experimentell steigern. Erdkröten assoziieren beim Fressen den von Laborfuttertieren (Mehlkäferlarven) ausgehenden Kotduft. Wenn man jetzt diesen Duft im Experiment zusammen mit einer optischen Attrappe bietet, so kann hierdurch die Reizwirksamkeit auch von solchen Muster*formen* erhöht werden, die zuvor kaum oder überhaupt nicht in das „Beuteschema" paßten (Abb. 48). Die Trennschärfe des Auslösemechanismus ist dann herabgesetzt.

Reagieren Kröten nur auf Beuteobjekte mit Zuwendungen? Orientierende Wendereaktionen können auch in anderen Funktionskreisen eine wichtige Rolle spielen.

Während der Laichzeit im Frühjahr sind Beutefang- und Fluchtreaktionen kaum auslösbar. Einen verhaltenswirksamen optischen Reiz bildet jetzt der sexuelle Partner. Hierbei kann das sich fortbewegende Weibchen mit ihrem relativ großen Umfang eine Zuwendung des Männchens auslösen, das sich dann dem Weibchen nähert und es zur Paarung umklammert.

Die Wendung zum Partner ist bezüglich der auslösenden Merkmale noch nicht quantitativ untersucht worden. Es mag hierbei wichtig sein zu prüfen, ob möglicherweise das Ausschalten der Funktionskreise *Beutefang* und *Flucht* eine Bedingung für die Partnerzuwendung ist. Ferner müßte geklärt werden, inwieweit zentralnervöse Grundprozesse für das

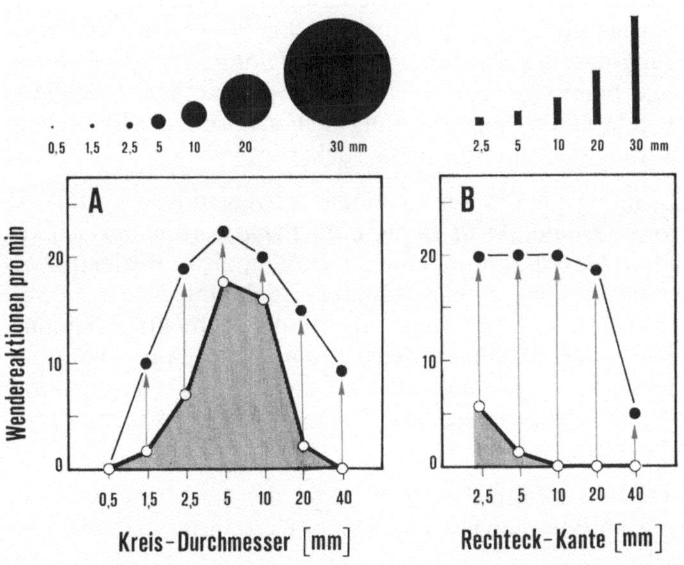

Abb. 48A und B. Einfluß der Motivation des Versuchstieres auf die Wirksamkeit verschiedener Beuteattrappen. (A) Kreisscheiben, (B) vertikale Streifen (horizontale Bewegungsrichtung; Sehwinkelgeschwindigkeit: 20°/sec; Attrappenabstand: ca. 7 cm). Bei Anwesenheit von Beuteduft kann die Reizwirksamkeit z. T. sehr stark erhöht werden (s. Pfeile). Mittelwertskurven von jeweils 15 Versuchen mit verschiedenen Erdkröten. (Nach Ewert, 1968)

Beute-/Feinderkennen auch an diesem speziellen Detektionsproblem beteiligt sind — oder von ihm sogar vollständig in Anspruch genommen werden.

Eine bestimmte Art von Zuwendereaktionen zeigt die Kröte im optomotorischen Verhalten (s. auch S. 114). Diese Zuwendungen sind jedoch von den Beutefang-Wendereaktionen völlig verschieden. Das gilt für die auslösenden Schlüsselreize ebenso wie für die Reaktionsdynamik.

Orientierende Wendebewegungen können auch dazu dienen, dunkle Verstecke aufzusuchen oder störende Hindernisse zu umgehen. Sie können aber auch spontan auftreten und z. B. darauf ausgerichtet sein, Informationen über die stationäre, gemusterte Umwelt einzufangen.

Woran erkennt nun die Kröte ihre Beutetiere und Feinde?

1. Beute- und Feind-Schlüsselreize haben zwei gemeinsame Parameter: *Bewegung* und *Kontrast*; sie stellen die Voraussetzung dafür, daß das betreffende Objekt überhaupt den Funktionskreisen Beutefang bzw. Flucht zugeordnet werden kann. Hierbei können die *Richtung der Bewegung* und die *Richtung des Reiz-Hintergrund-Kontrastes* einem Objekt bereits gewisse Beute- oder Feindmerkmale erteilen. Vermutlich geht in die Reizbewertung auch die Form der Bewegung ein: gleichförmig oder unregelmäßig ruckartig.

2. Die Zuordnung eines in der x,y-Ebene bewegten Reizmusters zu den Kategorien *Beute, Nicht-Beute* oder *Feind* wird hauptsächlich auf Grund von Gestaltkomponenten getroffen, die in Beziehung zu der Bewegungsrichtung stehen: Objektausdehnung *in der* Bewegungsrichtung bedeutet (in Grenzen) „Beute", Objektausdehnung *quer zur* Bewegungsrichtung reduziert den Auslösewert und kann „Feind" signalisieren. Große, allseitig ausgedehnte Flächen sind optimale Feind-Schlüsselreize, vor allem dann, wenn sie im oberen Gesichtsfeld erscheinen.

3. Dieses Gestaltzuordnungsprinzip ist (in der x,y-Ebene) von der *Orientierung* der Bewegungsrichtung eines Reizmusters unabhängig.

4. Kröten zeigen beim Beutefang „Größenkonstanz". Ihr Vermögen, die Absolutgröße eines Beutetieres einzuschätzen, unterliegt möglicherweise einem „Reifungsprozeß".

5. Das Beuteerkennungssystem (Auslösemechanismus) läßt sich durch triebbestimmende Faktoren beeinflussen.

6. Kröten können auf Grund von individuellen Erfahrungen auch innerhalb einer bereits zugeordneten Kategorie (z. B. Beute) detaillierte Strukturen unterscheiden und für die Steuerung ihres Verhaltens nutzen. Diese Leistung kann mit Hilfe des einfachen Gestaltzuordnungsschemas allein nicht erklärt werden.

7. Während das Beuteerkennungssystem als „Wurm-Schema" bei der Geburtshelferkröte nach Beendigung der Metamorphose bereits fertig ausgebildet ist, muß es beim Feuersalamander erst innerhalb der Ontogenese „reifen". Zur Zeit des Larvenstadiums scheint es der *im Wasser* vorkommenden Beute und einige Monate nach Abschluß der Metamorphose überwiegend den *Land*-Beutetieren angepaßt zu sein.

8. Im Gehirn der bislang untersuchten Amphibien-Arten scheint ein Beuteerkennungssystem ausgebildet zu sein, das möglicherweise gleiche Detektionsmechanismen verwendet und durch unterschiedliche Betonung ihrer Komponenten bei einzelnen Vertretern Varianten zuläßt.

II. Beutefang- und Flucht-„Zonen" im Krötenhirn

Jetzt folgen wir den Sehnerven in das Krötenhirn und fragen, ob es dort Bereiche gibt, die für die Auslösung des Beutefang- und Fluchtverhaltens verantwortlich sind. Die Fasern der Sehnerven kreuzen sich fast vollständig an der Zwischenhirnbasis (Abb. 50). Einige enden in bestimmten Abschnitten des Zwischenhirns, dem *kaudalen dorsalen Thalamus* und der *prätectalen Region* (*TP-Region*[12]); der überwiegende Teil projiziert in die Oberflächenschichten des Mittelhirndachs, das *Tectum opticum*. Daneben gibt es noch andere Projektionsgebiete. (Hirnphysiologische und neuroanatomische Untersuchungstechniken s. methodischen Anhang auf S. 202.)

1. Elektrische Hirnreizung

Die Netzhaut eines Auges wird über den Sehnerven als Projektionsbahn *„Punkt-für-Punkt"* in die Oberflächenschichten des gegenüberliegen-

---

12 Kaudaler dorsaler Thalamus und prätectale Region sind anatomisch getrennte Gebiete. Infolge ihrer engen Nachbarschaft waren jedoch physiologisch bislang keinerlei eindeutige Zuordnungen zu dem einen *oder* anderen Gebiet möglich; daher wollen wir diesen Bereich zunächst Thalamus/Prätectum (TP)-Region nennen.

den Tectum opticum abgebildet (Abb. 11). Somit kann auch jedem Bereich des Gesichtsfeldes ein entsprechender Bezirk im Tectum opticum zugeordnet werden.

Was würde geschehen, wenn man bei der frei beweglichen Kröte — unter Ausschluß von optischen Signalen — einen Hirnort im Projektionsfeld punktförmig elektrisch reizt? Wie das Experiment zeigt, wendet sich die Kröte dann einem zugeordneten Bereich des Gesichtsfeldes zu (Abb. 49 A). Sie verhält sich hierbei ganz ähnlich, wie wenn dieser Tectum-Ort aus einem entsprechenden Gesichtsfeldausschnitt durch ein Beuteobjekt erregt worden wäre. Die Kröte kann offensichtlich mit Hilfe der retino-tectalen Projektion optische Reize im Raum lokalisieren. Das Prinzip beruht möglicherweise auf festen motorischen Programmen (für die jeweilige Wendereaktion), die ihre Eingänge in den retinalen Projektionsfeldern haben und der jeweiligen peripheren Lagedifferenz entsprechend abgerufen werden können.

Wir erläutern das an einem Beispiel: Einem außerhalb der Fixierstelle x auf der Retina abgebildeten Muster w möge im Tectum ein Projektionsort w' entsprechen. Ist das Objekt als Beute erkannt worden, so wird eine der Lagedifferenz x–w entsprechende Adresse angewählt. Für jede zu erwartende Lagedifferenz liegen in den zentralen Projektionsstellen feste, zugeordnete Programme vor, die durch visuelle — oder experimentell durch elektrische — Reizung „per Adresse“ (nämlich x–w) abgerufen und auf die Motorik übertragen werden können. Die resultierende Wendereaktion ist darauf ausgerichtet, die Beute (w) im binokularen Fixierbereich (x) abzubilden (x–w = o) und somit die Repräsentanz x' zu erregen, denn nur sie aktiviert logischerweise — bei optimaler Distanz — das Zuschnappen. Die Wendung zur Beute erfolgt hierbei „blind“, ohne periphere Kontrolle, sozusagen in offener Steuerkette. Nachkorrekturen können durch Regelung erfolgen.

Somit lassen sich *Schnappreaktionen* im Hirnreizungsexperiment auch nicht von allen Tectum-Regionen auslösen, sondern überwiegend von solchen, die dem Fixier- und Schnappbereich auf der Retina zugeordnet sind (Abb. 49 B). Durch jeweiliges Erhöhen des Schwellenstromes ist es dann in Abhängigkeit vom Reizort auch möglich, komplette oder unvollständige Beutefang-Verhaltens*folgen* zu aktivieren, wobei die richtige Reihenfolge der Teilglieder stets eingehalten bleibt.

Was geschieht nun, wenn man das retinale Projektionsfeld in der TP-Region elektrisch reizt? Die Kröte reagiert jetzt mit *Fluchtverhalten.* Abhängig vom Reizort kann sie sich von einem unsichtbaren Feind abwenden, sich ducken oder panikartig davonspringen (Abb. 49 C). Fluchtreaktionen lassen sich z. T. auch von bestimmten zentralen Mittelhirnbereichen auslösen.

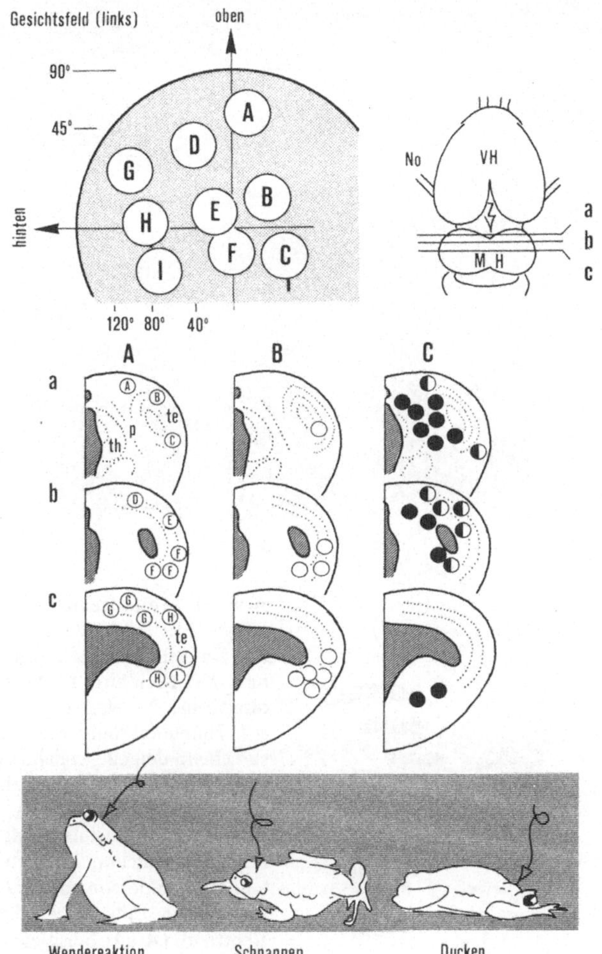

Abb. 49 A–C. Auslösung des Beutefang- und Fluchtverhaltens durch punktförmige elektrische Hirnreizung bei frei beweglichen Erdkröten. *Rechts oben:* Hirn-Aufsicht; *VH* Vorderhirn, *Z* Zwischenhirn, *MH* Mittelhirn. *a–c* Drei Halbquerschnitte durch das Gehirn entsprechend der eingezeichneten Schnittebenen; *te* Tectum opticum, *th* dorsaler Thalamus, *p* prätectale Region. (A) Die Kröte wendet sich jeweils den durch Buchstaben gekennzeichneten Bereichen des Gesichtsfeldes zu, wenn entsprechend bezeichnete Orte des Tectum elektrisch gereizt werden. (B) Reizorte, von denen aus zusätzlich das Schnappen ausgelöst werden konnte. (C) Reizorte für die Auslösung von Fluchtreaktionen (schwarz). Von schwarz-weiß markierten Stellen lassen sich sowohl Beutefang- als auch Fluchtbewegungen auslösen. (Nach Ewert 1967, 1968)

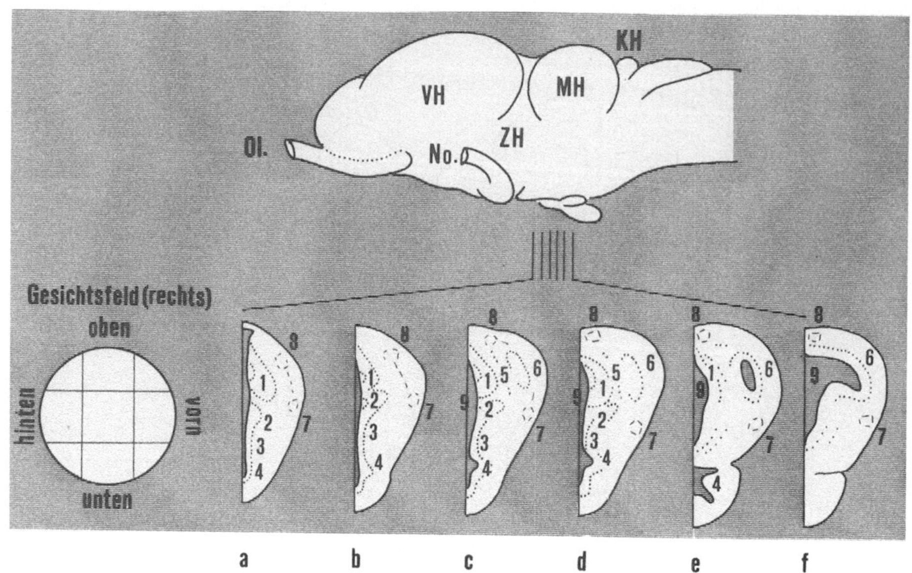

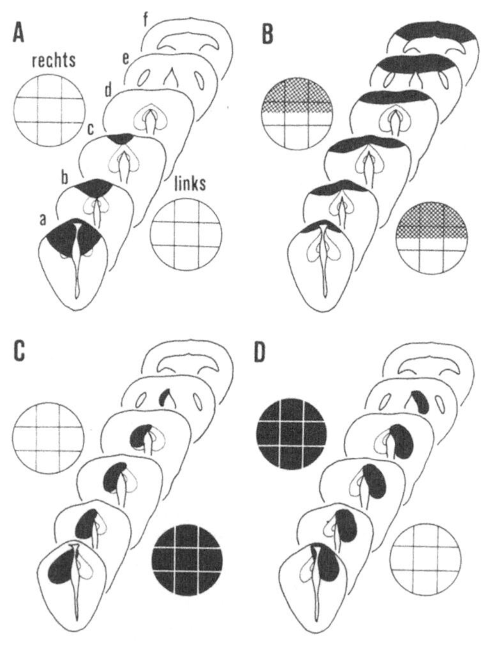

Abb. 50 Krötengehirn in Seitenansicht: *VH* Vorderhirn, *ZH* Zwischenhirn, *MH* Mittelhirn, *KH* Kleinhirn, *Ol* Nervus olfactorius, *No* Nervus opticus. *a–f* Halbquerschnittserie entsprechend den eingezeichneten Ebenen. *1* dorsaler, *2* medialer, *3* ventraler Thalamus; *4* Hypothalamus; *5* prätectale Region; *6* Tectum opticum; *7* ventrolateraler und *8* dorsomedialer Ast des Tractus opticus; *9* dritter Ventrikel. (*A–D*) Beispiele für verschiedene Hirnläsionen (schwarz). Gesichtsfeldbereiche des linken bzw. rechten Auges (große Kreise), für die die Beutefang-Wendereaktion auf optische Bewegungsmuster als Folge des Hirndefektes enthemmt ist, sind *schwarz*, solche, in denen die Kröte blind ist, *gerastert*. Auf Beute- oder Feindobjekte, die in weißen Gesichtsfeldbereichen bewegt werden, zeigt die Kröte normales Verhalten. (Nach Ewert, 1968)

2. Hirnausschaltungsversuche

Der experimentelle Hinweis, daß es in verschiedenen Bereichen des Krötenhirns „Zonen" gibt, die für die Auslösung des Beutefangs (*Tectum opticum*) und des Fluchtverhaltens (*TP-Region*) verantwortlich sind, wird durch Ausschaltungsversuche erhärtet:

Thalamus/Prätectum-Defekte. Wenn man durch Hochfrequenzkoagulation — unter vorsichtiger Schonung des Tectum opticum — die TP-Region zerstört, fällt das Fluchtverhalten auf visuelle Feindobjekte aus (Abb. 50 C und D). Überraschenderweise ist jedoch das Beutefangverhalten „enthemmt": Die Tiere antworten dann auf alles, was sich bewegt, mit Beutefang (Abb. 51), selbst auf Feindobjekte. Das

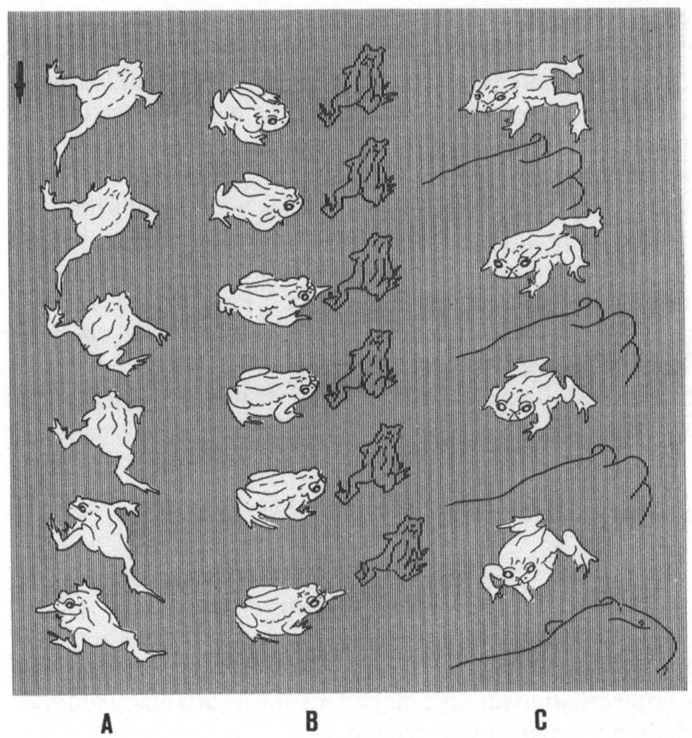

Abb. 51 A–C. Beispiele für das enthemmte Beutefangverhalten von Thalamus-Prätectum-defekten Erdkröten. Die Kröte wendet sich und schnappt nach ihren eigenen bewegten Extremitäten (A), einem vorbeigehenden Artgenossen (B), der bewegten Hand des Experimentators (C). Bild-für-Bild-Analyse nach Filmaufnahmen gezeichnet (Ewert, 1967)

Vermögen, Musterformen richtig einzuordnen, ist bei ihnen ausgefallen (Abb. 56 A).

Wird die TP-Region nur in der einen Hirnhälfte zerstört, so kann ein „in sich geteiltes Wesen" entstehen: Zeigt man dem Auge, dessen Sehnerv zur intakten Hirnseite führt, eine Feindattrappe, so antwortet die Kröte mit Flucht; zeigt man aber dasselbe Objekt jenem Auge, dessen Sehnerv zum defekten Hirnteil führt, dann reagiert sie sofort mit Beutefang.

Ausschaltung des Tectum opticum. Nach Zerstörung des Tectum opticum bleiben optische Bewegungsreize unbeantwortet. Ohne erregende Einflüsse aus dem Tectum vermag die TP-Region *allein* offenbar nicht das Fluchtverhalten zu steuern.

Vorderhirnausschaltungen. Das Vorderhirn scheint vor allem „modulierenden" Einfluß auf die beidenVerhaltensweisen auszuüben: Wenn man eine Hemisphäre entfernt, so fällt das Beutefangverhalten auf solche Beuteobjekte aus, die im Gesichtsfeld des gegenüberliegenden Auges bewegt werden. Beuteobjekte, die im Gesichtsfeld des gleichseitigen Auges erscheinen (dessen Sehnerv also zur intakten Hirnhälfte führt), werden zwar beantwortet, die Fangaktivität ist jedoch nicht so hoch wie vor der Operation. Dies legt den Schluß nahe, daß sich normalerweise die Beutefang fördernden Einflüsse einer Vorderhirnhemisphäre auf beide Hirnhälften unterschiedlich stark verteilen.

Was geschieht, wenn das ganze Vorderhirn entfernt wird? Dann erlischt der Beutefang; demgegenüber ist jedoch das Fluchtverhalten auf visuelle Reize gesteigert. Wird nun bei diesen Tieren zusätzlich auch noch die TP-Region ausgeschaltet, so ist das Beutefangverhalten — wie bereits beschrieben — hyperaktiviert; das Fluchtverhalten scheint endgültig ausgefallen zu sein.

3. Pharmakologische Einflüsse

Wenn man die Tectum-Oberfläche mit verdünnter Curare-Lösung benetzt, so ist im Anschluß daran das Beutefangverhalten auf bewegte Objekte in ganz ähnlicher Weise enthemmt wie nach Ausschaltung der TP-Region. Wird nun anstelle von Curare Acetylcholin appliziert, so fällt das Beutefangverhalten für die Dauer der Einwirkung aus, während das Fluchtverhalten normal zu sein scheint.

Wie kann man die pharmakologischen Effekte deuten? Es gibt viele Möglichkeiten, die Hemmwirkung von Acetylcholin auf den Beutefang zu erklären; eine könnte in folgendem bestehen: Bestimmte Neuronen — möglicherweise aus der TP-Region — bilden Hemmsynapsen mit

Tectum-Neuronen, die vielleicht daran beteiligt sind, den Beutefang auszulösen. Wenn man präsynaptische Inhibition mit Acetylcholin als Transmitter annimmt, könnte die Hemmung durch Erhöhung der Acetylcholin-Konzentration verstärkt und durch Acetylcholin-Blocker (wie Curare) vermindert werden. Tatsächlich enthält die obere Hälfte des Tectum opticum sehr hohe Cholinesterase-Konzentrationen. Anatomische Hinweise für axo-axonale Synapsen im Tectum opticum ergeben sich aus elektronenmikroskopischen Untersuchungen.

Welche Aussagen können wir jetzt über beutefang- und fluchtverhaltenswirksame Strukturen im Krötenhirn machen?

1. Das Tectum opticum enthält ein Lokalisationssystem für optische Reize.

2. Teilglieder der Beutefang-Verhaltensfolge — wie *Sich-Zuwenden, Schnappen, Sich-Putzen, Schlucken* — liegen im Gehirn der Kröte als räumlich-zeitlich koordinierte Programme vor. Sie können vom Tectum opticum aus abgerufen und gestartet werden. Die Reihenfolge der einzelnen Teilglieder wird im Zentralnervensystem offenbar durch unterschiedlich hohe Schwellen eingehalten.

3. Das tectale Beutefangsystem erhält offenbar hemmende Einflüsse aus der TP-Region (Abb. 60). Solche Verbindungswege könnten die Kröte davor schützen, sich irrelevanten Objekten zuzuwenden. Nach TP-Defekten ist das Beuteerkennungssystem gestört und das Beutefangverhalten enthemmt.

4. Pharmakologische Experimente geben erste Hinweise dafür, daß die vermutete Hemmung des tectalen Beutefangsystems vielleicht durch cholinerge Übertragung vermittelt wird.

5. Von der Thalamus/Prätectum-Region (TP-Region) aus können motorische Programme gestartet werden, die — wie z.B. das Fluchtverhalten — für die Kröte Schutzfunktion haben.

6. Ohne erregende Einflüsse aus dem Tectum opticum vermag die TP-Region allein — auf Grund der retinalen Afferenzen — offenbar nicht das Fluchtverhalten auf optische Reizmuster zu steuern.

7. Die zentralen Beutefang- und Fluchtsysteme können vermutlich vom Vorderhirn aus moduliert werden, möglicherweise über hemmende Verbindungen zur TP-Region (Erläuterungen hierzu in Abb. 60). Eine natürliche Funktion des Vorderhirns würde z.B. in der Stimulation des Beutefangs durch Geruchsreize bestehen.

III. Gibt es im Krötenhirn „Beute- und Feind-Neuronen"?

Nachdem wir Hirnbezirke kennengelernt haben, die an der *Auslösung*
des Beutefang- und Fluchtverhaltens teilnehmen, soll nun untersucht
werden, ob es auch bestimmte Neuronen gibt, die an der *Auswertung*
der zugeordneten Schlüsselreize beteiligt sein könnten. (Über neurophysiologische Meß- und Registriertechniken s. methodischen Anhang
auf S. 211.)

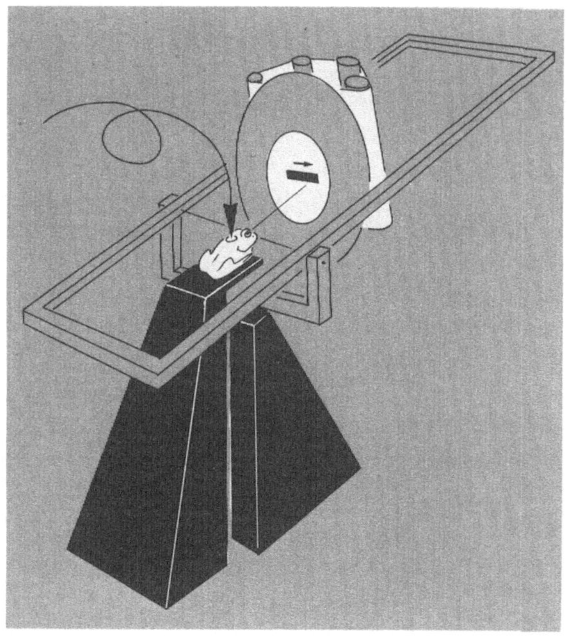

Abb. 52. Perimeterartige Versuchsanordnung für Reizungen mit bewegten visuellen
Mustern im neurophysiologischen Experiment. Die in den Verhaltensversuchen verwendeten Attrappen können hinter dem Schirm auf einem beleuchteten Band in verschiedenen Richtungen bewegt werden. Weitere Erläuterungen im Text (Ewert, 1976)

1. Informationsverarbeitung in der Netzhaut

Das Neuronensystem der Netzhaut stellt entwicklungsgeschichtlich
einen vorgeschobenen Teil des Zwischenhirns dar. Wir dürfen daher
vermuten, daß hier optische Information *verarbeitet* wird.

90

Aufbau der Netzhaut (Abb. 54a). Sie besteht aus Rezeptorzellen und drei hintereinander geschalteten Neuronentypen: Bipolarzellen, Amakrine und Ganglienzellen. Zwischen ihnen gibt es Querverbindungen über Amakrine und Horizontalzellen. Eine Ganglienzelle steht über Amakrine und Bipolare mit zahlreichen Rezeptorzellen in Verbindung. Jeder Ganglienzelle kommt somit ein individueller Gesichtsfeldausschnitt zu; man nennt ihn *rezeptives Feld* (RF). Die Gesamtheit der zugeordneten neuronalen Schaltelemente heißt *perzeptive Einheit*. Abb. 54a zeigt hierzu ein Beispiel.

Gesichtsfeld-Projektion. Mit solchen einander überlappenden rezeptiven Feldern wird die visuelle Welt „abgetastet". Die vorverarbeiteten Signale werden als entsprechende Impulse über die Ganglienzellaxone im Nervus opticus hauptsächlich zur Oberfläche der gegenüberliegenden Mittelhirnkalotte — dem Tectum opticum — geführt, wobei — wie

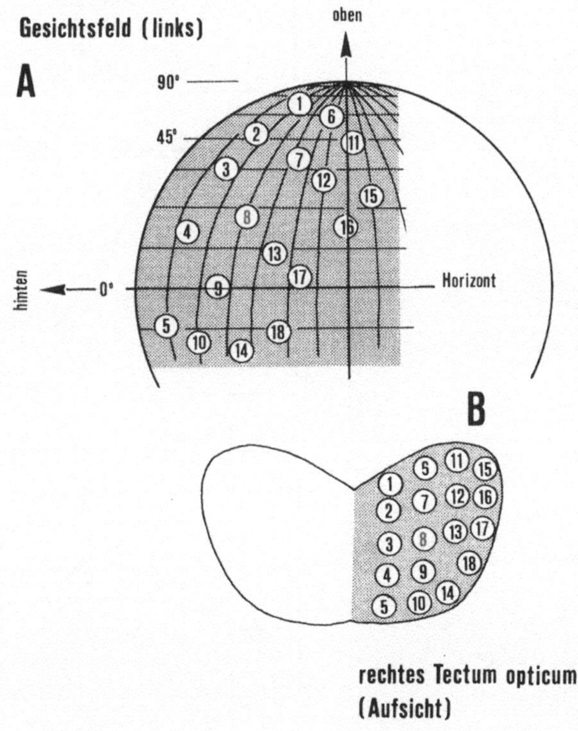

Abb. 53 A und B. Projektion des Gesichtsfeldes vom linken Auge auf die Oberfläche des rechten Tectum opticum der Erdkröte. (Nach Ewert und Borchers, 1971)

Abb. 54 A–C
Ableitelektrode
VH
MH
KH
ZH
Sehnerv
Axon der Ganglienzelle
Auge
R
B
A
B
H
A
G
a
b
c
Klasse-II-Neurone
A
40
20
0
a
b
c
Klasse-III-Neurone
B
40
20
0
Klasse-IV-Neurone
C
40
20
0
mittlere Entladungsfrequenz [Impulse pro sec]
a)
Reiz-
Muster
K
IRF
ERF
IRF
E
b)
I
rezeptives Feld (RF)
c)
K = 2°
K = 8°
K = 20°
1 sec
Entladungsmuster (Klasse-III-Neuron)
2   4   8   16   32
Kantenlänge [grad Sehwinkel]

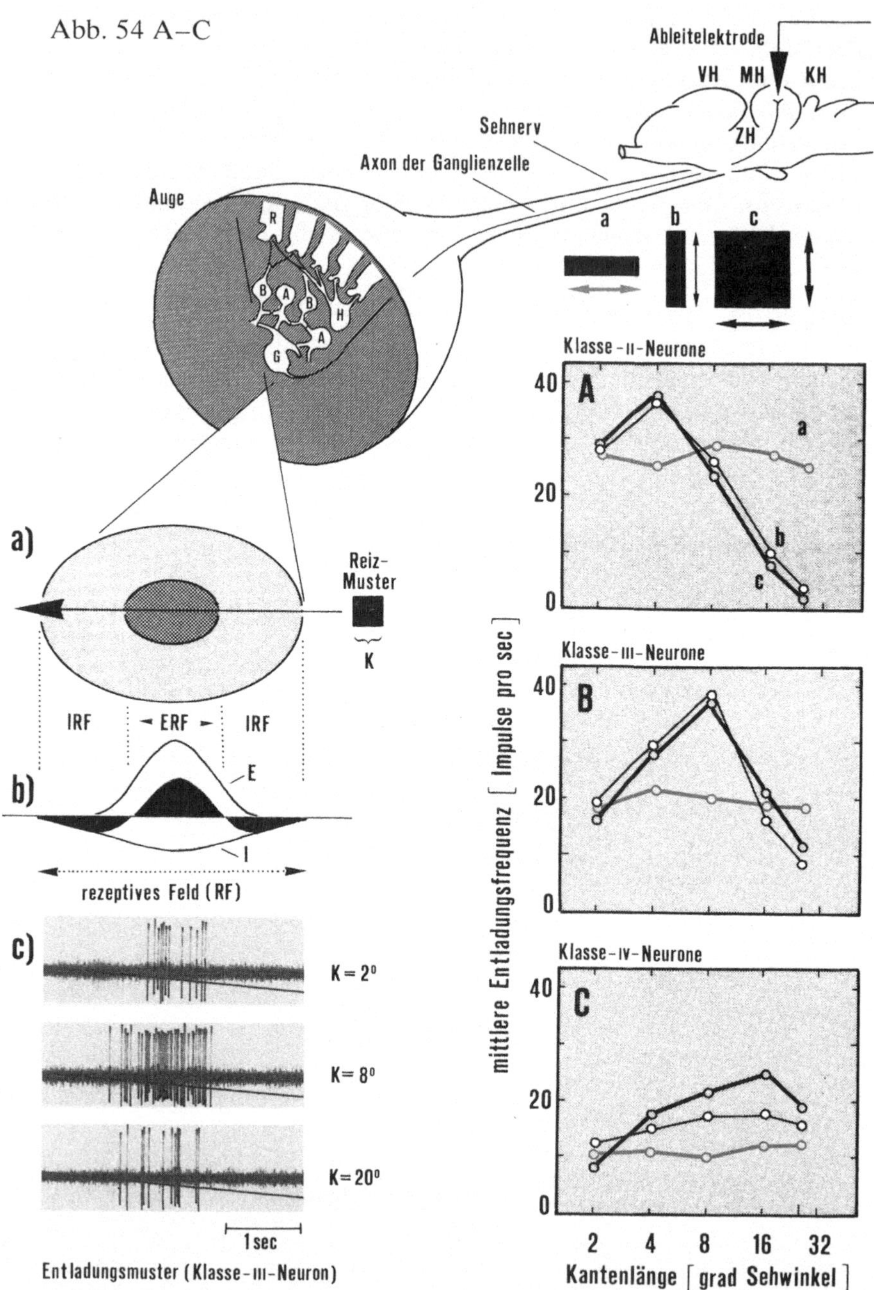

92

schon erwähnt — eine genetisch festgelegte retinotopische Ordnung besteht: Die visuelle Welt projiziert sich systematisch „Punkt-für-Punkt" auf die Oberflächenschichten des Mittelhirndachs (Abb. 53). Hiervon kann man sich jetzt leicht überzeugen, indem man dort (Abb. 53B „8") eine Ableitmikroelektrode in die Opticusschicht versenkt und an die Endigung einer Ganglienzellfaser schiebt: Dann führt nur Objektbewegung in einem bestimmten, zugeordneten Teil des Gesichtsfeldes (Abb. 53A „8") — dem rezeptiven Feld dieser Ganglienzelle — zur Aktivierung im Ableitort. Durch systematisches „Verschieben" der Ableitelektrode auf dem Tectum und jeweiliges Aufsuchen des entsprechenden rezeptiven Feldes kann man eine topographische Karte für die Gesichtsfeldprojektion erstellen.

Organisation des rezeptiven Feldes. Bei Frosch und Kröte ist das rezeptive Feld (RF) einer Ganglienzelle folgendermaßen organisiert (Abb. 54a). Jener Teil, aus dem die Ganglienzelle durch einen bewegten Reiz aktiviert werden kann, heißt *erregendes* oder *exzitatorisches rezeptives Feld* (ERF); das ERF hat näherungsweise eine radialsymmetrische Form, es liegt zentral innerhalb des rezeptiven Feldes und wird umgeben von einem *inhibitorischen rezeptiven Feld* (IRF). Das IRF ist dadurch definiert, daß Objektbewegung in diesem Bereich die Aktivierung der Ganglienzelle auf einen gleichzeitig durch das ERF bewegten visuellen Reiz hemmt. Man kann sich die Erregungsverteilung im gesamten rezeptiven Feld (Abb. 54b) durch Addition von zwei Gauß-Funktionen für einen erregenden (laterale Exzitation) und einen hemmenden Prozeß vorstellen (laterale Inhibition).

Klassifikation von retinalen Ganglienzellen. Ähnlich wie beim Frosch gibt es auch in der retinotectalen Projektion der Kröte verschiedene Ganglienzelltypen. Drei konnten bislang identifiziert werden; sie entsprechen den Klassen II, III und IV des Frosches und lassen sich bei dorsoventralem Versetzen der Ableitelektrode im Tectum in dieser

---

◄ Abb. 54 A–C. Antworten von retinalen Ganglienzellen (Klassen II, III, IV) der Erdkröte auf die in den Verhaltensexperimenten verwendeten Reizmuster (Sehwinkelgeschwindigkeit: 7,6°/sec. Mittelwertskurven aus 10 Versuchen mit verschiedenen Neuronen) *Links:* Aufbau der Netzhaut: *R* Rezeptorzelle, *B* Bipolarzelle, *A* Amakrine, *H* Horizontalzelle, *G* Ganglienzelle. *a* Gliederung des rezeptiven Feldes in einen zentralen erregenden (ERF) und einen peripheren hemmenden Bereich (IRF). *b* Räumliche Erregungsausbreitung im rezeptiven Feld nach Addition von zwei Gauß-Verteilungen für je einen erregenden (E) und einen hemmenden (I) Prozeß. *c* Originalregistrierung eines Klasse-III-Neurons. Durch das rezeptive Feldzentrum (*a*) wurden in aufeinanderfolgenden Versuchen Quadrate mit gleicher Sehwinkelgeschwindigkeit (7,6°/sec) und verschiedenen Kantenlängen (K = 2, 8, 20°) in Horizontalrichtung bewegt. Die Breite der Streifenmuster in A–C betrug stets 2°.(Modifiziert nach Ewert und Hock, 1972)

Reihenfolge nacheinander registrieren (Abb. 10B, A–C). Auf Grund unterschiedlicher ERF-Größen einerseits und des Antwortverhaltens auf Ein- oder Ausschalten des Raumlichts andererseits, kann man die Neuronen drei Klassen zuordnen:

Klasse	ERF ⌀	on	off	
II	~ 4°			(on-Reaktion)
III	~ 8°			(on-off-Reaktion)
IV	12–16°			(off-Reaktion)

Was geschieht nun, wenn die Kröte selber beim Lidschluß ihre Netzhaut beschattet? Hierüber geben Ableitungsversuche mit frei beweglichen Kröten (Abb. 129) Auskunft: Die Neuronen bleiben stumm. Simuliert man jedoch einen dem Lidschluß entsprechenden Schatten bei geöffnetem Auge, so sind die on-off- und off-Neuronen aktiviert. Wir vermuten daher, daß mit dem Befehl „Schließe das Auge!" möglicherweise ein zweiter in die Retina geleitet wird mit dem Auftrag „Hemme dort die on-off- und off-Ganglienzellen!". Auf diese Weise könnte das Gehirn seine Aufmerksamkeit auf Helligkeitsänderungen lenken, die allein in der visuellen Umwelt auftreten.

Versuchsanordnung für quantitative neurophysiologische Experimente. Die Kröte wird durch Injektion von Succinylcholin demobilisiert und nach Freipräparation der Hirnoberfläche in einem „Perimeter" (Abb. 52) festgelegt, wobei sich ein Auge von ihr im Zentrum der Anordnung befindet. Der perimeterartige Aufbau besteht aus einem beleuchteten Schirm, hinter dessen Fenster jeweils ein auf weißem Laufband befestigtes Muster durch das rezeptive Feldzentrum bewegt, und die zugeordnete neuronale Antwort aus dem Gehirn mit Hilfe einer Mikroelektrode abgeleitet werden kann. Durch Schwenken des Schirms in der Horizontal- und Vertikalachse lassen sich rezeptive Felder aus verschiedenen Teilen des Gesichtsfeldes im Fenster zentrieren.

Diese Apparatur hat gegenüber früheren mehrere Vorteile: (1) Der Abstand zwischen Reizmuster und Krötenauge ist in der z-Achse variabel. (2) Die Orientierung der (geradlinigen) Musterbewegungsrichtung kann innerhalb der x,y-Ebene beliebig verändert werden. (3) Dadurch, daß auf dem Laufband verschiedene Muster selbsthaftend hintereinander befestigt werden können, läßt sich eine ganze Musterserie ohne störendes Austauschen durchtesten. (4) Der gesamte Programmablauf wird (einschließlich der Pause zwischen zwei aufeinanderfolgenden Felddurchquerungen eines Musters) zusammen mit den elektrophysiologischen Registriereinrichtungen elektronisch gesteuert.

Einfluß von verschiedenen Gestaltparametern eines bewegten Reizmusters auf die Aktivierung retinaler Ganglienzellen. Bei einem ersten Blick auf die Tabelle von S. 94 könnte man vermuten, durch Kenntnis solcher Neuronenklassen das Problem der Beute/Feind-Signalverarbeitung eigentlich schon gelöst zu haben: Klasse-II-Neuronen wären mit ihren kleinen ERFs als „Beute"- und Klasse-IV-Neuronen als „Feind"-Detektoren anzusprechen. Ermittelt man jedoch die Stärke der neuronalen Aktivierung (Impulse/sec) in Abhängigkeit von Gestalt und Größe der in den Verhaltensversuchen verwendeten Attrappen, so ergibt sich bei konstanten Werten für Winkelgeschwindigkeit und Kontrast folgendes Bild:

Quadratische Objekte: Generell steigt die Entladungsrate aller Neuronentypen mit zunehmender Kantenlänge eines durch das rezeptive Feldzentrum bewegten Quadrates an (Abb. 54c), erreicht ein Maximum, wenn die Länge der Kante dem Durchmesser des ERF entspricht und sinkt ab, wenn das Quadrat größer ist als das ERF und damit Anteile des hemmenden Umfeldes (IRF) erregt. Da das ERF bei den einzelnen Neuronentypen unterschiedlich groß ist, liegt das Maximum der Aktivierung in den entsprechenden Sehwinkelbereichen (Abb. 54 A bis C). Variiert man die Distanz zwischen Reizmuster und Krötenauge, so bleibt der jeweilige Optimalwert über der Sehwinkelskala konstant; die Neuronen zeigen also nicht „Größen"-, sondern „Winkel"-Konstanz.
Vertikale Streifen: Im Gegensatz zum Beutefangverhalten ändert sich die neuronale Aktivierung auf unterschiedlich lange, quer zur Bewegungsrichtung angeordnete, 2° breite Streifen prinzipiell in gleicher Weise wie für entsprechend hohe Quadrate (Abb. 54 A–C). Das würde bedeuten, daß vor allem die Objektausdehnung quer zur Bewegungsrichtung von einer Ganglienzelle durch Modulation ihrer Entladungsrate übermittelt wird. *Horizontale Streifen*: Versuche mit entsprechend langen, in der Bewegungsrichtung ausgedehnten Streifen scheinen dies zu bestätigen, denn Verlängerung über 2° hinaus bewirkt im Durchschnitt kaum eine Änderung der Entladungsfrequenz.

Detaillierte Untersuchungen weisen darauf hin, daß sich Klasse-III-Neuronen möglicherweise in zwei Typen gliedern. Die Antwortcharakteristik von Typ III a verläuft wie beschrieben (Abb. 54 B). Typ III b unterscheidet sich gegenüber III a dadurch, daß auch Streifenverlängerung *in* der horizontalen Bewegungsrichtung — in Grenzen (bis 8°) — eine geringe Erhöhung der Entladungsrate bewirkt. Damit sind die Antworten auf *quer* zur Bewegungsrichtung ausgedehnte Vertikalstreifen im ganzen etwas geringer als auf entsprechend hohe Quadrate, jedoch deutlich stärker als auf entsprechende *in* der Bewegungsrichtung orientierte Streifen (Unterschied zu Tectum-1-Neuronen, s. später S. 99 und Abb. 55 B). Typ III a und b unterscheiden sich auch in ihrem on-off-Verhalten: bei III a ist die *off*- und bei III b die *on*-Antwort stärker ausgeprägt.

Der Parameter Winkelgeschwindigkeit. Wenn man die Parameter Winkelgröße und Kontrast konstant hält, steigt die Aktivierungsrate für die Neuronen aller drei Klassen mit wachsender Winkelgeschwindigkeit im untersuchten Bereich zwischen 1 und 30°/sec an — prinzipiell ähnlich wie im Verhalten (S. 79). Die minimale Geschwindigkeit für die Aktivierung eines Neurons ist bei Klasse II sehr gering, deutlich höher bei Klasse III und besonders hoch bei Klasse IV.

Der Reiz-Hintergrund-Kontrast. Übereinstimmend mit den Verhaltensversuchen erhöht sich die neuronale Aktivierung auf ein bewegtes Muster, je stärker es sich vor dem Hintergrund abhebt.

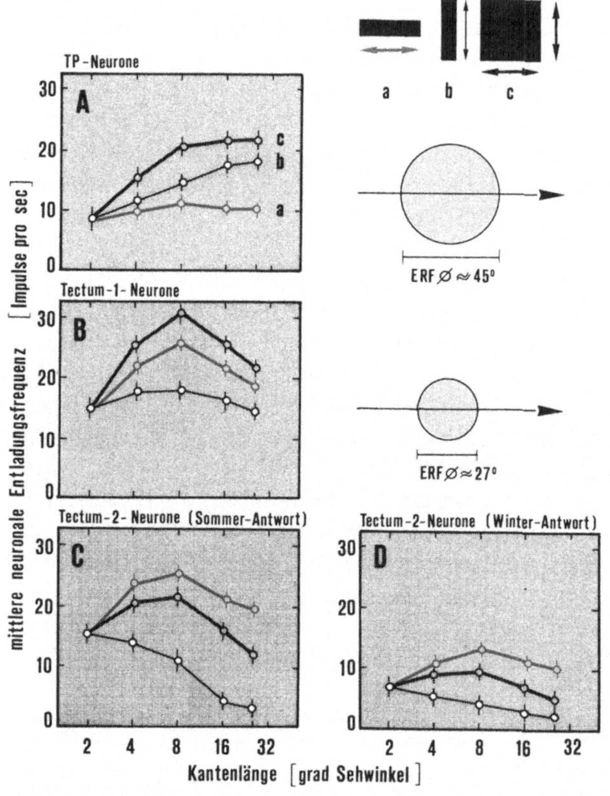

Abb. 55 A–D. Antworten von verschiedenen Neuronen aus dem zentralen visuellen System der Erdkröte auf die im Verhaltensexperiment untersuchten Reizmuster. Sehwinkelgeschwindigkeit: 7,6°/sec. Die Breite der Streifenmuster betrug stets 2°. Mittelwertskurven von 20 Versuchen mit verschiedenen Neuronen. (Nach Ewert und v. Wietersheim, 1974)

96

Klasse-II-Neuronen zeigen in ihrer Entladungsrate eine Abhängigkeit von der Kontrastrichtung, die mit entsprechenden Resultaten aus den Beutefangversuchen z. T. erstaunliche Parallelität aufweist. Im einzelnen scheint die neuronale weiß/schwarz- bzw. schwarz/weiß-Präferenz abhängig zu sein von: (1) der Lokalisation des rezeptiven Feldes im Gesichtsfeld, (2) der Sehwinkelgröße des Reizmusters und (3) der Jahreszeit.

Dies ist ein *neurophysiologischer* Hinweis dafür, daß die visuelle Welt für ein Gehirn stets „nur" das ist, was die Systemeigenschaften der Signale verarbeitenden Nervennetze erlauben. Sie können sich im Jahresverlauf ändern.

Kehren wir am Ende dieses Abschnitts wieder zur Ausgangsfrage zurück, so wird beim Vergleich zwischen Abb. 43 A und 54 A–C deutlich, daß sich die Abhängigkeit der Verhaltensaktivität von dem Parameter „Gestalt" eines Bewegungsmusters nicht durch die Antwortcharakteristik einer retinalen Ganglienzelle beschreiben läßt. Es gibt im Auge der Kröte weder „Beute- noch Feind-Neuronen".

Wir folgen jetzt wieder dem Sehnerven in das Gehirn und untersuchen dort in entsprechender Weise die Antworten von der Netzhaut nachgeschalteten Neuronen (Abb. 55 A–C).

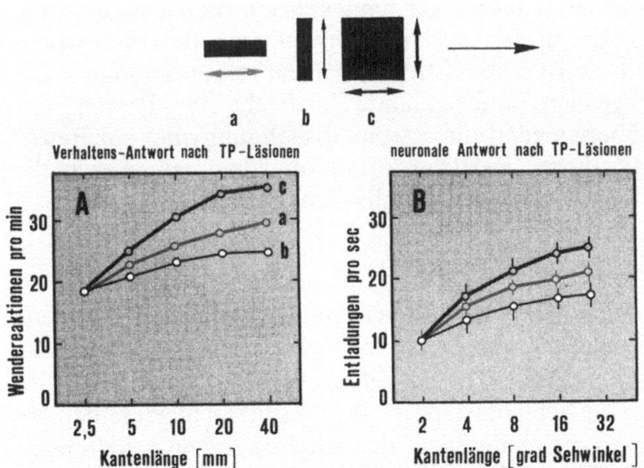

Abb. 56 A und B. Der Einfluß von Thalamus-Prätectum-Defekten (s. Abb. 50 C und D) auf die Beutefang-Wendeaktivität (A) der Erdkröte für verschiedene Attrappen und auf die Entladungsrate (B) von Tectum-Neuronen aus der Schicht *d* (in Abb. 10). Sehwinkelgeschwindigkeit: 20°/sec (A) bzw. 7,6°/sec (B). Mittelwertskurven von jeweils 20 Versuchen mit verschiedenen Tieren bzw. Neuronen. (Nach Ewert und v. Wietersheim, 1974)

2. Reizfilterung in der Thalamus/Prätectum-Region

Es gibt in der TP-Region eine ganze Anzahl verschiedener Neuronentypen, die in mehr oder weniger spezifischen Reizsituationen aktiviert sind. (Wir leiten ihre Impulse wieder mit Hilfe einer Mikroelektrode ab.) Einige Neuronen antworten auf große stationäre, andere nur auf bewegte Objekte. Es gibt auch Neuronen, die hauptsächlich dann entladen, wenn ein Objekt in der z-Achse auf das Auge der Kröte zu bewegt wird. Viele Thalamus-Neuronen antworten in Reizsituationen, die im Verhalten des Tieres — um es allgemein auszudrücken — eine Ausweich- oder Vermeidungsreaktion auslösen würden: *Zurückweichen* bzw. *Abwenden* von einem Feind, *Umgehen* eines Hindernisses. Die quantitativen Untersuchungen führen wir an einem in der TP-Region sehr häufig anzutreffenden Neuronentyp durch. Sein exzitatorisches rezeptives Feld ist annähernd radialsymmetrisch und hat einen Durchmesser von etwa 45°. Systematische Feldkartierungen ergeben, daß alle Bereiche der Retina vom gegenüberliegenden Auge hier in der TP-Region in grobem Raster vertreten sind.

Den Einfluß der verschiedenen Gestaltparameter eines bewegten Objektes auf die Entladungsrate dieser Neuronen zeigt Abb. 55 A. Demnach führt hier schrittweise Verlängerung eines in der Bewegungsrichtung ausgedehnten Streifens zu keiner deutlichen Änderung der neuronalen Entladungsfrequenz. Im umgekehrten Versuch steigt die Entladungsrate mit der Streifenverlängerung quer zur Bewegungsrichtung an. Auf Quadrate ist dieser Effekt noch stärker ausgeprägt.

Neuronen dieses Typs sind für die gesamte Reizfläche eines Bewegungsmusters sensitiv, überwiegend für dessen Ausdehnung *quer* zur Bewegungsrichtung. Mit dieser Reiztransformation allein lassen sich die Verhaltensbefunde (Abb. 43 A) ebenfalls nicht deuten.

3. Reizfilterung im Tectum opticum

Auch im Tectum opticum gibt es zahlreiche unterschiedliche Neuronentypen, die auf optische Bewegungsreize ansprechen, sich von TP-Neuronen aber deutlich unterscheiden. Sie sind in verschiedenen Schichten lokalisiert. Je tiefer die Schicht ist, desto größer sind im allgemeinen die rezeptiven Felder — ein Phänomen, das auf Konvergenzschaltungen beruht (Abb. 10 B). Einige Neuronen erhalten optische Informationen von beiden Augen.

Da Kröten Beuteobjekte einäugig identifizieren, können wir die quantitativen Versuche auch hier zunächst auf die monokular erregbaren Neuronen beschränken. Aus den zentralen Tectum-Schichten (Abb. 10 B, d, e) registriert man beim Ableiten mit einer Mikroelektrode regelmäßig Antworten von Zellen, die einen ERF-Durchmesser von ca. 27° haben. Auch in dieser Tectum-Schicht besteht eine Gesichtsfeldprojektion.

Wir prüfen jetzt die Abhängigkeit der neuronalen Entladungsrate von den Gestaltparametern eines bewegten Reizmusters und stellen hierbei fest, daß es unter diesen Neuronen statistisch signifikant (Abb. 57) zwei verschiedene Typen gibt:

Bei Te_1-Neuronen (Abb. 55B) führt Streifenverlängerung *in* der Bewegungsrichtung bis 8° zu einer Erhöhung und über 8° hinaus zu

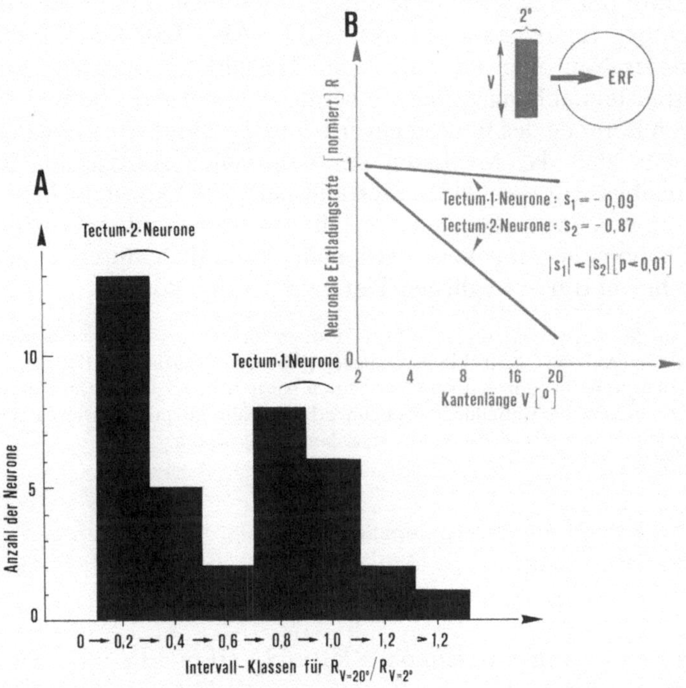

Abb. 57A und B. Statistische Auswertung der beiden quantitativ untersuchten Neuronentypen aus dem Tectum opticum der Erdkröte. (A) Als Antwortkriterium wird der Quotient der Entladungsraten auf ein 2° × 2° großes Quadrat und einen 2° × 20° großen, quer zur Bewegungsrichtung orientierten Streifen genommen. Für alle Neuronen der Schicht *d* (aus Abb. 10) ergibt sich eine deutliche zweigipflige Häufigkeitsverteilung, deren Maxima den beiden Reaktionstypen zugeordnet sind. — (B) Die Abhängigkeit der neuronalen Entladungsrate (R) vom Logarithmus der Streifenlänge (V) läßt sich durch eine lineare Beziehung beschreiben: $R = -s \log V + k$. Nach Berechnung der linearen Regression von R auf log V sind die Steigungen s für Tectum-1- und -2-Neuronen im t-Test bei einer Irrtumswahrscheinlichkeit von $p < 0.01$ hoch signifikant verschieden. (Modifiziert nach v. Wietersheim, 1976)

einem Absinken der Entladungsfrequenz. Für entsprechend breite
Quadrate ist dieser Effekt noch deutlicher ausgeprägt. Auf unterschiedlich lange, *quer* zur Bewegungsrichtung ausgedehnte Streifen ändert
sich die Entladungsrate nur geringfügig. Diese Befunde legen den
Schluß nahe, daß Te_1-Neuronen für die Fläche eines bewegten Musters
sensitiv sind, und zwar überwiegend für deren Ausdehnung *in* der
Bewegungsrichtung. Auch mit dieser Reiztransformation allein können
die entsprechenden Verhaltensbefunde nicht gedeutet werden (Abb.
43 A).

Te_2-Neuronen unterscheiden sich von Te_1-Neuronen darin, daß ihre
Entladungsrate durch Musterausdehnungskomponenten quer zur Be-
wegungsrichtung relativ stark gesenkt wird (s. Abb. 55 B und C). Die
Antwort dieser Neuronen ist von beiden Gestaltkomponenten eines
Bewegungsmusters abhängig, und sie würde in erster Annäherung die
quantitativen Befunde des Beutefangverhaltens beschreiben, wenn man
davon absieht, daß das Maximum der neuronalen Aktivierung für
Quadrate unabhängig vom Musterabstand bei ca. 8° konstant bleibt.
Die Frage, an welcher Stelle in das Gestaltauswertungssystem Größen-
konstanz-Phänomene eingehen, wird man vermutlich durch Ableitungsversuche am frei beweglichen Tier beantworten können.

Vergleicht man die Kurvenverläufe von Te_2-Neuronen für die drei Musterserien aus
Sommerversuchen (Abb. 55 C) mit Winterversuchen (Abb. 55 D), so fällt auf, daß hier die
mittlere Entladungsrate im ganzen gesenkt ist: Durch Ausdehnungskomponenten in der
Bewegungsrichtung wird die Entladungsrate kaum erhöht, während quer zur Bewegungsrichtung ausgedehnte Streifen wieder relativ stark hemmend wirken.

**Zur Frage nach einer möglichen neuronalen Kodierung von Beute- und
Feind-Schlüsselreizen fassen wir einige wesentlich erscheinende Punkte
zusammen:**

1. Die *retinalen Ganglienzellen* der Klassen II, III und IV führen in
einer Beute- oder Feindsituation bereits erste wichtige Operationen
an den visuellen Eingangsreizen durch: Sie bestehen in einer von der
Winkelgeschwindigkeit, der *Winkelgröße* und dem *Kontrast* abhängigen Modulation der Entladungsfrequenz. Es gibt in der Netzhaut
jedoch weder bestimmte Beute- noch Feind-Neuronen.

2. Vor allem die *retinalen Klasse-III-Neuronen* werden sowohl durch
Beute- als auch durch Feindobjekte erregt. Sie gliedern sich
vermutlich in zwei Unterklassen: Vertreter der Klasse IIIa sind
hauptsächlich für Flächenausdehnungen *quer* zur Bewegungsrich-

tung sensitiv, während Klasse-IIIb-Neuronen *auch* Ausdehnungs-komponenten *in* der Bewegungsrichtung (in Grenzen) mit einem leichten Ansteigen der Entladungsrate beantworten.

3. Die *Thalamus/Prätectum-Region* (ein Projektionsgebiet für Axone von retinalen Ganglienzellen) enthält bewegungsempfind-liche Neuronen, deren Entladungsrate mit zunehmender Gesamtflä-che eines Reizmusters ansteigt, und zwar hauptsächlich für dessen Ausdehnung *quer* zur Bewegungsrichtung.

4. Im *Tectum opticum* (ebenfalls einem Projektionsgebiet für Ganglienzellaxone) gibt es neben vielen anderen Zelltypen Neuro-nen Te_1, deren Entladungsrate mit zunehmender Fläche eines Bewegungsreizes (in Grenzen) ansteigt, überwiegend jedoch für dessen Ausdehnung *in* der Bewegungsrichtung.

5. In denselben *Tectum-Schichten* gibt es noch einen anderen Neuronentyp Te_2, der auf wurmförmig bewegte Streifenmuster (vor allem mit 8° Kantenlänge) sehr gut anspricht, durch quer zur Bewegungsrichtung angeordnete Streifen jedoch relativ stark ge-hemmt wird.

6. Die neurophysiologischen Befunde dieses Kapitels lassen sich für andere Amphibien-Arten bislang noch nicht verallgemeinern. Ver-mutlich ist auch hier — ähnlich wie im Verhalten — mit Varianten zu rechnen. — In jüngster Zeit sind im Tectum opticum des Salaman-ders Neuronen gefunden worden, die hinsichtlich der Antwort auf unterschiedlich orientierte Streifenmuster den Te_2-Neuronen der Kröte verblüffend ähnlich sind.

IV. Eine Arbeitshypothese über neurale Gestaltzuordnungsprinzipien

Im zentralen visuellen System der Kröte gibt es offenbar neuronale „Filter", die von der Fläche eines bewegten Musters hauptsächlich dessen Ausdehnung *in* (Te_1-Neuronen) oder *quer* zur Bewegungsrich-tung auswerten (TP-Neuronen). Vergleicht man nun die neurophysiolo-gischen Befunde mit den entsprechenden verhaltensbiologischen Resul-taten, so wird deutlich, daß das Krötenhirn mit der Reiztransformation eines dieser „*Gestaltfilter*" allein keine Beuteobjekte von irrelevanten Reizen oder Feinden unterscheiden kann. Theoretisch könnte es diese

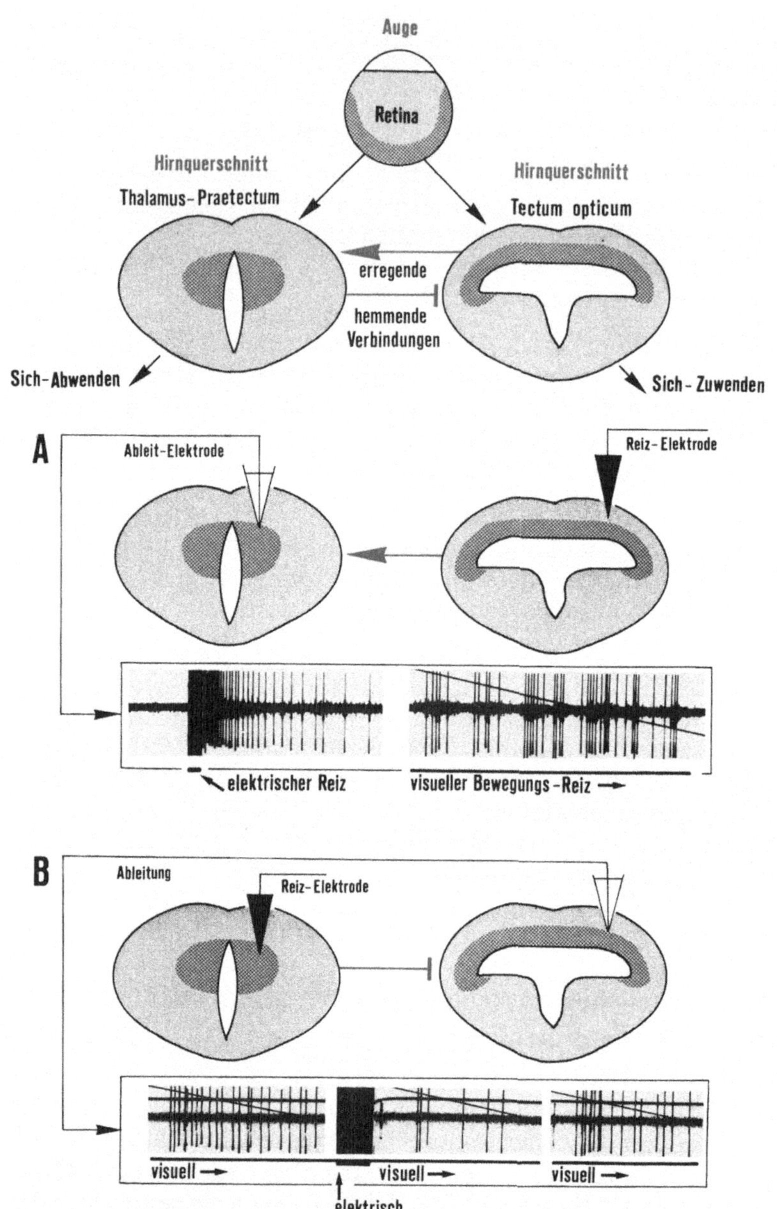

Abb. 58 A und B. Elektrophysiologische Hinweise für erregende (A) und hemmende (B) Verbindungen zwischen dem Tectum opticum und der Thalamus-Prätectum-Region der Erdkröte. (Modifiziert nach Ewert, 1974)

102

Aufgabe leisten, wenn die beiden Gestaltfilter miteinander in Interaktion treten (Abb. 59):
Die Entladungsrate der tectalen Te_2-Neuronen ist von den *beiden* Gestaltmerkmalen eines Bewegungsmusters abhängig. Ihre Antwortcharakteristik könnte sich aus erregenden Eingängen von Te_1- und hemmenden von den untersuchten TP-Neuronen ergeben.

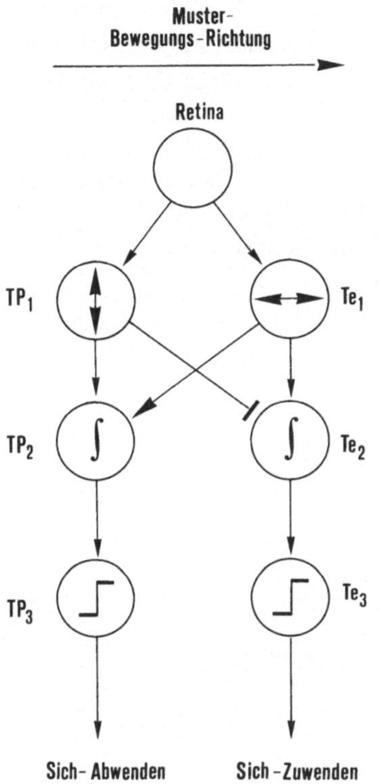

Abb. 59. Wesentliche Schritte für die Zuordnung eines Reizmusters zu den Kategorien Beute/Nicht-Beute/Feind werden auf Grund von Gestaltmerkmalen getroffen. Das Schema veranschaulicht eine einfache Arbeitshypothese über neurophysiologische Grundlagen, die dem figuralen Beute/Feind-Erkennen im visuellen System der Erdkröte zugrunde liegen könnten. Te Tectum opticum, TP Thalamus-Prätectum. *1* „Gestaltfilter"-Neuronen, von denen die einen (TP) für die gesamte Reizfläche des Musters, und zwar hauptsächlich für die Ausdehnung quer zur Bewegungsrichtung, die anderen (Te) dagegen für die Musterausdehnung in der Bewegungsrichtung empfindlich sind. *2* Interaktionsneuronen (Te₂: Tectum-2-Neuronen), *3* Triggerneuronen (mit entscheidender Schwelle) für das sich Zu- oder Abwenden. Pfeile bedeuten erregende, Linien mit Querstrich hemmende Verbindungen. Die Neuronen stehen jeweils als Repräsentanten für Neuronen*systeme*. Das gesamte Informationsverarbeitungssystem für das Beute-/Feind-Erkennen der Kröte ist komplexer als hier dargestellt. Möglicherweise haben auch Te₁-Neuronen hemmende Eingänge von TP-Neuronen. (Modifiziert nach Ewert, 1973)

Vielleicht gehören die Te$_2$-Neuronen einem Auslösesystem für die Beutefang-Wendebewegung an. Sie würden in ihrem Antwortspektrum — oberhalb eines bestimmten Schwellenwerts — alle bewegten Objekte erfassen, die von der *Gestalt* her der Kategorie Beute (noch) zugeordnet werden können. Es handelt sich bei diesen „Beute-Neuronen" also um keine *speziellen* Wurm-, Käfer- oder Fliegen-Detektoren!

Wie könnte sich eine Interaktion zwischen den beiden Gestaltfiltern (Te$_1$- und TP-Neuronen) geltend machen? Wir veranschaulichen dies an einem Beispiel (s. hierzu Abb. 59): Durch wurmförmige Objekte sind die Te$_2$-Neuronen (auf Grund der erregenden Eingänge von Te$_1$-Neuronen) sehr gut aktiviert. Wäre jedoch solch ein Wurm mit seiner Längsachse quer zur Bewegungsrichtung orientiert, dann würden sie von TP-Neuronen gehemmt werden. Das Objekt wird damit als „ungenießbar" eingestuft; die Schwelle für die Auslösung des Sich-Zuwendens kann nicht überschritten werden.

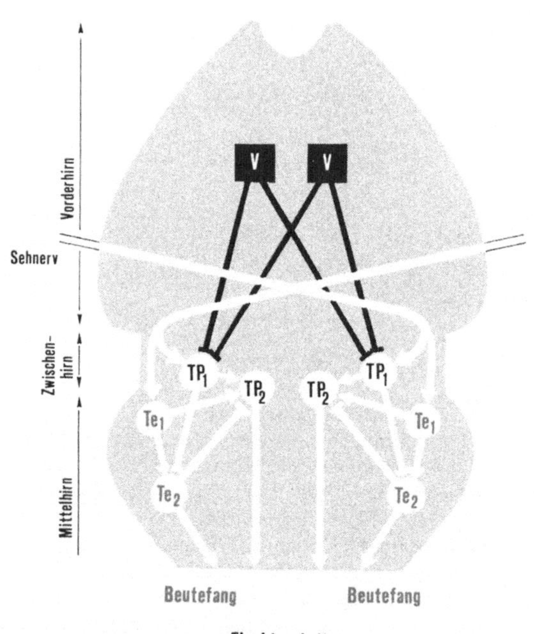

Abb. 60. Hypothetische zentralnervöse Interaktionen für die Steuerung des Beutefang- und Fluchtverhaltens der Erdkröte. (Nach Ewert, 1967, 1973). Te$_{1,2}$ Tectum-1- und -2-Neuronen, *TP$_{1,2}$* Thalamus-Prätectum-Neuronen. *V* Vorderhirnkerne. Pfeile bedeuten erregende, Linien mit Querstrich hemmende Verbindungen

Es wäre weiterhin denkbar, daß durch additive Interaktionen zwischen beiden Gestaltfiltern weitere Neuronen der TP-Region (TP_2) aktiviert werden, die bei großer allseitiger Flächenausdehnung eines Bewegungsmusters die Fluchtwendung auslösen (Abb. 59; s. auch Abb. 60).

Nach dieser Hypothese würde das figurale Beute-/Feinderkennen auf *subtraktiven* und *additiven Interaktionen* zwischen tectalen und thalamus-prätectalen Gestaltfiltern beruhen. Hierfür gibt es zahlreiche experimentelle Hinweise. Einige seien kurz erwähnt:
1. Die Antwort von Te_2-Neuronen auf einen visuellen Bewegungsreiz kann durch *kurz vorhergehende* punktförmige elektrische Reizung der TP-Region gehemmt sein. Das ist ein Hinweis für hemmende Einflüsse im Tectum opticum aus der TP-Region (Abb. 58 B).
2. Umgekehrt gibt es in der TP-Region bewegungsempfindliche Neuronen, die einerseits durch Reizung mit bewegten Mustern, andererseits aber auch durch punktförmige elektrische Reizung des Tectum opticum erregt werden können (Hinweis auf erregende Verbindungen vom Tectum opticum zur TP-Region s. Abb. 58 A).
3. Nach Ausschaltung der TP-Region durch Elektrokoagulation erlischt das Fluchtverhalten, und der Beutefang ist „enthemmt"; das Beute-/Feinderkennungssystem ist defekt (Abb. 50 C). Dann können die Kröten nicht mehr Beute von Feinden unterscheiden. Diese enthemmte Antwortcharakteristik zeigt sich sowohl im Verhalten (Abb. 51 und 56 A) als auch in der neuronalen Antwortcharakteristik der Tectum-Neuronen (Abb. 56 B). Möglicherweise werden auch die Tectum-1-Neuronen durch TP-Neuronen gehemmt.

Welche andere Hypothese wäre für das figurale Beute-/Feinderkennen noch denkbar? Auch in der Netzhaut gibt es offenbar zwei Neuronentypen — Klasse III a und III b —, die sich im Hinblick auf ihre Empfindlichkeit für Gestaltmerkmale eines bewegten Reizmusters unterscheiden. Durch inhibitorische Interaktionen — Hemmung von III b durch III a — könnte im Tectum opticum ein neuronales Filtersystem ausgebildet sein, das fast ausschließlich durch „wurmförmige Objekte" aktiviert ist. Dies könnte z.B. das spezifische Antwortverhalten mancher Kröten erklären (Abb. 43 B). — Obwohl Tectum-Neuronen mit einer entsprechenden Reaktionscharakteristik bislang noch nicht gefunden worden sind, läßt sich diese Hypothese zunächst nicht ausschließen. Im Grunde genommen würde es sich vom Prinzip her auch nur um eine Variante handeln, die vielleicht zusätzlich verwirklicht sein könnte.

Welches ist zusammenfassend der Kern der Grundhypothese?

Wir wollen unter figuralem Mustererkennen die Zuordnung zweidimensionaler, zeitabhängiger Helligkeitsverteilungen aus der Umwelt zu erlernten oder angeborenen Bedeutungsklassen (Kategorien) verstehen, im vorliegenden Fall bei der Kröte: *Beute, Nicht-Beute, Feind.* Eine solche Zuordnung kann sich in zwei Hauptschritten vollziehen:

1. Extraktion verhaltensrelevanter Gestalt-Merkmale aus dem wahrgenommenen Muster durch neuronale Gestalt-Filtersysteme.

2. Trennung der gewonnenen Merkmalsvektoren mit Hilfe einer Unterscheidungsfunktion auf der Grundlage subtraktiver Interaktionen zwischen den beiden Filtersystemen und gewichteter Schwellwertoperation. Die Stärke der zugeordneten Verhaltensreaktion (Anzahl der Zuwendungen) würde dann von der Anzahl der Schwellwertüberschreitungen abhängen.

Man kann nun versuchen, mit Hilfe von Neuronenmodellen (zweidimensionalen Netzwerken) unter Zugrundelegung von bestimmten Struktur- und Zeitparametern die neuronalen Antworten zu simulieren. Das Prinzip besteht darin, aus der Antwort auf den optimalen Reiz eine Rückrechnung auf das zugrundeliegende System durchzuführen. Solche Untersuchungen sind in jüngster Zeit von Werner v. Seelen (Universität Mainz) durchgeführt worden. Hierbei ergaben sich wichtige Hinweise auf die Systemeigenschaften der neuronalen „Gestaltfilter".

V. Neuronale Grundlagen für relativ einfache Gestaltauswertungen und Grenzen des vermuteten Beute-Feind-Erkennungssystems

1. „Orientierungsdetektoren" und „Gestaltfilter"

Sowohl Kröten als auch Affen können z. B. einen horizontalen Streifen von einem vertikalen unterscheiden. Die jeweils zugrundeliegenden Filtermechanismen scheinen jedoch unterschiedlich zu sein.
Die einfachen Orientierungsdetektoren des visuellen Kortex der Säugetiere beantworten die Orientierung eines Streifenmusters *in bezug zur Hauptachsenorientierung ihres langgestreckten (anisotropen) rezeptiven Feldes*; hierbei ist die Antwort abhängig von der Reizung erregender und hemmender Feldunterteilungen (Abb. 61 A a und b). Die untersuchten neuronalen Gestaltfilter der Kröte haben dagegen annähernd radialsymmetrische (*isotrope*) rezeptive Felder. Sie werten Ausdehnungskomponenten eines Musters *in Verbindung mit dessen Bewegungsrichtung* aus. Ein solches Verarbeitungs*prinzip* ist unabhängig von der *Orientierung* der Musterbewegungsrichtung in der x,y-

Ebene (Abb. 61 B a und b). Vielleicht ist dieses Prinzip an das Fehlen unwillkürlicher Augenbewegungen geknüpft.

Was könnte einen Gestaltfilter für die eine oder andere Gestaltkomponente eines Reizmusters empfindlich machen? Um dies zu beurteilen, wollen wir zunächst klären, welche Reizkomponenten im einen oder anderen Falle geändert werden: (1) Bei Flächenausdehnung quer zur Bewegungsrichtung werden nur räumliche Komponenten für den Reiz verändert. (2) Wenn man jedoch eine Fläche in Bewegungsrichtung

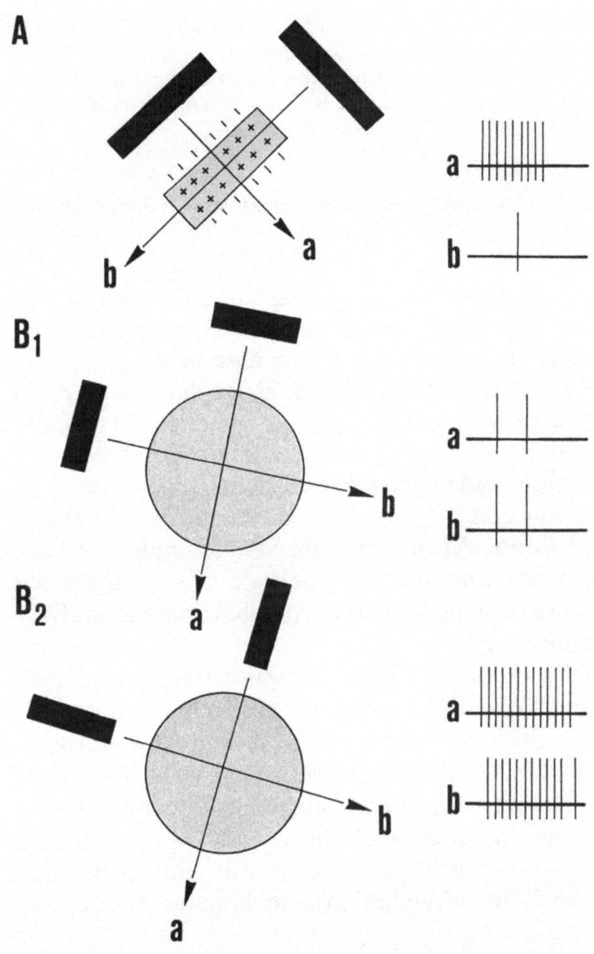

Abb. 61. (A) „Orientierungs"-Detektor aus dem visuellen Kortex eines Säugers. (B) „Gestalt"-Detektor aus dem Tectum opticum (Typ 2) der Erdkröte. Erläuterungen im Text (Ewert, 1976)

vergrößert, dann werden sowohl räumliche als auch zeitliche Reizkomponenten variiert: Ein längerer, horizontaler Balken verdunkelt bei gleicher Winkelgeschwindigkeit ein größeres Flächenareal (*räumliche* Komponente), weiterhin hält die Verdunklung länger an (*Zeit*komponente).

Zu (1): Flächenanteile quer zur Bewegungsrichtung lassen sich durch *räumliche Erregungssummation* im rezeptiven Feld auswerten. *Zu (2):* Flächenausdehnungen in der Bewegungsrichtung könnten dagegen durch räumliche Erregungssummation in Verbindung mit einer relativ starken *Zeitverzögerung zwischen erregenden und hemmenden Prozessen* im rezeptiven Feld „kodiert" werden.

Durch unterschiedliche Gewichtung der Operationen (1) und (2) könnten Neuronen ausgebildet sein, die als Folge der Unsymmetrie im Zeitbereich stärker die eine oder andere Ausdehnungskomponente eines Bewegungsmusters auswerten. Man würde in diesem Zusammenhang von einer „Schein-Anisotropie" sprechen.

Ontogenetische und von der Spezies abhängige Unterschiede im Beuteerkennen müßten sich vielleicht z.T. auf verschiedene Gewichtung der beiden Operationen zurückführen lassen.

2. Was kann ein solches Erkennungssystem leisten und wo sind seine Grenzen?

Die vorliegende Hypothese kann nur eine grobe Vereinfachung dessen wiedergeben, was sich möglicherweise beim Beute-/Feinderkennen im Gehirn der Kröte abspielt, denn nicht allein *Gestalt*komponenten, sondern auch andere Reizparameter, wie z.B. *Bewegungs-* und *Kontrast*richtungen, *Bewegungsform* und Reiz*distanz*, gehen in die gesamte Bewertung mit ein. Hinzu kommen individuelle *Erfahrungen*, z.T. kombiniert mit *trieb*bestimmenden und *jahreszeit*abhängigen Faktoren. Das Modell wird daher nur grundlegende Schritte für die Zuordnung zu Gestaltkategorien, wie *Beute*, *Nicht-Beute* und *Feind*, andeuten können. Für detaillierte Unterscheidungen innerhalb einer zugeteilten Kategorie müssen weitere, bislang jedoch noch unbekannte Identifikationssysteme angenommen werden.

Selbstverständlich haben die im vorliegenden Zusammenhang untersuchten Hirngebiete noch eine Fülle anderer sensorischer und motorischer Funktionen — wie die Steuerung des sich Zu- und Abwendens — zu erfüllen, und es ist denkbar, daß die beschriebenen Gestaltfilter-Neuronen auch in andere Detektionsprobleme eingeschaltet sind. Obwohl in der Literatur bislang nicht deutlich hervorgehoben, wird man vermuten dürfen, daß Gestaltfilter-Neuronen mit entsprechenden Systemeigenschaften auch im visuellen System höherer Wirbeltiere ausgebildet sind.

Abschließend können wir sagen, daß die Frage nach den neurophysiologischen Grundlagen für das Beute-/Feinderkennen bei der Kröte noch keineswegs erschöpfend beantwortet ist, wir jedoch der Lösung des

Problems vermutlich einen Schritt näher gekommen sind. Hierbei muß bedacht werden, daß es sich um einen Lösungsweg handelt, den *wir* der Kröte gewissermaßen vorschlagen. Ob sie ihn tatsächlich anwendet, bleibt vorerst noch offen.

3. Randbemerkungen über angeborenes und erworbenes Erkennen

Es sei zur Diskussion gestellt, inwieweit für die Identifikation von Mustern prinzipiell zwei verschiedene Auswertungsprinzipien im visuellen System entwickelt sind.

Das eine Prinzip könnte der Erkennung von Schlüsselreizen dienen. Die Grundoperationen entsprechen einem angeborenen Auslösemechanismus, *AAM.* Sie bestehen in einer Merkmalsextraktion und beruhen auf den Systemeigenschaften von festen, sozusagen vorprogrammierten Neuronenschaltungen. Die Wirksamkeit eines Schlüsselreizes würde dann durch die Antwortcharakteristik von sogenannten „Auslöse"- oder „Trigger"-Neuronen repräsentiert sein. Beim Beutefang- und Fluchtverhalten der Kröte wären es vielleicht die $Te_{2,3}$- bzw. $TP_{2,3}$-Neuronen. Sie stehen am Ende der betreffenden Informationsverarbeitungskette und lösen nach Überschreiten einer Schwelle den zugeordneten modalen Bewegungsablauf aus, der als Grundprogramm ebenfalls mehr oder weniger fest verschaltet im Zentralnervensystem vorliegt. Auf einer solchen Basis aufbauend könnten Erweiterungen als Korrekturen oder Anpassungen z.B. im Rahmen eines *EAAM* möglich und teilweise vielleicht sogar eingeplant sein. In diesen Informationen verarbeitenden Hirnbereichen sind sensorische und motorische Funktionsstrukturen eng miteinander verzahnt — ähnlich wie es z.B. im Tectum opticum der Kröte gegeben sein mag.

Der Auswertung und Erkennung von erlernten Mustern müßte wohl ein anderes Prinzip zugrundeliegen. Denn es ist allein aus anatomischen Gründen kaum zu erwarten, daß für alle möglichen Muster, die im Laufe eines Individuallebens „eingespeichert" werden und über einen *EAM* erkennbar bleiben, entsprechend viele neuronale Repräsentanten — zudem redundant — ausgebildet sind: etwa derart, daß es im Gehirn eines Rauchers bestimmte „Streichholz-Neuronen" und in dem eines Affen „Bananen-Detektoren" gibt.

Einige Neurophysiologen fordern daher für solche spezifischen Erkennungsphänomene ein System von Neuronenklassen, in dem jede Klasse bestimmte Teilmerkmale erfaßt. Hierbei soll dann ein bestimmtes *visuelles* Muster durch ein entsprechendes *Erregungs*muster ganzer Neuronenpopulationen repräsentiert sein. Durch Unterschiede in ihrer

räumlichen und zeitlichen Erregungsverteilung sollten dieselben Neuronenpopulationen andere visuelle Muster repräsentieren können.
Unbeantwortet bleibt jedoch bislang die Frage, wie und durch wen ein
solcher Kode im Gehirn „gelesen" wird.

E. Funktionsstrukturen im visuellen System der Wirbeltiere: Vergleichende Aspekte

Die Untersuchungen an Kröten haben uns erste Einblicke in neuronale Vorgänge vermittelt, die für die Auslösung und Steuerung von Verhaltensweisen verantwortlich sein könnten. In diesem Zusammenhang sind eine ganze Reihe von grundlegenden Fragen und Problemen aufgeworfen worden, die nicht etwa speziell die Kröte, sondern generell Wirbeltiere ebenso wie Wirbellose angehen und schließlich auch andere sensomotorische Systeme betreffen.

Betrachten wir zunächst das visuelle System der Wirbeltiere. Es muß drei Hauptfunktionen erfüllen, die wir mit den Begriffen *Lokalisation, Raumkonstanz* und *Identifikation* verbinden. Wir wollen jetzt z.T. vergleichend strukturelle Zuordnungen näher beleuchten.

I. Strukturen für die Reizortung

Der für die Richtung einer Orientierungsreaktion erforderliche Ortungsprozeß wird bei allen untersuchten Wirbeltieren durch das Tectum opticum bzw. den Colliculus superior (Homologon der Säugetiere) gesteuert. Es handelt sich hierbei um ein stammesgeschichtlich altes System, dessen neurophysiologisch und neuroethologisch erfaßbare Organisation die ganze Wirbeltierreihe hindurch — vom Fisch bis zum Affen — z.T. erstaunliche Konstanz zeigt. So kann man z.B. durch punktförmige elektrische Reizung des Tectum opticum am frei beweglichen Fisch ebenso wie bei der Katze (Abb. 62) topographisch entsprechende Zuwendereaktionen auslösen. Eine interessante Korrelation von Orientierungsbewegungen zweier verschiedener sensorischer Empfangssysteme zeigen solche Reizexperimente beim Kaninchen: Zunächst wird das Ohr einem betreffenden Ort des Gesichtsfeldes zugewandt; erst danach folgen Kopf und Auge in dieselbe Richtung.

Auch in der neuronalen *Grund*organisation zeigt diese Hirnstruktur bei Vertretern aller Wirbeltierklassen Gemeinsamkeiten: Die visuellen rezeptiven Felder der Tectum-Neurone werden um so größer, je tiefer die Zellen im Tectum lokalisiert sind (Abb. 10 B) — ein Phänomen, das

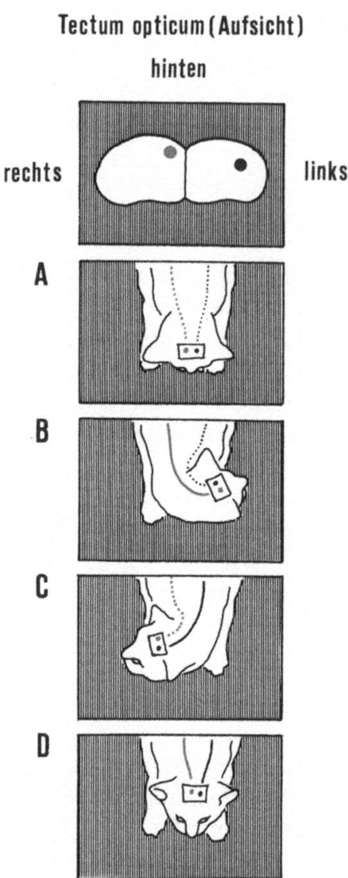

Abb. 62 A–D. Punktförmige elektrische Reizung des Tectum opticum der Katze. (A) Ausgangsstellung im ungereizten Zustand. (B) Reizung des rechten Tectum hinten löst eine Kopfwendung zur gegenüberliegenden Seite aus. (C) Entsprechendes Verhalten bei Reizung des linken Tectum. (D) Während gleichzeitiger Reizung beider Tectum-Orte kommt es zu einer resultierenden Kopfstellung. (Modifiziert nach Hopf et al., 1970)

auf Konvergenzschaltungen beruht (Abb. 63). In tiefen, ventrikelnahen Bereichen können die optisch erregbaren Großfeldneuronen noch zusätzliche Eingänge von anderen Sinnesorganen haben (Abb. 63). Einige kommen z. B. vom Ohr, andere von der Körperhaut.

Somit ist das Tectum opticum ein Hirngebiet für multisensorische Integration. Dem antiken Bild des Januskopfes gleich „blickt" es seinen Funktionen entsprechend in zwei Richtungen: zur Sensorik und zur Motorik. Das Tectum stellt eine Korrelationszentrale für eingehende Meldungen und ausgehende motorische Befehle dar. Es wird teilweise als eine Art Mikrokosmos des gesamten Gehirns angesehen.

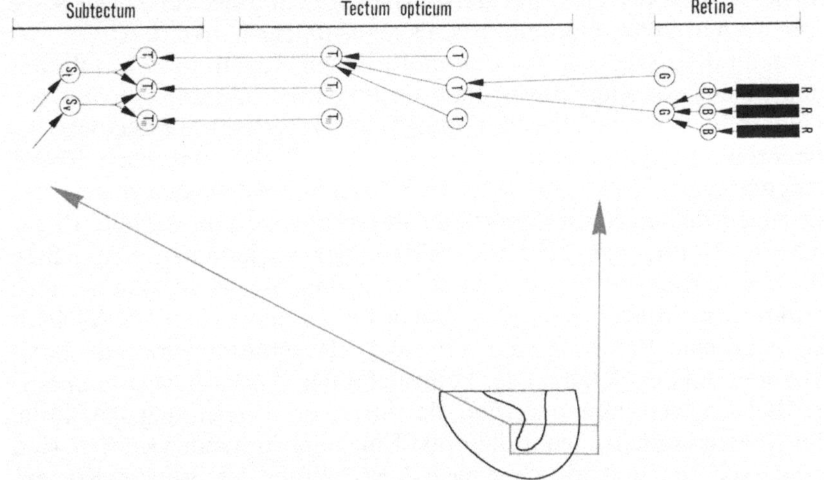

Abb. 63. Prinzipien der Konvergenz und multisensorischen Integration im Tectum opticum und Subtectum. *R* Rezeptorzelle, *B* Bipolarzelle, *G* Ganglienzelle, *T* Tectum-Neuronen mit relativ kleinen visuellen rezeptiven Feldern, T_{I-III} tectale Großfeldneuronen, T'_{I-III} subtectale Neuronen mit zusätzlichen Eingängen von taktil- (S_t) und vibrationsempfindlichen Neuronen (S_v). (Modifiziert nach Ewert, 1973)

II. Raumkonstanz und optokinetischer Nystagmus

Wenn wir im Eisenbahnabteil einen vorbeifahrenden Zug sehen, führen unsere Augen unbewußt ruckartige „Schreitbewegungen" aus: Sie halten hierbei jeweils für kurze Zeit eine feste Beziehung zur bewegten Umwelt (vorbeifahrende Waggons), hinken schließlich etwas nach, um dann wieder in eine neue Lage zurückzuspringen; der Vorgang wiederholt sich von neuem usw. Die Aufgabe dieser schrittweisen Folgebewegungen (die man als optokinetischen Nystagmus bezeichnet) besteht darin, die strukturierte visuelle Umwelt im Gesichtsfeld jeweils für einen Augenblick konstant zu halten — eine Voraussetzung für ihre Identifizierung.

Optomotorik läßt sich experimentell besonders gut an Tieren studieren, die ihre Augen nicht bewegen können und somit Kopf-Nystagmus zeigen. Als Schlüsselreize dienen großflächige, reich strukturierte visuelle Muster, z.B. ein um das Versuchstier rotierender Streifenzaun. Hierbei sind im wesentlichen Abbild-Verschiebungen auf der Netzhaut in *naso-temporaler* Richtung wirksam (Abb. 64 A). Dementsprechend würde z.B. ein rechtsseitig blinder Frosch (Abb. 64 B) nur auf Umfelder

antworten, die sich im Uhrzeigersinn bewegen und vice versa: Das Auge fungiert hier in der Optomotorik als „einsinniger Lenker".
Auch an der Steuerung der optomotorischen Augen- bzw. Kopfbewegungen sind vor allem phylogenetisch alte Hirnstrukturen beteiligt. Bei Säugern ist es der Nucleus des optischen Tracts, NOT (Prätectum); bei niederen Wirbeltieren der Nucleus des basalen optischen Tracts (Tegmentum). Untersuchungen an Katzen und Kaninchen zeigen, daß die zugeordneten Neuronensysteme ihre Eingänge hauptsächlich direkt aus der Retina des kontralateralen Auges bekommen. Sie haben 40–150° große rezeptive Felder und sind vor allem durch reich strukturierte Muster, wie z. B. „visuelles Rauschen", aktiviert. Auch für die neuronale Erregung sind nur solche Reizmuster wirksam, deren Abbilder auf der Netzhaut des kontralateralen Auges in *naso-temporaler* Richtung verschoben werden, sie antworten also richtungsspezifisch. Bei Katzen können auch ipsilaterale Eingänge vorhanden sein; sie sind jedoch schwach und erlöschen nach Ausschaltung des visuellen Kortex.

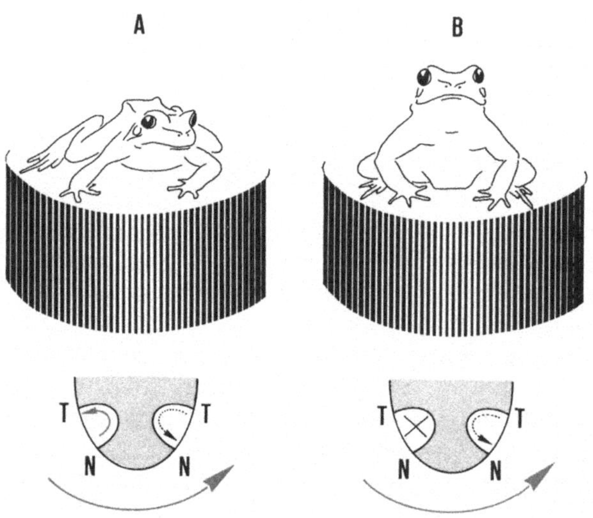

Abb. 64A und B. Optomotorische Reaktionen beim Frosch *Rana temporaria* im Streifenzylinder. (A) Verhalten eines intakten Tieres. Der große rote Pfeil gibt die Drehrichtung des Zylinders an, der kleine kennzeichnet die wirksame naso-temporale Abbildverschiebung auf der Netzhaut. (B) Nach rechtsseitiger Blendung erlischt die optomotorische Reaktion bei gleicher Versuchsanordnung; sie würde sich jedoch einstellen, sobald der Streifenzylinder in entgegengesetzter Richtung rotiert und auf der Netzhaut des sehenden Auges die Abbilder in naso-temporaler Richtung verschoben werden. (Etwas modifiziert nach Birukow, 1938)

Durch punktförmige elektrische Reizung des NOT kann man beim frei beweglichen Tier „ins Leere gerichtete" Optomotorik aktivieren. Nach Ausschaltung entsprechender Hirnstrukturen fällt auch die Funktion aus — beim Frosch ebenso wie bei der Katze.

In jüngster Zeit wurde gefunden, daß die prätectalen „Optomotorik-neuronen" der Katze ihre Impulse u. a. direkt in den Olivenkern abgeben und von dort über die Kletterfasern (Abb. 136) den Purkinje-Zellen der Kleinhirnrinde zuführen (K.-P. Hoffmann, pers. Mitteilung).

III. Hirnstrukturen für die Reizidentifikation

1. Netzhaut-Ebene (Eingangsstufe)

Vergleichende neurophysiologische Untersuchungen an der Wirbeltier-netzhaut weisen auf Detektorsysteme für bestimmte visuelle Signalver-arbeitungen hin:

(1) *Kontrastverstärkung* von Hell/Dunkel-Grenzen (durch laterale Inhibition). (2) Bestimmung der *Winkelgröße* eines Reizmusters (durch die räumliche Verteilung von erregenden und hemmenden Prozessen im rezeptiven Feld). (3) Kodierung des Reizparameters *Bewegung* (auf Grund lokaler Adaptation der subsynaptischen Membran zwischen Bipolar- und Ganglienzelle; bewegungsspezifische Neuronen). (4) *Orientierung* einer Hell/Dunkel-Grenze (auf Grund bestimmter An-ordnungen von langgestreckten erregenden und hemmenden rezeptiven Feldern; „orientierungsempfindliche Neuronen"). (5) Auswertung der *Richtung*, in der sich ein Reizmuster innerhalb der x,y-Ebene bewegt (durch unilaterale Hemmung; „richtungsempfindliche Neuronen").

Obwohl die Wirbeltiernetzhaut uniform aus vier Neuronentypen aufgebaut ist, kann der Grad der Informationsverarbeitung bei den einzelnen Arten sehr unterschiedlich sein. Frösche und Kröten z. B. vermögen die Operationen (1)–(3), Tauben, Kaninchen und Erdhörn-chen (1)–(5), Katzen und Affen im wesentlichen nur (1)–(2) durchzu-führen. Möglicherweise besteht ein Zusammenhang zwischen der Netzhautspezialisierung und der Entwicklung der Großhirnrinde: Am-phibien und Vögel haben keinen Neokortex; bei ihnen wird ein Teil der Signalfilterung schon im Auge vorgenommen. Erdhörnchen und Kanin-chen nehmen eine gewisse Zwischenstellung ein: Sie besitzen zwar einen Neokortex, er ist funktionell jedoch noch nicht so stark entwickelt wie bei höheren Säugetieren — Katzen und Affen —, deren Retina vergleichsweise einfach aufgebaut ist.

Auf Grund elektronenmikroskopischer Untersuchungen — zusammen mit intrazellulären Ableitungen — verschiedener Wirbeltiernetzhäute haben wir inzwischen tiefgehende Kenntnis über die synaptische Organisation gewinnen können. Je höher der Grad an Informationsverarbeitung einer Netzhaut ist, desto häufiger findet man amakrine Zellen als Interneuronen zwischen Bipolar-Axonendknoten und Ganglienzell-Dendriten geschaltet. Vermutlich sind in erster Linie sie für die komplexe Antwortcharakteristik einer Ganglienzelle verantwortlich.

2. Zwischenhirn/Mittelhirn-Stufe

Das eigentliche Auswerten und Erkennen von verhaltensbiologisch wichtigen, optischen Signalen geschieht beim niederen Wirbeltier möglicherweise durch Anschluß der für die Lokalisation vorhandenen Nervennetze (Tectum opticum) an weitere, z.B. die Thalamus/Prätectum-Region. Lokalisations- und Identifikationssysteme sind bei Kröten relativ eng miteinander verzahnt: Nach Tectum-Ausschaltung erlischt auch die Fähigkeit, Objekte im Raum zu *lokalisieren* und zu *identifizieren.* Vermutlich gibt es hier Neuronen für beiderlei Funktionen.

Dies schließt nicht aus, daß für die Erkennung eines Signals *Verschaltungen* mit anderen Hirnstrukturen erforderlich sind: Nach Zerstörung der Thalamus/Prätectum-Region ändert sich bei der Kröte sowohl ihr Zeichenerkennungsvermögen als auch die spezifische Reaktionscharakteristik bestimmter Tectum-Neuronen.

Daß manche Tectum-Neuronen von anderen Hirnteilen aus „moduliert" werden, kennen wir übrigens auch vom Säugetier: So ist die Richtungsspezifität von Colliculus-Neuronen auf Einflüsse aus dem visuellen Kortex zurückzuführen; sie erlischt, wenn man die entsprechenden Verbindungswege zum Kortex durchtrennt.

3. Kortex-Niveau

Beim Säugetier wird die vom Auge angebotene Information über das Zwischenhirn in die Großhirnrinde geleitet und dort im visuellen Kortex durch bestimmte Neuronenschaltungen gefiltert. Solche Prozesse bilden die Grundlage für eine Mustererkennung. In den Areae 17, 18 und 19 hat man drei Hauptklassen von Neuronen finden können, die ihrer Antwortcharakteristik entsprechend als (I) „simple", (II) „komplexe" und (III) „hyperkomplexe" Zellen bezeichnet werden. Der Grad ihrer Informationsverarbeitung reicht vom einfachen Kodieren der Orientie-

rung und Länge einer Hell/Dunkel-Grenze bis zur komplexen Übermittlung eines Winkels, den zwei Mustergrenzen, in bestimmter Richtung bewegt, bilden können. Möglicherweise werden verschiedene Gestaltmerkmale eines visuellen Reizmusters von unterschiedlichen Neuronenklassen kortikaler Schichten „repräsentiert".
Auch beim Säugetier können die phylogenetisch alten subkortikalen Identifikationssysteme im Tectum/Thalamus/Prätectum gewisse Funktionen ausüben, die z.B. für das Wiedererlernen von einfachen Musterunterscheidungsaufgaben nach Kortexdefekten verantwortlich sind. Solche Systeme sind aber auch noch bei Neugeborenen einiger Arten (z.B. Hamstern) wirksam. Erst beim erwachsenen Tier wird dann die Auswertung visueller Signale hauptsächlich vom Kortex übernommen.
Es gibt Säugetierarten, bei denen das kortikale Identifikationssystem sogar in gewisser Weise „unabhängig" vom subkortikalen Lokalisationssystem arbeiten kann: Nach Ausschaltung des Colliculus superior ist z.B. der Goldhamster nicht mehr fähig, visuelle Reize im Raum zu lokalisieren; er kann sie jedoch noch voneinander unterscheiden. Wenn man nun umgekehrt den visuellen Kortex ausschaltet und den Colliculus intakt läßt, so verhält sich der Hamster wie eine Thalamus/Prätectumdefekte Erdkröte: Das Signal wird zwar noch richtig im Raum lokalisiert, jedoch nicht mehr erkannt; damit ist es für das Verhalten bedeutungslos geworden.

IV. Formende und schädigende Umwelteinflüsse

Inwieweit kann sich nun die Umwelt auf die Morphologie und die Physiologie des Gehirns auswirken?
Der Wirkungsgrad optischer Isolation läßt sich im Tierexperiment untersuchen. So findet man bei Säugetieren und Vögeln, die unter visuellem Erfahrungsentzug (Deprivation) aufgezogen wurden, deutliche morphologische Veränderungen an Neuronen in der Großhirnrinde (optischer Kortex) sowie im lateralen Kniehöcker (Corpus geniculatum laterale): Sie sind kleiner als normal; Dicke und Vaskularisation des Kortex können reduziert sein. Durch visuelle Deprivation herbeigeführte Veränderungen wirken sich auf die neurophysiologische Antwortcharakteristik ebenso wie auf das gesamte Verhalten aus. Hierzu einige Beispiele:
Wenn man Katzen unmittelbar nach ihrer Geburt — also in einer sehr empfindlichen Entwicklungsphase — ein Auge vernäht, es etwa 8 Monate später wieder öffnet und die Tiere nun durch Vernähung des anderen dazu zwingt, sich mit dem „ungeübten" Auge in der visuellen

Welt zurechtzufinden, dann zeigen sich im Verhalten starke, z.T. irreversible Defizite: Sie lernen zwar relativ schnell, optische Gegenstände voneinander zu unterscheiden. Wenn jedoch Aufgaben bestimmte *visuomotorische* Koordinationen verlangen, werden sie niemals mehr richtig gelöst. Dementsprechende Veränderungen zeigen sich auch in der Antwortcharakteristik von Neuronen aus dem Colliculus superior: Während normalerweise zahlreiche Neuronen selektiv auf Reize antworten, die in bestimmten Richtungen bewegt werden, ist diese Richtungsspezifität jetzt erloschen. Davon sind allerdings nur jene Neuronen betroffen, die vom vorher verschlossenen Auge innerviert worden waren. Sie verhalten sich dann ähnlich wie nach Ausschaltung der gleichseitigen Sehrinde.

Dies könnte ein Hinweis dafür sein, daß die vom Auge zum Mittelhirn führende Informationsübertragung *angeboren* ist, während der vom Auge über die Großhirnrinde zum Mittelhirn führende Weg hinsichtlich bestimmter Verarbeitungsprozesse *erworben* werden muß. Er „verkümmert", wenn die Gelegenheit zum Lernen entzogen wird.

Was geschieht nun, wenn man Tiere in verschiedenen monoton strukturierten Umgebungen aufwachsen läßt?

Versuchsobjekte sind wieder Katzen. Zunächst einige Vorbemerkungen. Es gibt in der Sehrinde Neuronen, die auf Grund ihrer langgestreckten rezeptiven Felder für die Orientierung von Hell/Dunkel-Grenzen empfindlich sind; wir hatten solche „Orientierungsdetektoren" bereits oben kennengelernt. Sie sind maximal aktiviert, wenn z.B. die Orientierung eines Streifenmusters mit der Hauptachsenorientierung des rezeptiven Feldes übereinstimmt (Abb. 61 A, a).

Normalerweise sind aktive Neuronen mit vertikal und horizontal orientierten Feldachsen gleich häufig vertreten. Das Verhältnis kann jedoch von der Umgebung abhängig sein, in der die Katzen aufwachsen. So haben in senkrecht gestreifter Umgebung aufgezogene Katzen überwiegend aktive Orientierungsdetektoren mit vertikalen Feldhauptachsen (Abb. 65 A). Entsprechendes gilt nach Aufzucht in einer horizontal gestreiften Umgebung (Abb. 65 B).

Die Möglichkeit, kortikale Orientierungsdetektoren „manipulieren" zu können, gibt dem Neurobiologen ein wichtiges Testwerkzeug für die Beurteilung ihrer Funktion bei der visuellen Gestaltanalyse.

Wir haben in diesem Abschnitt die sensorische Deprivation kurz beleuchtet. Es muß jedoch betont werden, daß Anpassungen an die Umgebung nur durch enge Rückkoppelung zwischen Sensorik und Motorik zustandekommen: Im Dunkeln aufgezogene Katzen lernen z.B. nicht, sich später in einer strukturierten Umgebung zu orientieren, wenn sie ausschließlich herumgetragen werden: Erst *während des Laufens* lernen sie sehen.

Wir halten fest:

1. Es gibt im visuellen System der Wirbeltiere Substrate für bestimmte Funktions- und Verhaltensweisen (Lokalisation, Raumkonstanz), die stammesgeschichtlich früh ausgebildet worden sind.

2. Die visuellen Zeichenerkennungssysteme haben sich offensichtlich zunächst in Verbindung mit den für die Lokalisation vorhandenen Nervennetzen im Tectum opticum entwickelt. Diese Hirnstruktur hat folglich sowohl sensorische als auch motorische Funktionen.

3. Im Zusammenhang mit der Bedeutung, die die Signalauswertung für die Evolution des Verhaltens hat, ist bei den Säugetieren z. B. für optische Prozesse ein neues Hirnsubstrat entwickelt worden: der visuelle Kortex.

4. Bestimmte Hirnabschnitte differenzieren sich funktionell erst während der Ontogenese in der sensomotorischen Auseinandersetzung mit Umwelteinflüssen. Es gibt im visuellen System der Wirbeltiere Informationsverarbeitungswege, die angeboren sind, offensichtlich aber auch solche, die erst erworben werden müssen.

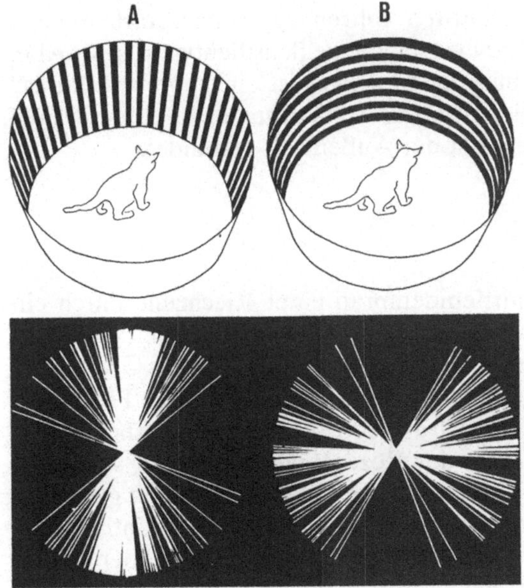

Abb. 65 A und B. Einfluß der strukturierten Umwelt (oben) auf die Hauptachsenorientierung der rezeptiven Felder (unten) von „Orientierungs"-Detektoren aus dem visuellen Kortex bei Katzen. *Links:* vertikal gestreifte Umwelt (72 untersuchte Neuronen); *rechts:* horizontal gestreifte Umwelt (52 untersuchte Neuronen). Erläuterungen im Text. (Modifiziert nach Blakemore, 1970)

F. Beispiele für die Auslösung und Steuerung von Verhaltensweisen durch andere sensorische Systeme

I. Geruchssinn: Duftkodierung bei Insekten

Es gibt bei Wirbellosen ebenso wie unter den Wirbeltieren *angeborene Verhaltensprogramme* und zugeordnete *angeborene Erkennungssysteme* für verhaltensbiologisch wichtige Signale (Schlüsselreize). Die Evolution des Verhaltens kann sich nur in der ständigen Auseinandersetzung mit verschiedenartigen Reizsituationen vollziehen. Hierfür scheinen neuronale Erkennungs-„Spezialisten" wenig geeignet zu sein. Es muß daher auch anpassungsfähige Systeme mit „offenen" Kodierungsmöglichkeiten geben. Besonders übersichtliche Beispiele für Erkennungs-„Spezialisten" und „Generalisten" finden wir im olfaktorischen Bereich der Insekten.

Die Geruchsrezeptoren der Insekten befinden sich auf den Antennen. Grundeinheit ist die Sensille; sie besteht aus mehreren primären Sinneszellen (Riechzellen), die ihre Dendriten in haarige Bildungen der Kutikula entsenden. Die Neuriten führen zu weiterverarbeitenden Neuronen des Gehirns. Es gibt verschiedene Sensillentypen (z. B. Abb. 66A und B). Allen gemeinsames Merkmal ist ein „porentubuläres" System, welches das flüssigkeitserfüllte Haarlumen, in dem sich die Rezeptordendriten befinden, mit der Außenwelt verbindet.

1. Der ternäre „Duftkode"

In welcher Weise die Dendritenmembran einer Riechzelle durch ein Duftstoffmolekül erregt wird, ist noch weitgehend unbekannt. Die erste neurophysiologisch meßbare Antwort auf einen Reiz ist das Generatorpotential, das in der Triggerzone der Sinneszelle in eine Folge von Aktionspotentialen umgesetzt wird (Abb. 66A). In „duftneutraler" Umgebung registriert man von der Rezeptorzelle zunächst schwache Daueraktivität. Wird jetzt Duftstoff über das Haarsensillum geblasen, so können prinzipiell dreierlei „Effekte" eintreten: (1) Die Entladungsrate der Rezeptorzelle wird erhöht, (2) sie wird gesenkt oder (3) sie bleibt unbeeinflußt. Was geschieht, hängt vom Duftstoffmolekül ab.

Wir halten zunächst fest, daß die Rezeptorzellen der Geruchssensillen eine chemische Verbindung nach einem ternären Plus/Minus/Null-Kode verschlüsseln können.

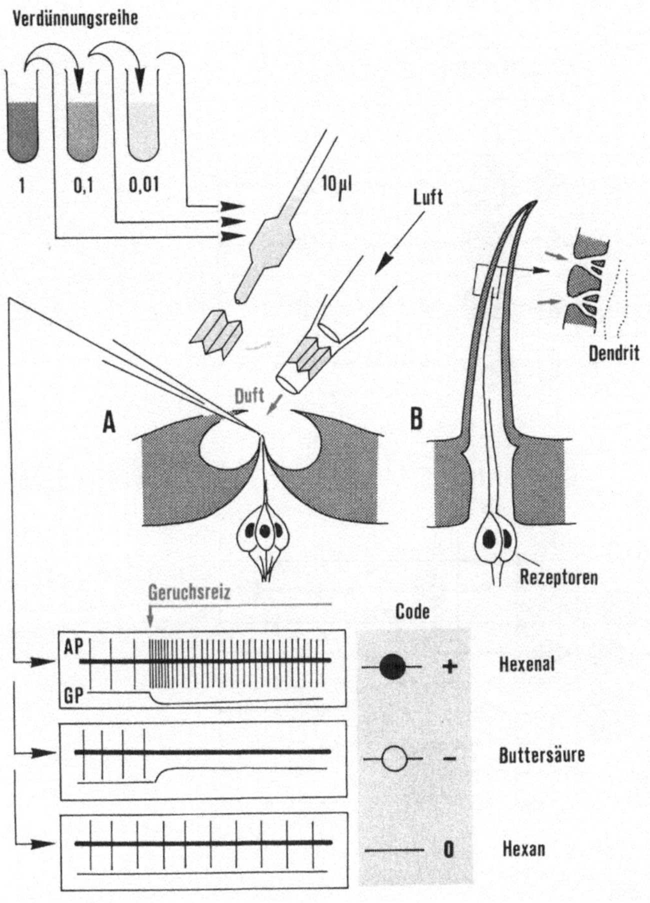

Abb. 66 A und B. Experimentelles Vorgehen bei der Untersuchung der Duftkodierung von Insekten. (A) Sensillum coelonicum (Grubenkegel) der Wanderheuschrecke. (B) Sensillum basiconicum der Schmeißfliege. Der vergrößerte Ausschnitt oben rechts zeigt die Poren in der Kutikula des Sinneshaares mit ihren verzweigten Kanälen, durch die Duftstoffmoleküle zu den dendritischen Strukturen der primären Sinneszellen gelangen. Rechts unten: Beispiele für den „ternären Duftkode". *AP* Aktionspotentiale, *GP* Generatorpotential. Erläuterungen im Text. (Kombiniert nach D. Schneider, 1967 und Boeckh, 1967)

2. Duft-„Spezialisten" und „Generalisten"

Wenn wir nun von einzelnen Sinneszellen ein solches Antwortspektrum für unterschiedliche Duftstoffe aufstellen, zeigt sich ein wichtiges Resultat (Abb. 67): Es gibt offensichtlich zwei verschiedene Reaktionstypen unter den Rezeptoren. Vertreter der einen Gruppe zeigen auf eine willkürliche Auswahl von verschiedenen Duftstoffen stets das gleiche

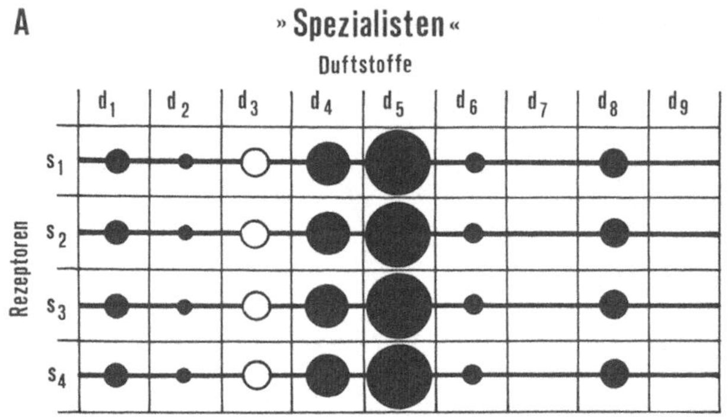

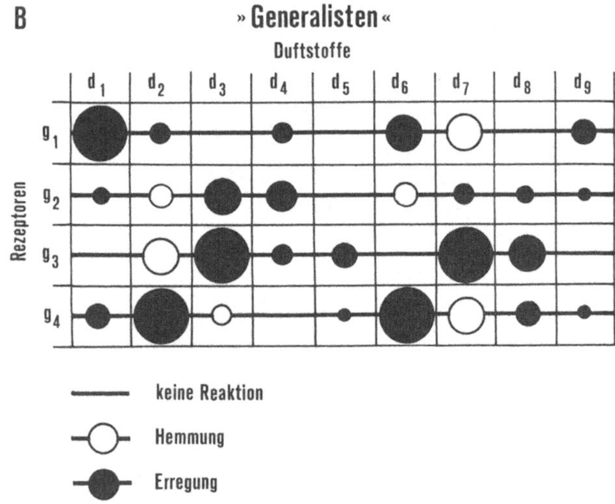

Abb. 67 A und B. Prinzip der Duftkodierung von zwei verschiedenen Sinneszelltypen — „Spezialisten" (s_{1-4}) und „Generalisten" (g_{1-4}) aus dem Grubenkegel der Heuschrecken-Antenne. Die Stärke der Rezeptorantwort (Erregung oder Hemmung) auf einen Duftstoff (d_{1-9}) wird jeweils durch die Größe des Kreises wiedergegeben. Erläuterungen im Text. (Schematisiert nach D. Schneider, 1967)

Antwortspektrum; hierbei ist die Antwort auf einen bestimmten, verhaltensbiologisch wichtigen Duftstoff besonders hoch (Abb. 67 A, d_5). Wir nennen solche Rezeptoren *„Spezialisten"*. Auf der Antenne des männlichen Seidenspinners sind ca. 70 % der Rezeptoren für den Sexuallockstoff Bombykol spezialisiert. Es gibt aber auch *Futter*-Spezialisten (Abb. 68), wie den Aas-Rezeptor vieler Fliegen und den Gras-Rezeptor der Wanderheuschrecke.

Außer Spezialisten findet man aber auch regelmäßig andere Geruchsrezeptoren. Sie zeichnen sich beim Test auf verschiedene Düfte durch die Einmaligkeit ihres Antwortspektrums aus. Bei willkürlicher Auswahl von verschiedenen Duftstoffen zeigt jede dieser Sinneszellen ein anderes, in sich konstantes, individuelles Reaktionsspektrum, das sich natürlich mit dem anderer Zellen überlappen kann (Abb. 67 B). Wir nennen solche Rezeptoren *„Generalisten"*.

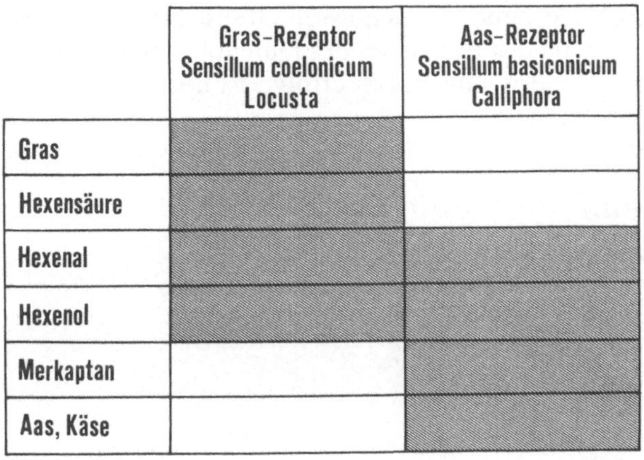

	Gras-Rezeptor Sensillum coelonicum Locusta	Aas-Rezeptor Sensillum basiconicum Calliphora
Gras	▓	
Hexensäure	▓	
Hexenal	▓	▓
Hexenol	▓	▓
Merkaptan		▓
Aas, Käse		▓

Abb. 68. „Futter-Spezialisten" auf der Antenne der Wanderheuschrecke und der Schmeißfliege. Beantwortete Duftstoffe sind jeweils durch graue Felder gekennzeichnet. Es gibt in der Antwort der beiden Spezialisten auch Überlappungen (s. Hexenal und Hexenol). (Nach D. Schneider, 1967)

3. „Duft-Attrappen"

Die Frage nach den wirksamen Komponenten eines chemischen Moleküls läßt sich am Beispiel des Gras-Rezeptors der Wanderheuschrecke besonders gut studieren. Natürlicher Schlüsselreiz ist der

Geruch von frischem Gras. Die chemisch wirksame Komponente ist das in ihm enthaltene Hexenol und Hexenal. Durch verschiedene Veränderungen an einem solchen Molekül läßt sich die chemische Spezifität „einkreisen". Die Wirksamkeit hängt von verschiedenen Komponenten ab (Abb. 69):

(1) Die Kettenlänge des aliphatischen Kohlenwasserstoffmoleküls: C_6-Körper sind optimal, aromatische Verbindungen unwirksam. (2) Ungesättigte Bindungen in der C_6-Kette: Hexan und Hexen bleiben unbeantwortet; dagegen ist Hexin-1 wirksam. (3) Funktionelle Gruppen: Einführung einer Oxi- oder Aldehydgruppe in das Hexen macht die Verbindung wirksam. In gesättigten Verbindungen haben diese Gruppen keinen Effekt; doch macht eine endständige *Carboxi*gruppe Alkane wirksam. (4) Asymmetrien: Substitutionen an *beiden* endständigen C-Atomen (z. B. Dicarbonsäuren) führen zum Erlöschen der Wirksamkeit.

Zusammenfassend kann man sagen, daß keiner der hier genannten Faktoren *allein* ausschlaggebend ist. Es müssen offensichtlich mehrere zusammenwirken. Wie nun das Einpassen des Duftstoffmoleküls in die Akzeptorstruktur der Dendritenmembran erfolgt, ist noch keineswegs genau geklärt.

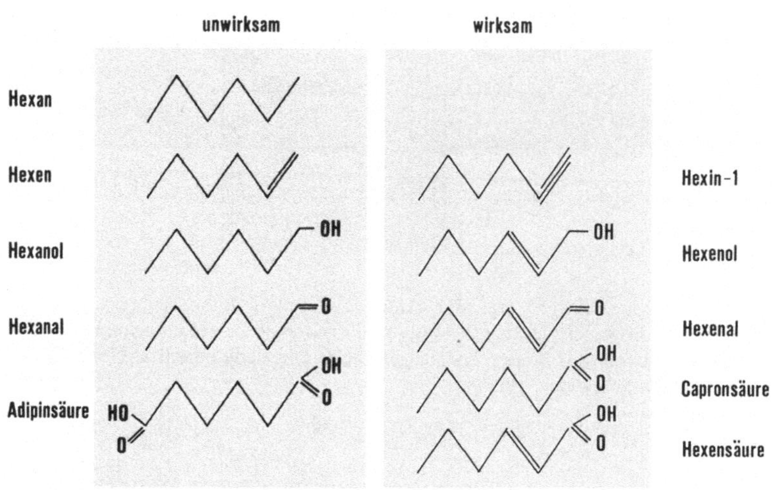

Abb. 69. Der Einfluß von ungesättigten Bindungen und funktionellen Gruppen in einem Kohlenwasserstoffmolekül auf die Aktivierung des Grasduftrezeptors (Grubenkegel) der Wanderheuschrecke. Die H-Atome an den C-Atomen sind in dieser Darstellung nicht eingezeichnet worden. Erläuterungen im Text. (Modifiziert nach Boeckh, 1967)

Wir halten abschließend zwei wichtige Punkte fest:

1. Insekten verfügen im olfaktorischen Bereich schon auf Rezeptor-Ebene über Filtersysteme, die zwar nicht ausschließlich, jedoch überwiegend auf bestimmte verhaltensrelevante Duftsignale ansprechen. Sie werden „Spezialisten" genannt. Die Futter-Spezialisten bilden zusammen mit nachgeschalteten Neuronen den AAM für die Futtersuche.
Die wesentlichen Filtereigenschaften eines AAM können also grundsätzlich — wie in diesem Beispiel — bereits in den spezifischen Eigenschaften der Rezeptormembran begründet sein.

2. Für eine vielseitige Verschlüsselung von Duftstoffen sind Spezialisten ungeeignet. Hierfür bieten sich die „Generalisten" an. Mit wenigen Rezeptoren dieser Art wäre nach dem Plus/Minus/Null-Kode bereits eine Verschlüsselung von Tausenden verschiedener Düfte möglich. Auch hier ist noch ungeklärt, wie ein derartiger Schlüsselkode im Gehirn gelesen wird.
Somit begegnen wir den gleichen Problemen der Erkennungs-„Spezialisierung" und „Generalisierung" auf verschiedenen neuralen — und entsprechenden verhaltensbiologischen — Integrationsstufen.

II. Vibrationssinn: Der Beutefang des Rückenschwimmers

Spiegelnde Wasserflächen können für manche Fluginsekten wie eine Falle wirken: Durch Versagen der Orientierung stürzen sie ins Wasser. Es gibt räuberisch lebende Insekten, die sich auf diese ernährungsökologische Nische spezialisiert haben.
Der Rückenschwimmer *Notonecta* hängt mit seinen Extremitäten an der Unterseite der Wasseroberfläche und lauert darauf, was an Beutetieren ins Wasser fällt. Ebenso wie das Gehirn einer Kröte muß auch sein sensorisches System beim Beutefang zwei wichtige Operationen an den vom Reizobjekt ausgehenden Signalen durchführen: es muß sie identifizieren und lokalisieren können.
Der Rückenschwimmer verwertet zum Lokalisieren und Identifizieren nicht optische Reize, sondern ein Signal, das in den durch die zappelnde Beute verursachten Ringwellen der Wasseroberfläche enthalten ist. Die ersten Teilglieder des Beutefangs bestehen aus der Einstellreaktion zum Wellenerreger (Beute); daraufhin folgt das Anschwimmen. Wir greifen aus dem gesamten Funktionsgeschehen drei Fragen heraus: (1) Welche Signale der Oberflächenwelle haben für den Rückenschwimmer die

Bedeutung Beute? (2) Wo wird das Signal perzipiert und wie wird es ausgewertet? (3) Auf welche Weise wird das Beutesignal geortet?

1. Schlüsselreize

Erste Anhaltspunkte über verhaltensrelevante Signale geben Laborversuche, in denen man natürliche Beutetiere — wie Fliegen oder Bienen — auf die Wasseroberfläche fallen läßt und gleichzeitig mit Hilfe

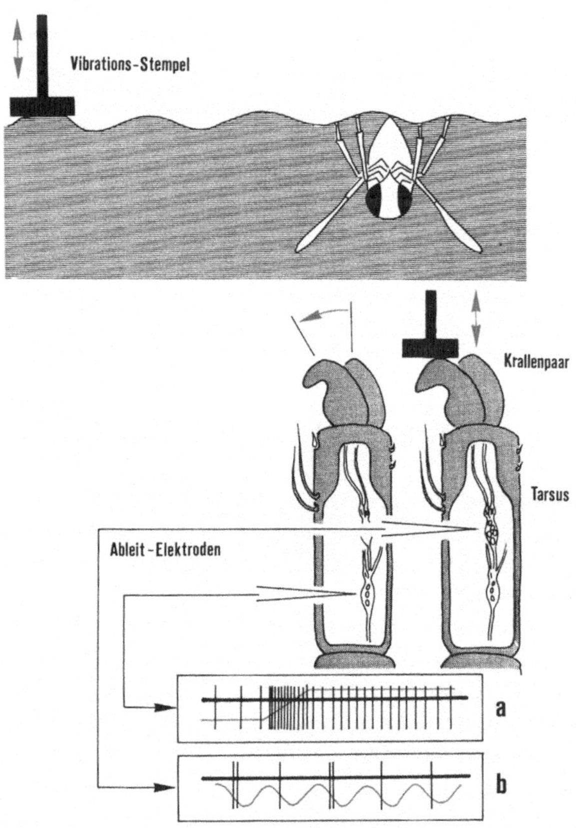

Abb. 70. Der Beutefang des Rückenschwimmers. *Oben*: Prinzip der Versuchsanordnung zur Erzeugung von Wasseroberflächenwellen. *Unten*: a Phasisch-tonische Antworten von Neuronen des proximalen Skolopariums bei Auslenkung des Krallenpaares (s. Pfeil). b Phasische Antworten von Neuronen des distalen Skolopariums auf Vibrationsreize bei direkter Koppelung des Vibrationsstempels mit einer Kralle. (Kombiniert nach Markl und Wiese, 1969; Wiese, 1972; Wiese und Schmidt, 1974)

photoelektrischer Methoden ein Frequenzlinienspektrum der erzeugten Wellen aufnimmt (Abb. 71 A): Maximale Wellenamplituden finden wir stets in einem niederfrequenten Bereich zwischen 10 und 100 Hz. Es ist anzunehmen, daß die Information über den Beutereiz bei diesem auf Fernortung ausgerichteten Sinnessystem in der Beziehung zwischen Amplitude und Frequenz der erzeugten Wasserwellen liegt.

Jetzt soll der natürliche Wellenerreger (zappelnde Beute) durch eine Attrappe ersetzt werden. Sie besteht aus einem vibrierenden Stempel, der von oben her die Wasserfläche berührt (Abb. 70). Auf diese Weise können Frequenz und Amplitude der Wasserwellen in weiten Bereichen variiert und die Reizwirksamkeit jeweils am prozentualen Anteil der zum Stempel schwimmenden Tiere ermittelt werden. Das Ergebnis

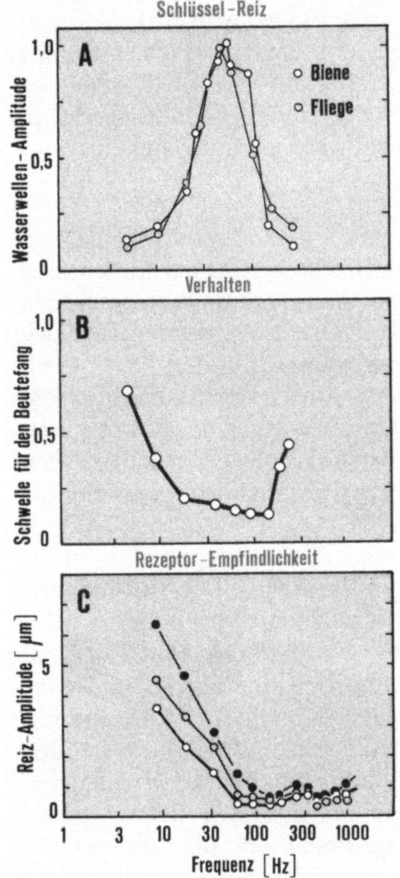

Abb. 71 A–C. Beziehung zwischen Schlüsselreiz (A), Rezeptorempfindlichkeit (C) und Verhalten (B) beim Beutefang des Rückenschwimmers. (Kombiniert nach Wiese, 1972)

bestätigt die ersten Laborversuche (Abb. 71 B). Optimal auslösend sind Wellen zwischen 5 und 350 Hz, wobei Frequenzen unterhalb 100 Hz infolge ihrer relativ geringen Dämpfung — wie sie von natürlichen Beutetieren verursacht werden — eine entscheidende Rolle zukommt.

2. Frage nach den Wellenrezeptoren

Als Orte für die Rezeptoren kommen wohl in erster Linie die Ruderbeine in Betracht: Die Wasserwellen führen dazu, daß das Tier durch den Auftrieb seines Körpers mit seinen Tarsen jeweils gegen die Oberflächenhaut des Wassers geschoben wird. Tatsächlich wird der Beutefang stark beeinträchtigt, wenn über Kralle, Tarsus und Tibia der Vorder- und Mittelbeine ein feiner Isolierschlauch gezogen wird. Als Mechanorezeptor für den Beutefang käme somit in erster Linie das in den Tarsen lokalisierte Skolopidialorgan in Frage (Abb. 70). Skolopidialorgane enthalten Rezeptoren, die auf mechanische Dehnung ansprechen. Sie sind bei Insekten weit verbreitet. Prinzipiell können sie verschiedene Funktionen erfüllen, z.B. der Stellungs- und Lagerezeption, aber auch der Vibrations- und Schallwahrnehmung dienen.

3. Signalfilterung

Man könnte nun vermuten, daß die Oberflächenwelle eine Auslenkung der Kralle am Tarsus bewirkt und hierdurch die Dehnungsrezeptoren in den Skoloparien zur Erregung bringt. Diese Annahme läßt sich elektrophysiologisch in einem „an Land" durchgeführten Experiment nachprüfen. An einem abgeschnittenen *Notonecta*-Bein wird durch ein Bohrloch vorsichtig eine Mikroelektrode in die Nähe der Rezeptorzellen geschoben (Abb. 70). Man kann dann die Kralle gegen den fixierten Tarsus mit Hilfe einer Winkelmesservorrichtung bewegen und die Rezeptorantworten auf dem Oszillographen registrieren.
Offensichtlich gibt es zwei verschiedene Rezeptortypen: Die einen (Abb. 70a) zeigen sowohl die *Winkelgeschwindigkeit* der Auslenkung als auch die jeweilige *Stellung* des Krallenpaares an, haben also phasisch-tonische Antwortcharakteristik; die anderen (Abb. 70b) sind nur dann kurz aktiviert, wenn eine einzelne Kralle bewegt und zwar gebeugt wird (phasische Antwortcharakteristik). Phasische Rezeptoren sind bekanntlich sehr gut für die Übertragung von Oberflächenwellen (z.B. Vibrationssignale) geeignet. Wir können uns hiervon überzeugen, indem wir die Kralle jetzt direkt mit dem künstlichen Wellenerreger — also einem vibrierenden Stempel — verbinden und die Antwort der phasischen Rezeptoren registrieren (Abb. 70b): Bei sinusförmiger

Reizung wird im Bereich ab 60 Hz jede Schwingung mit einem Impuls beantwortet (Abb. 71 C). Der Empfindlichkeitsbereich der Rezeptoren liegt also im Bereich der durch Beuteobjekte erzeugten Wellenfrequenzen. Vergleicht man die Schwellenkurven der Rezeptorantwort mit den verhaltensbiologischen Befunden (Abb. 71 B und C), so zeigen sich für Wellenfrequenzen unterhalb 60 Hz Abweichungen, die auf eine Beteiligung weiterer Rezeptorsysteme hinweisen.

Im folgenden Versuchsabschnitt wird nun die Experimentalanordnung den natürlichen Reizverhältnissen angepaßt. Auch hier zeigt sich eine deutliche Phasengebundenheit zwischen Wasserwelle und Rezeptorentladung.

4. Die Arbeitsweise des Ortungssystems

Für die Ortung des Wellenerregers kommen vergleichende Messungen zwischen linkem und rechtem Beinpaar in Frage. Was wird hierbei gemessen? Zwei Möglichkeiten sind zunächst denkbar: (1) Die Abnahme der Wellen*amplitude* vom linken bis zum rechten Beinpaar — oder vice versa — wird anhand der jeweiligen Krallenauslenkung gemessen. Die Unterschiede sind jedoch zu gering (kleiner als 0,1 µm). (2) Die *Zeit*differenz t_i–t_j zwischen der das linke und rechte Bein erreichenden Welle bildet das Maß für den Winkel, um den der Körper in die Schwimmrichtung zum Wellenerreger gedreht werden muß.

Bevor wir die zweite Möglichkeit testen, wollen wir zunächst prüfen, wie genau die Einstellreaktionen sind. Hierzu wird für unterschiedliche Ausgangsstellungen α der Wendewinkel α_i aus photographischen Aufnahmen ermittelt: Bei Wellenfrequenzen zwischen 20 und 60 Hz ergibt sich im Meßbereich $0° \leqq \alpha \leqq 180°$ eine Sollwertabweichung $|\alpha_i - \alpha|$ von 2–18°. Die Ortspeilung ist also bereits in erster Drehung relativ genau; mögliche Ortungsfehler können durch eine Nachkorrektur ausgeglichen werden.

Da die Wendereaktion des Rückenschwimmers sehr schnell, ohne Kontrolle sozusagen in offener Steuerkette erfolgt, kann man annehmen, daß in seinem Zentralnervensystem für verschiedene Zeitdifferenzen $t_i - t_j$ entsprechende motorische Programme als „Bewegungskommandos" für die erforderliche Drehung vorhanden sind.

5. Beuteortung bei Kröte und Rückenschwimmer

Wir erinnern uns, daß die *telo*taktische Wendereaktion der Kröte durch die Lagedifferenz (x−w) eines außerhalb der Fixierstelle x auf der Retina abgebildeten Musters w gesteuert wird. Auch in ihrem Gehirn müssen entsprechende motorische „Verrechnungsbeträge" für die Wendebewegung repräsentiert sein. Nach fehlerfreier Wendung ist $(x-w) = 0$. Man kann solche Lagedifferenzen im elektrischen Hirnreizungsversuch simulieren.

Der *tropo*taktische Ortungsmechanismus des Rückenschwimmers setzt paarige Sinnesorgane voraus. Hier wird die Wendung offenbar durch die Zeitdifferenz $t_i - t_j$ in beiden Sinnesorganen gesteuert; nach fehlerfreier Drehung wäre $(t_i - t_j) = 0$.

Wir können jetzt testen, ob der Rückenschwimmer entsprechende Einstellreaktionen zeigt, wenn man die tarsalen Krallen beider Beinpaare nacheinander mit verschiedenen Zeitdifferenzen auslenkt. Hierzu werden an die Krallen Eisenfeilspäne geklebt. Mit Hilfe eines über der Wasseroberfläche angebrachten Magneten können sie durch lokale, alternierende magnetische Felder — zeitlich nacheinander — bewegt werden (Abb. 72). Bei entsprechender Wahl der Verzögerungszeiten

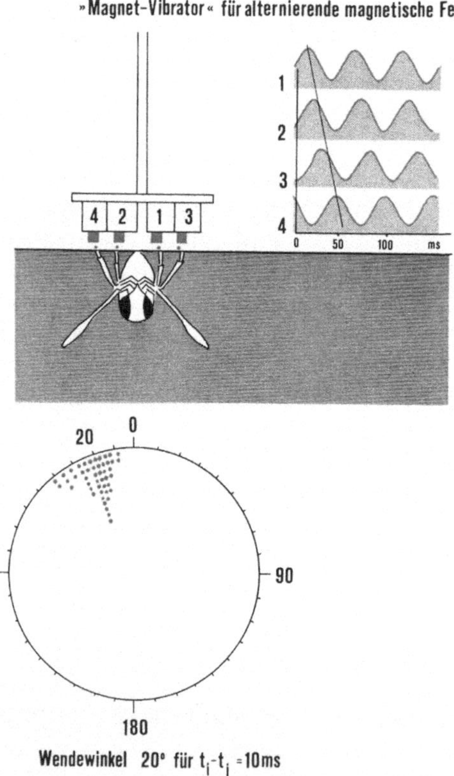

Abb. 72. Experimentelle Anordnung für die Simulation von Wasserwellenreizen durch lokale, alternierende magnetische Felder (*1–4*). Die 4 Magnete sind unmittelbar über 4 mit Eisenfeilspänen (rot) beklebten Krallen der Laufbeine angebracht. Beispiel: Für eine Zeitdifferenz $t_i - t_j = 10$ ms zwischen den Krallenauslenkungen beider Beinpaare (oben) folgt eine Wendereaktion mit einem Wendewinkel von 20° (unten). (Die Wellenfrequenz betrug hierbei 40 Hz). Die Wendewinkel (rote Punkte im Kreisdiagramm) wurden aus Photoaufnahmen vor und nach einer Reaktion ermittelt. (Kombiniert nach Wiese, 1974)

130

antwortet das Tier tatsächlich mit zugeordneten Einstellreaktionen, deren Fehler durchaus im Bereich der „natürlichen Antworten" liegen.

Wir fassen kurz zusammen:

1. Der Beutefang des Rückenschwimmers liefert ein übersichtliches analytisches Modell für neurobiologische Fragestellungen. Verglichen mit dem Beutefang der Kröte werden an beide — Insekt und Wirbeltier — ähnliche Grundanforderungen gestellt. Sie werden jedoch in den beiden sensorischen Systemen auf völlig verschiedene Weise gelöst.

2. So ist das Beuteerkennungssystem des Rückenschwimmers sehr viel einfacher gebaut. Das Ortungssystem arbeitet nicht mit räumlichen Lage-, sondern mit Zeitdifferenzen. Bei diesem Ortungssystem handelt es sich um die einfachste Vorstufe eines Mechanismus, der vom Prinzip her im Hörsystem bis zu den höchsten Wirbeltieren anzutreffen ist und dort weiter perfektioniert wurde.

3. Gemeinsames Postulat für den Beutefang des Rückenschwimmers und der Kröte sind abrufbare, feste motorische Programme für die Wendereaktion. Wir kommen hierauf noch an anderer Stelle zu sprechen.

III. Akustische Kommunikation bei Grillen und Fröschen

Tiere verständigen sich untereinander durch Signale. Kommunikation als Kennzeichen des Sozialverhaltens kann in verschiedene Funktionskreise eingeschaltet sein, wie z. B. *Partner-Anlocken, Revierabgrenzen, Verteidigung*. Grundlage für die gegenseitige Informationsübermittlung ist ein signalabgebendes Sendesystem; ihm entspricht auf der Seite des Partners ein Empfängersystem, das das Signal auswertet, erkennt und gegebenenfalls eine Verhaltensreaktion auslöst. Der Begriff „Auslöser" wurde oben schon erwähnt. Er kann prinzipiell verschiedene Sinnesmodalitäten einschließen.

Neuroethologisch von Interesse sind in diesem Zusammenhang drei wesentliche Fragen: (1) Wie funktioniert der Sender? (2) Auf Grund welcher neuronaler Prozesse wird das Signal im Empfänger ausgewertet? (3) Welche Verarbeitungsschritte führen schließlich zur Verhaltensreaktion? Erschöpfende Antworten auf alle drei Fragen hat man bislang in keinem sensorischen Kommunikationssystem erhalten können. Doch haben wir in eine Reihe von grundlegenden Prozessen wichtige Einblicke gewinnen können. Wie man hierbei experimentell vorgehen kann, soll an zwei Beispielen aus dem akustischen Kommunikationsbereich gezeigt werden.

1. Grillengesang

Wenn sich ein Grillen- oder Heuschreckenmännchen in Paarungsstimmung befindet, produziert es einen für seine Art typischen Lockgesang. Paarungsbereite Feldheuschreckenweibchen antworten, so daß ein regelrechter Wechselgesang entsteht. Die Geschlechter finden sich phonotaktisch durch gegenseitige Ortung als Schallsender. Daß bei dem Sich-Finden auch auf Sichtnähe das akustische Signal ausschlaggebend ist, zeigt folgendes Experiment: Links vom Grillenweibchen befindet sich ein singendes Grillenmännchen — jedoch schallabgeschirmt unter einer Glasglocke; rechts von ihr ertönt aus einem Lautsprecher eine Tonbandaufnahme des Lockgesangs. Ergebnis: Das Weibchen nähert sich dem Lautsprecher.

Wie kommt nun der Gesang zustande? Die hierzu erforderlichen „Instrumente" bestehen aus einer Schrillkante, die über eine gezackte Schrill-Leiste gezogen wird. Grillen zirpen, d.h. stridulieren in dieser Weise durch Aneinanderreiben ihrer Vorderflügel (Abb. 73), Feldheuschrecken streichen die Hinterbeine an den Vorderflügeln auf und nieder. Wie dem auch sei — mit jedem Zug über die Schrillkante geraten bestimmte Flügelstrukturen in Schwingungen, die den Schall durch z.T. komplizierte Resonanzwirkungen verstärken. Der hierbei entstehende Lautstoß hat beim Lockgesang der Feldgrille eine Frequenz

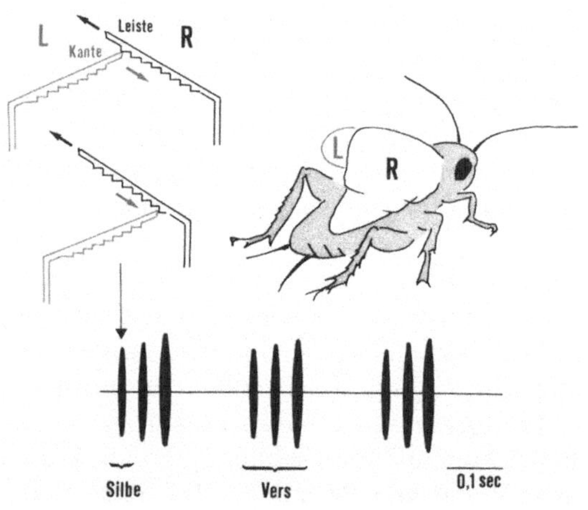

Abb. 73. Erzeugung des Grillengesangs: Ein Flügelkantenzug über die Flügelschrill-Leiste produziert eine Silbe; mehrere Silben ergeben einen Vers, dargestellt am Beispiel des Lockgesangs

von 4 bis 5 kHz und ergibt eine Silbe. Mehrere Silben — beim Lockgesang sind es drei — bilden zusammen einen Vers (Abb. 73). Woher weiß man, daß ein Kantenzug über die Schrill-Leiste einer Silbe entspricht? Der experimentelle Nachweis konnte durch gleichzeitige Aufzeichnung des Schallereignisses und des Bewegungsvorganges erbracht werden (spezielle Registriertechnik s. methodischen Anhang, Abb. 132).

Erste neuronale Korrelate für die Lauterzeugung. Während wir bei der Analyse des Beutefangverhaltens der Kröte und des Rückenschwimmers die „black box" — d.h. die zugrundeliegenden Systemeigenschaften des ZNS — von ihrem sensorischen Eingang her zu beleuchten versuchten, beschreiten wir hier den umgekehrten Weg: Wir öffnen sie von ihrem motorischen Ausgang her und fragen zunächst, welche Beziehung zwischen der Aktivierung der Motoneuronen und der zugeordneten Muskelkontraktion besteht. Hierzu werden beim frei beweglichen Tier dünne Ableitdrähte in die „Singmuskeln" und in die zuführenden motorischen Nerven implantiert. Resultat: Ein vom Motoneuron stammendes Aktionspotential bewirkt in der entsprechenden motorischen Einheit ein Muskel-Potential. Die Muskelkontraktion leitet den Zug über die Schrillkante ein (Abb. 74).

Neurale Steuerung des Gesangs. Wie wird der Grillengesang zentralnervös „organisiert"? Zwei Möglichkeiten wären denkbar: (1) Es handelt sich um eine autonome Leistung des ZNS. (2) Die Lauterzeugung geschieht nach Maßgabe von Rückmeldungen über die Sinnesorgane (etwa nach dem Prinzip: „Wie kann ich wissen, was ich meine, bevor ich höre, was ich sage?"). Diese zweite Möglichkeit läßt sich durch ein einfaches Experiment ausschließen: Auch nach Ausschaltung der Stridulationsorgane (Beine, Flügel) zeigen die Singmuskeln das typische neuronale Stridulationsmuster. Das Verhalten ist also zentral gesteuert. Durch kombinierten Einsatz von Hirnreizungs-, Ableitungs- und Ausschaltungstechniken haben wir inzwischen weitreichende Kenntnisse über das zentrale Wirkungsgefüge gewonnen, das auf komplexen Interaktionen innerhalb und zwischen den Thorakalganglien beruht. Hier liegen die jeweiligen Gesänge offenbar als fertige Programme vor; ihr Abruf erfolgt vermutlich durch „Kommandofasern" aus dem Gehirn. Der Programmwahl entspricht möglicherweise eine intensitätsabgestufte Erregung in diesen Fasern.
Die Aufgabe des Gehirns für das akustische Verhalten besteht offensichtlich darin, entsprechende motorische Verhaltenssequenzen räumlich-zeitlich zu koordinieren und damit zu bestimmen, wann was gesungen werden soll. Wenn dies so ist, sollte man beim frei beweglichen

Tier auch durch punktförmige elektrische Hirnreizung solche Musikprogramme abrufen können. Die inzwischen klassischen Versuche von
Franz Huber (Seewiesen) liefern hierfür den Beweis. So scheinen
verschiedene Gesangstypen sogar bestimmten Hirnregionen zugeordnet zu sein; mehr noch, es gibt auch Regionen, deren Reizung einen
Gesang hemmen kann (Abb. 74). Dementsprechend läßt sich durch

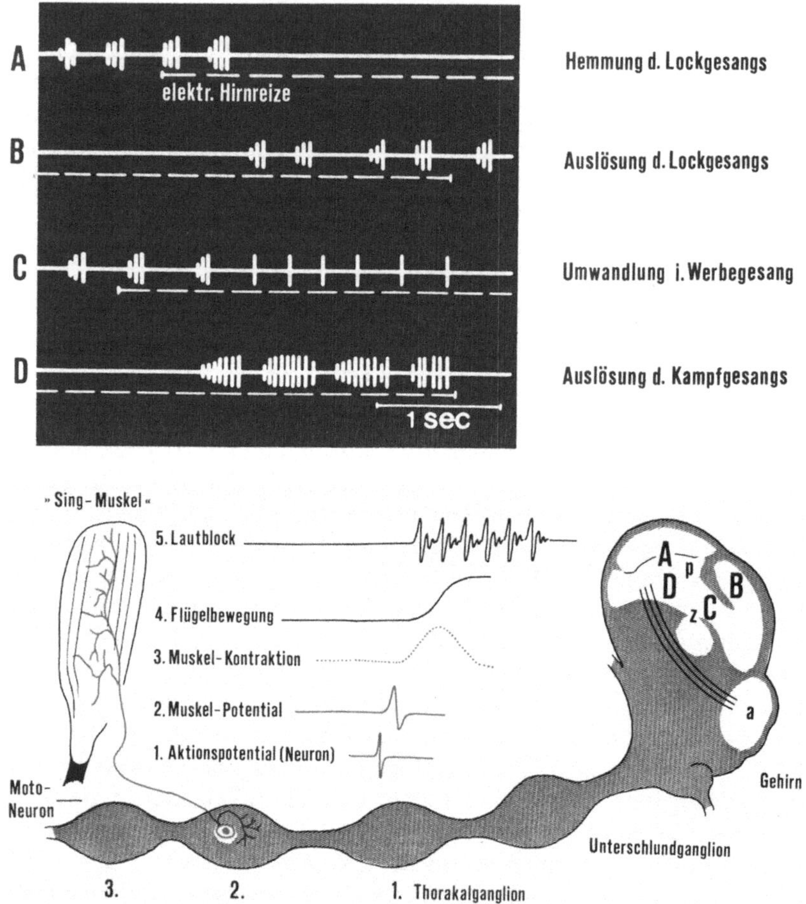

Abb. 74 A–D. Auslösung und Hemmung verschiedener Gesangstypen (A–D) bei der
Grille durch punktförmige elektrische Reizung bestimmter Hirnorte; a Antennenlobus, p
Pilzhutkörper, z Zentralkörper. (Modifiziert nach Huber). 1–5 Beziehung zwischen dem
Aktionspotential eines Motoneurons aus dem 2. Thorakalganglion und der Erzeugung
eines Lautblocks. (Prinzip nach Elsner, 1975)

gezielte Hirnausschaltung auch Gesang enthemmen, also Dauergesang erzeugen.

Die thorakalen Musikprogramme können aber auch noch durch andere Faktoren beeinflußt werden: Nach der Kopulation (Abstreifen der Spermatophore) erlischt beim Männchen der Lock- und Werbegesang. Solange keine neue Spermatophore gebildet ist, läßt sich dieser Gesang auch nicht durch Hirnreizung auslösen.

Wir wollen jetzt unser Augenmerk auf den sensorischen Bereich des Kommunikationssystems, also auf die Empfängerseite richten und zunächst fragen, an welchen akustischen Merkmalen sich die Artgenossen erkennen.

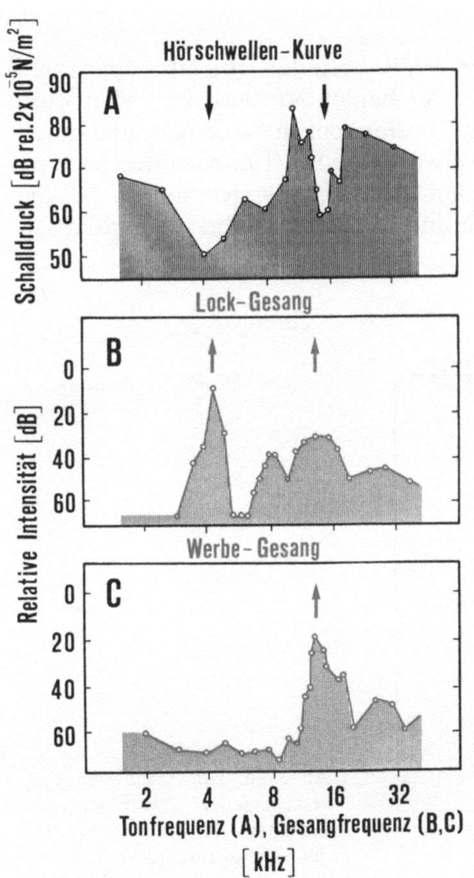

Abb. 75 A–C. Hörschwellenkurve des Tympanalorgans der Grille (A), Frequenzspektren des Lockgesangs (B) und des Werbegesangs (C). (Etwas modifiziert nach Nocke, 1972)

135

Verhaltenswirksame Reizparameter. Experimente mit synthetischen Lockgesängen — sogenannten Lautattrappen —, die man im Labor mit Hilfe von Tongeneratoren zusammenstellen kann, geben erste Einblicke in das Lautschema. Hierbei zeigt sich, daß das Grillenweibchen den spezifischen Gesang ihrer Männchen offenbar vorwiegend an der *Silbenfolge* erkennt. So bleibt die Wirksamkeit einer Werbegesangattrappe bei Grillen und Laubheuschrecken auch dann noch erhalten, wenn Grundfrequenz, Versintervalle und die Anzahl der Silben im Vers — in bestimmten Grenzen — verändert werden. Wichtig ist jedoch, daß das natürliche Silbenmuster erhalten bleibt; darin müssen kurze ebenso wie lange Silbenabstände enthalten sein. (Die genaue Zusammensetzung des Schlüsselreizes im Werbegesang der Grille ist noch nicht vollständig geklärt.)

Wir fragen jetzt nach möglichen neuronalen Filtern, die die akustischen Signale auswerten könnten.

Das Hörorgan. Die Ohren der Grille befinden sich als sogenannte Tympanalorgane an den Tibien der beiden Vorderbeine. Man kann dieses Organ mit verschiedenen Tonfrequenzen beschallen und durch gleichzeitige Ableitung der Antworten vom Tympanalnerven eine Hörkurve (Abb. 75 A) aufnehmen. Hierbei stellt sich heraus, daß die Grille in den Bereichen um 4 kHz und 14 kHz besonders empfindlich ist.

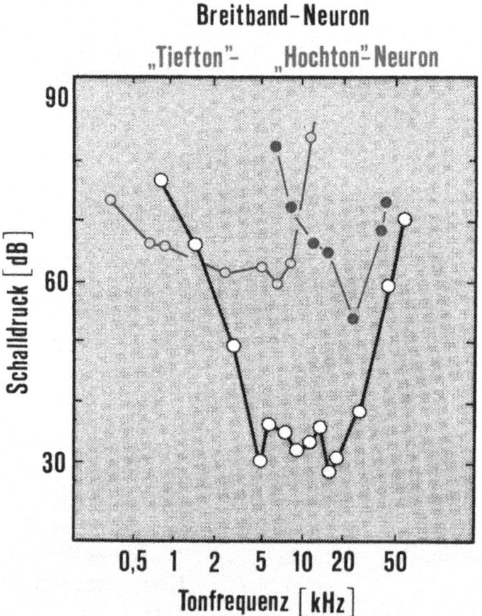

Abb. 76. Hörkurven von drei verschiedenen Neuronentypen aus dem Zentralnervensystem der Feldheuschrecke. (Nach Adam und Schwartzkopff, 1967)

Dies steht in guter Übereinstimmung mit den Frequenzspektren des Lock- und des Werbegesangs: Die Spektren dieser Gesänge (Sender) passen zum optimalen Arbeitsbereich des Hörorgans (Empfänger). Beide Gesänge können also schon durch unterschiedliche Tonbereiche der Rezeptoreinheiten gewissermaßen vorkodiert werden.

Zentrale Hörneuronen. Verfolgen wir nun den Weg des Tympanalnerven in das ZNS (Protocerebrum, Unterschlundganglion, Thorakalganglion). Ermittelt man die Hörkurven von einzelnen Neuronen aus solchen Gebieten, z. B. bei der Feldheuschrecke, so stellt man fest, daß hier die Frequenzunterscheidung nicht wesentlich verändert wird (Abb. 76): Es gibt Tiefton-, Hochton- und Breitbandneuronen. Darüber hinaus findet man zahlreiche andere Typen, die (a) das *Einsetzen*, (b) die *Dauer* eines Tones, (c) *Intensitätsänderungen*, (d) die Höhe der *Schallintensität* oder (e) *Frequenzanstiege* kodieren.

Besonderes Interesse verdient die Entdeckung von bestimmten Hörneuronen im Bauchmark der Grille (Abb. 77): Vertreter eines Typs kodieren vorwiegend den Vers im Lockgesang als ganzes (A), andere dagegen die einzelne Silbe (B). Hier dürfte man bereits wichtige Komponenten des Lockgesang-Erkennungssystems erfassen.

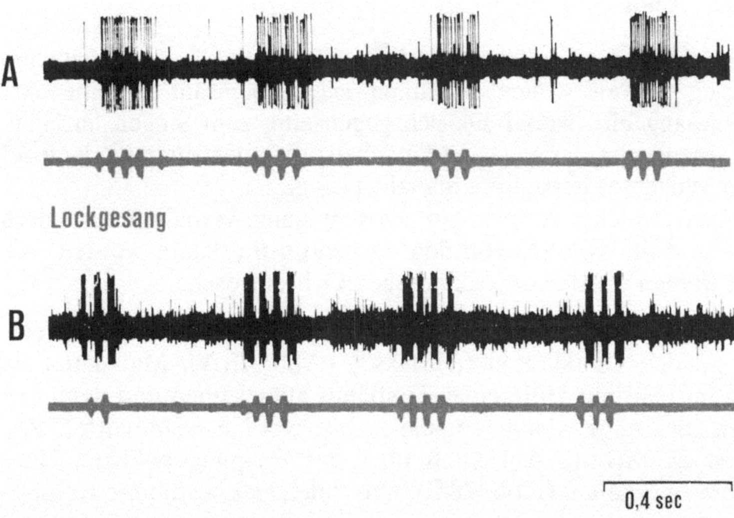

Abb. 77A und B. Zentrale Hörneuronen aus dem Bauchmark der Grille. *Rot*: Vom Tonband abgespielter Lockgesang. *Schwarz*: Neuron, das den ganzen Vers „kodiert" (A) und ein anderes, das die einzelnen Silben „kodiert" (B). (Etwas modifiziert nach Stout und Huber, 1972)

Wir resumieren kurz:

1. Das Beispiel des Grillengesangs zeigt uns anschaulich, daß Sende- und Empfangssysteme neurobiologisch sehr gut einander angepaßt sind.

2. Die Gesänge liegen bereits als fertige motorische Programme im ZNS vor. Sie können von bestimmten Hirnteilen aus abgerufen oder auch gehemmt werden. Durch lokalisierte Hirnausschaltungen läßt sich das Gesangsverhalten auch „enthemmen".

3. Es gibt im sensorischen akustischen System der Grille Neuronen, die für die Gesangserkennung wichtige Parameter, wie z.B. das Silbenmuster, kodieren.

4. Das akustische Kommunikationssystem der Grille gibt zunächst keine Hinweise für getrennte *Lokalisations-* und *Identifikations-* systeme. In zahlreichen Schaltstufen werden jene Neuronen, die die Frage nach dem „wo" beantworten sollen — ähnlich wie die „Beute"-Neuronen der Kröte —, auch erkennen müssen, „was" sie beantworten.

2. Frosch-„Chor"

Wenn erwachsene männliche Frösche zur Paarungszeit ihre Weibchen zum Teich locken wollen, stimmen sie gemeinsam in eine Art Wechselgesang ein, wobei sie sich gegenseitig zum Singen anregen. Dieser Gesang wird nur von den Männchen produziert; er hat jedoch auf beide Geschlechter bestimmte Signalwirkung.
Wir fragen, welche Anteile im Froschgesang verhaltensbiologisch relevant sind und wie sie von den Artgenossen erkannt werden. Als Beispiel wählen wir den amerikanischen Ochsenfrosch.

Gesangsanalyse. Der natürliche Paarungsruf besteht aus 4–15 aufeinanderfolgenden Quaklauten („croaks") (Abb. 78A). Man kann sie draußen im Feld mit Hilfe eines Tonbands aufzeichnen und dann den Fröschen im Labor wieder vorspielen; sie werden beantwortet. Zunächst ist es wichtig, Aufschluß über das Frequenzspektrum eines Quaklauts zu erhalten (Abb. 78C). Uns fallen hier bestimmte Komponenten auf:

1. Ein Maximum bei 200 Hz (40 dB).
2. Weiteres Intensitätsmaximum zwischen 1400 und 1500 Hz (30 dB).
3. Minimum zwischen 500 und 700 Hz (0–5 dB).

4. Eine allen Frequenzen „überlagerte" Periode von ca. 0,01 sec (Abb. 78 B, „x").

Schlüsselreize (Lautattrappen). Es wäre denkbar, daß diese vier Komponenten eine Signalwirkung haben. Das läßt sich im Labor überprüfen, indem man mit Hilfe von Tongeneratoren Komponenten aus (1)–(4) miteinander „mischt" und den Männchen als Attrappe vorspielt. Tatsächlich wird ein aus (1), (2) und (4) bestehender Quaklaut beantwortet. Er ist jedoch unwirksam, wenn man die Periode (4) senkt oder erhöht — desgleichen, wenn der niederfrequente (1) oder höherfrequente Anteil (2) ausgelassen wird.

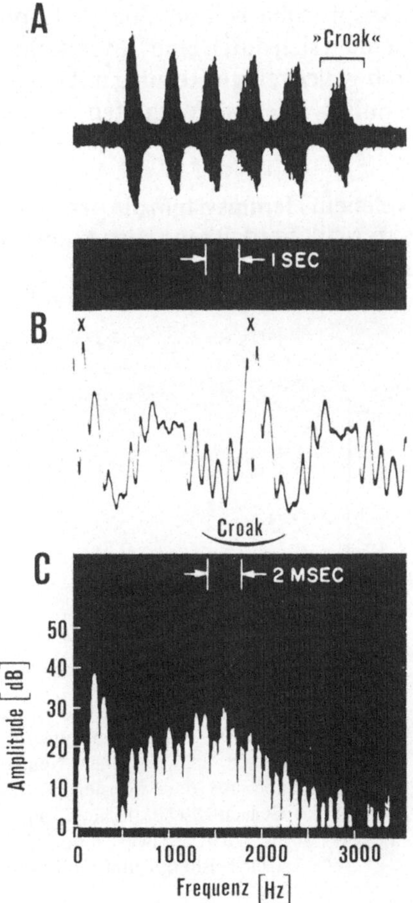

Abb. 78 A–C. Schallanalyse des Paarungsrufes vom amerikanischen Ochsenfroschmännchen. (A) Paarungsruf, aus 6 Quaklauten („croaks") bestehend. (B) Ein Croak zeitlich gedehnt; die 100-Hz-Periodizität ist durch x gekennzeichnet. (C) Frequenzanalyse eines Croaks. (Etwas modifiziert nach Capranica, 1968)

Was geschieht nun, wenn zu dem synthetischen Quaklaut noch ein 500-Hz-Anteil (3) hinzugefügt wird? Dann läßt die Reizwirksamkeit nach, und sie ist sogar aufgehoben, wenn dieser Anteil um 10 dB über dem 200-Hz-Anteil liegt. Die Tatsache, daß ein optimales akustisches Partnersignal durch Hinzufügen eines Tons von bestimmter Frequenz ausgelöscht werden kann, überrascht zunächst. Wir kommen auf die mögliche biologische Bedeutung später zurück.

Suche nach Signalfiltern. Zunächst wollen wir nach neurophysiologischen Korrelaten für die akustischen Schlüsselreize suchen. Wenn man mit Hilfe von Mikroelektroden die Antworten von einzelnen Akustikusfasern auf solche Lautattrappen untersucht, so stößt man auf zwei verschiedene Neuronenklassen: (1) *„Einfache Neuronen"* mit maximaler Ansprechbarkeit in einem Bereich oberhalb 1000 Hz (Abb. 79). (2) *„Komplexe Neuronen"* mit bester Ansprechbarkeit um 300 Hz (Abb. 79). Vertreter dieses letzten Typs zeichnen sich durch eine Besonderheit aus: ihre Antwort kann nämlich durch gleichzeitige Reizung mit einem 500-Hz-Ton gehemmt werden. Ähnlich wie im Verhalten ist die Antwort sogar unterdrückt, wenn der Hemmton 6–12 dB über dem Erregungston liegt.
Nun wäre es interessant zu wissen, welchem Hemmsystem die „komplexen Neuronen" ihre Antwortcharakteristik verdanken. Hier kommen verschiedene Möglichkeiten in Betracht: (1) Man könnte an ein System lateraler Inhibition denken, das im Nervenfaserplexus der Haarzellen

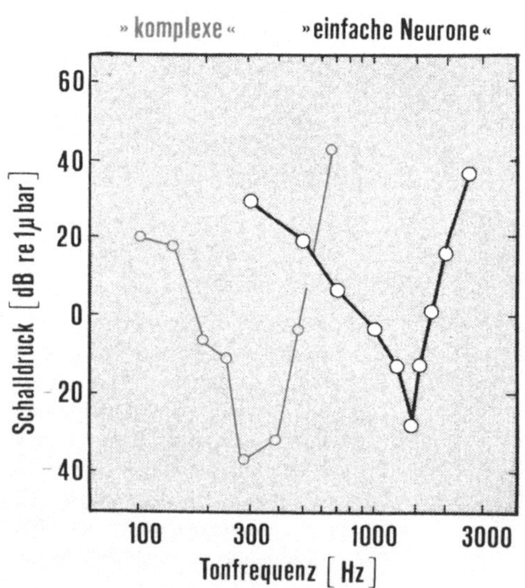

Abb. 79. Hörkurven von komplexen und einfachen Neuronen aus dem Hörnerven des Ochsenfrosches. Erläuterungen im Text. (Etwas modifiziert nach Frishkopf und Goldstein, 1963)

im Corti-Organ ausgebildet ist. (2) Es wäre aber auch möglich, daß es Neuronen gibt, die beste Ansprechbarkeit um 500 Hz haben und selber inhibitorisch auf solche mit maximaler Empfindlichkeit von 300 Hz wirken. (3) Die Hemmung könnte auch peripheren „mechanischen Ursprungs" sein. (4) Schließlich wäre eine efferente Kontrolle in Erwägung zu ziehen. Nach Durchtrennung des Hörnerven ändert sich jedoch die Antwortcharakteristik der komplexen Neuronen nicht. — Zur Lösung dieser Fragen sind weitere Untersuchungen erforderlich.

Verhaltensbiologische Korrelate für die „500-Hz-Hemmung". Es ist zunächst wichtig zu erfahren, in welchen Umweltbereichen des Frosches 500-Hz-Töne oder entsprechende Frequenzanteile überhaupt vorkommen. Da sie im Paarungsruf der erwachsenen Männchen nicht enthalten sind, ist es naheliegend, die Rufe der Jungfrösche daraufhin zu untersuchen. Obwohl sie noch nicht geschlechtsreif sind, beherrschen sie bereits die Paarungsrufe. Auch in dem Frequenzspektrum dieser Rufe findet man wieder ein Intensitätsmaximum bei 1400 Hz. Deutliche Abweichungen gegenüber den Alten treten jedoch im niederfrequenten Bereich auf: Hier liegt das Maximum nicht bei 200 Hz, sondern zwischen 600 und 700 Hz — also in jenem Frequenzbereich, der zusammen mit dem optimalen Signal auf die Alten hemmend wirkt.
„Sensorische" Trennung zwischen Jung und Alt? Auf natürliche Verhältnisse übertragen würde das schließlich bedeuten, daß die alten Männchen mit ihrem Gesang nicht beginnen, wenn die Jungen mit ihren hohen Stimmen (~ 600 Hz) zu laut singen. Auch die Weibchen würden dem Ruf der Jungmännchen nicht folgen. Man könnte sich vorstellen, daß dieses Filtersystem bezüglich der Geschlechtsreife eine sinnvolle Trennung zwischen „Jung" und „Alt" bewirkt.
Wie aber stellt sich die Stimme der männlichen Jungtiere im Alter um? Man könnte zunächst an eine komplizierte zentrale Steuerung denken. Die Antwort ist jedoch verblüffend einfach: Die hohen Stimmen im niederfrequenten Bereich sind offensichtlich auf die kleinen Schallblasen der Jungfrösche zurückzuführen. Beim Heranwachsen nehmen auch sie an Volumen zu, und damit sinkt der Wert des niederfrequenten Anteils im Frequenzspektrum des Paarungsrufs; zur Zeit der Geschlechtsreife beträgt er etwa 200 Hz. Beim „Stimmbruch" der Jungfrösche handelt es sich vermutlich allein um eine Charakteristik des peripheren lautgebenden akustischen Systems.

Unterscheidung von „Dialekten". Frösche scheinen — ebenso wie Kröten — während der längsten Zeit des Jahres typische Einzelgänger zu sein — die Paarungszeit jedoch ausgenommen. Für diese Periode sind im auditorischen System des Ochsenfrosches neuronale Filter ausgebildet, die es erlauben, mit dem Geschlechtspartner zu kommunizieren und die Jungtiere aus diesem Funktionskreis auszuschließen.

Der weibliche Grillen-Frosch geht hinsichtlich dieser Differenzierung offenbar noch einen Schritt weiter: Das Weibchen paart sich nur mit geschlechtsreifen Tieren der eigenen geographischen Rasse. So folgt ein Weibchen aus Georgia im Lautsprechertest nur den Rufen der Georgia-Männchen (Abb. 80). Potentielle Partner aus Alabama, Louisiana oder Texas bleiben von ihr „ungehört".

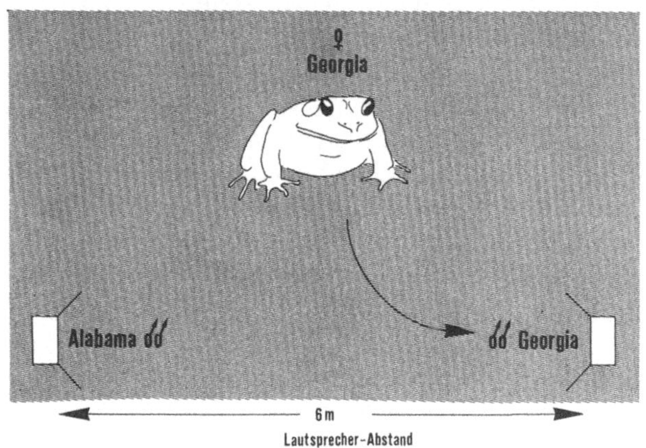

Abb. 80. Beispiel für die Spezifität des Paarungsrufes bei unterschiedlichen geographischen Rassen des Grillenfrosches. Im phonotaktischen Lautsprechertest wird ein Georgia-Weibchen nur von den rufenden Georgia-Männchen angelockt. Männchen aus Alabama werden von ihr überhört

Auch diese Art der Selektion ist offenbar auf bestimmte Filtereigenschaften des auditorischen Systems zurückzuführen. Das Frequenzspektrum der Paarungsrufe von Georgia-Männchen hat z. B. ein Maximum bei 4100 Hz, das von Texas-Männchen bei 3000 Hz. In neurophysiologischen Ableitversuchen von Hörnerven wurden stets Neuronen gefunden, deren maximale Ansprechbarkeit mit der besten Ruffrequenz der entsprechenden Rasse übereinstimmte.

Interessant ist nun, daß die Frequenzmaxima im Rufspektrum von Hybriden zwischen denen der Eltern liegen. Ob und inwieweit hierdurch Hybriden „ausselektiert" werden, sind jedoch vorerst noch unbeantwortete Fragen.

1. Ähnlich wie bei Grillen finden wir auch in der akustischen Kommunikation von Fröschen Sende- und Empfangssysteme eng aufeinander abgestimmt. Vielleicht wird hierdurch beim Frosch eine Trennung zwischen Jung und Alt sowie zwischen geschlechtsreifen Vertretern unterschiedlicher geographischer Rassen herbeigeführt.

2. Eine scharfe Abgrenzung von Schlüsselreizen kann durch „Hemmsysteme" erfolgen. Formal zeigt sich ein Vergleich mit der Beutefanghemmung der Kröte: Dort war die Antwort auf eine optimale Beuteattrappe gehemmt, wenn mit ihr zusammen ein kleiner visueller „Störreiz" mitbewegt wurde.

3. Der „Stimmbruch" männlicher Jungfrösche liefert einen schönen Beweis dafür, daß Änderungen von motorischen Verhaltensweisen keineswegs immer komplexe neurale Ursachen haben müssen. Sie können — wie dieses Beispiel zeigt — schon durch Änderungen in der Charakteristik des peripheren lautgebenden Systems (Volumen der Schallblase) Erklärung finden.

IV. Aktive Umwelterkundung: Echo- und Elektroortung

Das visuelle System zeichnet sich durch ein hohes räumliches Auflösevermögen aus. Es ist daher als wichtiges Orientierungssystem im Tierreich weit verbreitet. Welche Orientierungsmöglichkeiten haben nun Tiere, die ihr Leben in nahezu völliger Dunkelheit oder in optisch trüber Umgebung verbringen?
Es wäre z. B. denkbar, daß ihr Sehsystem durch neuronale Verschaltungen (laterale Inhibition) „verschärft" ist. Die Tiere könnten sich aber auch taktil orientieren. Ein Nachteil bestünde darin, daß aus der Umwelt dann nur Nah-Informationen, sozusagen in ständigem Körperkontakt gewonnen werden könnten. Auch das Geruchssystem scheint infolge seines geringen räumlichen und zeitlichen Auflösevermögens für allgemeine Orientierungsaufgaben wenig geeignet zu sein; abgesehen davon würde es sehr einseitige Informationen vermitteln.

1. Echo-Ortung

Wie steht es jedoch mit dem Hörsinn? Als passives Ortungssystem ist er für allgemeine Orientierungszwecke zunächst kaum geeignet, denn viele verhaltensbiologisch wichtige Gegenstände sind stumm. Sie lassen sich jedoch hörbar machen, wenn sie beschallt werden; dann könnte ihr Echo wahrgenommen werden — vorausgesetzt, daß das Tier fortwährend Ortungslaute abgibt. Auf solche Weise können z. B. manche blinde Menschen größere Hindernisse in ihrem Weg ausmachen. Sie hören auf die Echos jener Laute, die sie durch Fingerschnalzen oder Klicken mit dem Blindenstock erzeugen.

Nun ist das menschliche Ohr nicht dafür konstruiert, um auf diesem Gebiet besondere Leistungen zu vollbringen. Es gibt jedoch unter den Tieren bestimmte Gruppen, die sich dem Biotop und ihrer Lebensweise entsprechend auf Echo-Ortung spezialisiert haben und in der Leistungs-

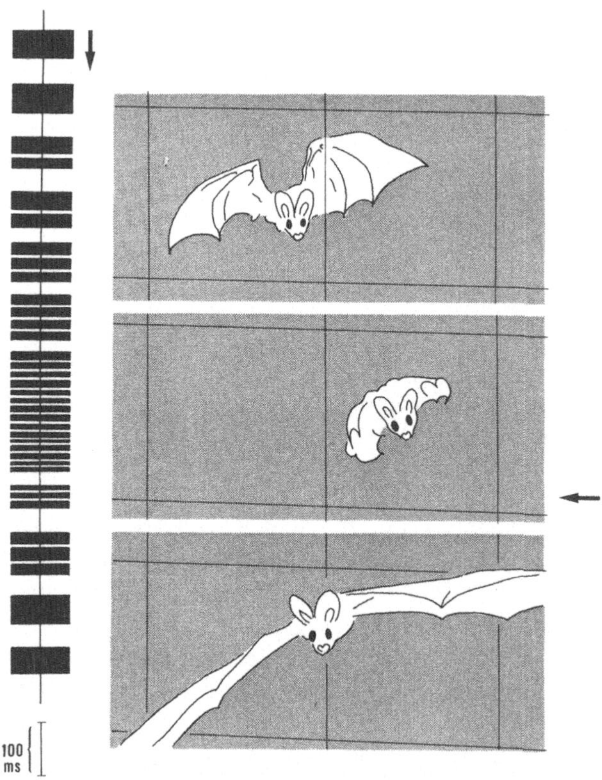

Abb. 81. Eine Fledermaus durchfliegt, von ihrem Echo-Ortungssystem gelenkt, ein aus 80 μm dünnen Perlonfäden bestehendes Gitterhindernis bei einer Maschenweite von 14 cm (nach Photos von Möhres und Neuweiler, 1966). *Links:* Dauer und Häufigkeit der bei einem Durchflug ausgesandten Orientierungslaute. (Nach Messungen an der Hufeisennase *Rhinolophus ferrumequinum* von Schnitzler, 1972)

144

fähigkeit sogar unsere bisherigen schalltechnischen Systeme z.T. übertreffen: Hierzu zählen die Zahnwale (z. B. Delphine), Fledermaus-Arten und bestimmte in Höhlen nistende Vogelarten (Ölvögel, Salangane).

Besonders gut untersucht ist die Echo-Ortung der Fledermaus. Sie kann mit diesem System (1) ihre eigene Fluggeschwindigkeit messen, (2) Entfernungen von Zielgegenständen bestimmen, (3) die Richtung, in der sich ein Objekt befindet, orten und (4) Muster nach Material,

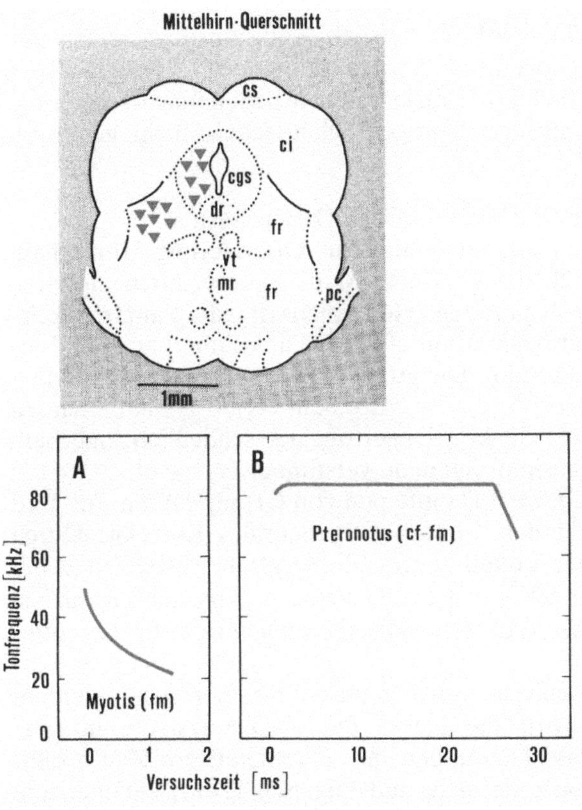

Abb. 82 A und B. Auslösung von artspezifischen Orientierungslauten während punktförmiger elektrischer Reizung bestimmter Orte (rote Symbole) des Colliculus inferior im Mittelhirn der Fledermaus *Myotis* (A) und *Pteronotus* (B). *Oben:* Querschnitt durch das Mittelhirn mit lautwirksamen Reizorten. *ci* Colliculus inferior, *cgs* zentrale graue Substanz, *cs* Colliculus superior, *dr* dorsale Raphe, *fr* Formatio reticularis, *mr* mediale Raphe, *pc* Pedunculus cerebellaris, *vt* ventrales Tegmentum. (Kombiniert nach Suga et al., 1973)

Gestalt und Oberflächenbeschaffenheit erkennen. Wir wollen einige neurobiologische Voraussetzungen für diese Fähigkeiten studieren.

Hindernisversuche. Man kann Fledermäuse darauf dressieren, ein aus dünnen Fäden bestehendes Gitterhindernis zu durchfliegen, um sich dahinter einen Mehlwurm als Belohnung abzuholen. Durch entsprechende Wahl der Fadenstärke und Maschenweite des Hindernisses läßt sich ihr Ortungsvermögen testen. Hierbei zeigt sich ein überraschender Befund (Abb. 81): Die mit einer Flügelspannweite von 40 cm startende Fledermaus durchfliegt mit angelegten Flügeln ein Gitterhindernis selbst dann noch, wenn die Maschenweite $14 \times 14\,\mathrm{cm}^2$ und die Dicke der unsichtbaren Perlonfäden 80 μm beträgt. Kollisionsflüge treten nur selten auf. Vermutlich hört die Fledermaus selbst noch Echos von 60 μm dicken Perlonfäden. Die hierbei abgestrahlte Schallenergie ist so gering, daß sie mit Geräten unserer heutigen Schalltechnik nicht gemessen werden könnte.

Wie funktioniert dieses hochempfindliche Ortungssystem?
Ortungslaute. Fledermäuse verwenden zur Orientierung Ultraschall, den einige Arten durch das geöffnete Maul, andere durch die Nase aussenden. Bei der kleinen braunen Fledermaus ist jeder Laut frequenzmoduliert (fm), d.h. er beginnt mit 100 kHz, sinkt innerhalb von 2 ms auf 40kHz ab und verstummt. Die große Hufeisennase erzeugt andere Ortungslaute: sie bestehen jeweils aus einem ca. 50 ms anhaltenden konstantfrequenten (cf) 83-kHz-Dauerton, der schließlich innerhalb von 5 ms um 20 kHz absinkt und dann verstummt.
Kurz gesagt, es gibt u.a. zwei Haupttypen von Ortungslauten: fm- und cf-fm-Laute. Hierzu finden wir auch ein neurales Korrelat: Durch elektrische Reizung der Vokalisations-„Zentren" im Mittelhirn (Abb. 82) kann man bei Angehörigen der Gattung *Myotis* nur die für sie typischen fm-Laute, bei *Pteronotus* dagegen nur ihre cf-fm-Orientierungslaute auslösen.
Wenn sich eine Hufeisennase — wie in unserem Experiment — einem Perlonfaden nähert, wird die Dauer der cf-Ortungslaute in ganz charakteristischer Weise kürzer und ihre Häufigkeit pro Zeit größer (Abb. 81). Dabei wird pro Atemzug und Flügelschlag ein Laut oder eine Lautgruppe erzeugt.

Wie funktioniert das Echo-Ortungssystem? Beobachten wir hierzu das Lautverhalten der großen Hufeisennase von ihrem Abflug bis zu einem Zielgegenstand — z.B. einem Landeplatz (Abb. 83). Vor dem Start sendet sie zunächst Ortungslaute aus mit einer Frequenz im cf-Anteil von 83,3 kHz. Das vom Ziel reflektierte Echo hat dieselbe Frequenz.

146

Was geschieht nun, wenn die Fledermaus in Zielrichtung losfliegt? Die Frequenz des sie erreichenden Echos wird infolge von Doppler-Effekten je nach ihrer Fluggeschwindigkeit stets höher sein als ihre Sendefrequenz.

Wir erläutern das Doppler-Prinzip an einem Beispiel: Wir stehen am Strand und werden in einer Zeitspanne von einer bestimmten Anzahl von Wellen getroffen. Schwimmen wir den Wellen entgegen, so wird die Anzahl der uns während der gleichen Zeit erreichenden Wellen größer sein, und zwar um so mehr, je schneller wir den Wellen entgegen schwimmen.

Die Kompensation der Doppler-Effekte. Bei der fliegenden Fledermaus entstehen zwei Doppler-Effekte, einer bei der Lautaussendung und einer beim Echoempfang. Sie „kennt" jedoch das Doppler-Phänomen und versucht es zu kompensieren: Während des Fluges senkt sie die Frequenz im cf-Anteil ihrer Ortungslaute derart, daß das reflektierte Echo in einem schmalen 200-Hz-Frequenzband zwischen 83,05 und 83,25 kHz als *Sollwert* konstant gehalten wird (Abb. 83). Innerhalb dieses Regelungssystems wird die vom Ohr aufgenommene akustische Information in den Hörzentren verarbeitet und über die Lauterzeugungszentren zu einem entsprechenden Vokalisationsbefehl umgewandelt. Die Systemeigenschaften der Regelung konnten in jüngster Zeit an sitzenden Tieren im schallisolierten Labor mit Hilfe von simulierten Echos analysiert werden.
Aus der Doppler-Effekt-Kompensation kann die Fledermaus z.B. wichtige Angaben über ihre eigene Fluggeschwindigkeit, die Relativgeschwindigkeit zwischen ihr und einem fliegenden Beute-Insekt sowie über dessen Richtungslokalisation machen.

Suche nach einem „83,3-kHz-Optimalfilter". Die Tatsache, daß die Fledermaus ihre cf-Sendefrequenz stets auf ein äußerst schmalbandiges

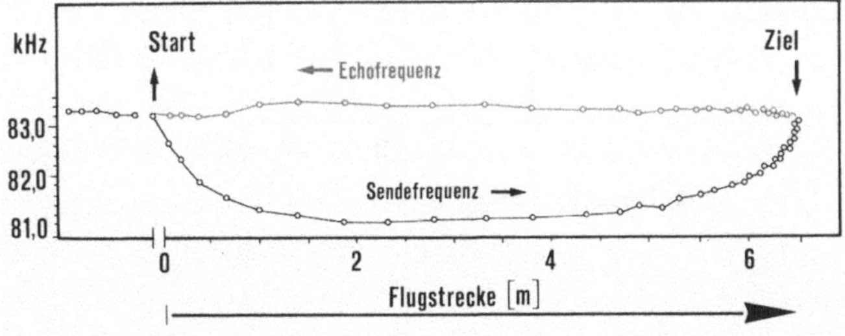

Abb. 83. Kompensation der Doppler-Effekte beim Flug einer Hufeisennase vom Start bis zum Landeplatz. Beziehung zwischen Sendefrequenz und der vom Ziel abgestrahlten Echofrequenz. Letztere wird in einem äußerst schmalen Frequenzband konstant gehalten. Erläuterungen im Text. (Modifiziert nach Schnitzler, 1968)

Echo abstimmt, läßt ein zugeordnetes Filter in ihrem Hörsystem
vermuten. Erste Hinweise ergeben Ausschaltungsversuche. So bleibt
die Ortungsfähigkeit durchaus erhalten, wenn man die akustische
Großhirnrinde zerstört; die Fähigkeit erlischt jedoch, wenn phylogenetisch ältere akustische Zentralstellen — wie der Colliculus inferior —
ausgeschaltet werden. Damit sind die fraglichen Bereiche zunächst
einmal eingekreist. Zur näheren Analyse beginnen wir mit Ableitungs-
experimenten am Colliculus inferior, der gegenüber den entsprechenden optischen Zentren (Colliculus superior) im Mittelhirn der Fledermaus sehr stark ausgebildet ist.

Erste Anhaltspunkte über neurale Eingangs-Ausgangs-Beziehungen
lassen sich gewinnen, wenn man das Ohr mit cf-Tönen verschiedener
Frequenzen beschallt, vom akustischen Colliculus die evozierten Potentiale (s. Anhang S. 209) ableitet und somit für dieses Hirngebiet eine
Hörkurve aufstellt (Abb. 84). Hier zeigt sich tatsächlich bei 83,3 kHz ein
äußerst schmalbandiges Filter, das genau auf die konstantzuhaltende
Echofrequenz abgestimmt zu sein scheint. Das Hörsystem für die

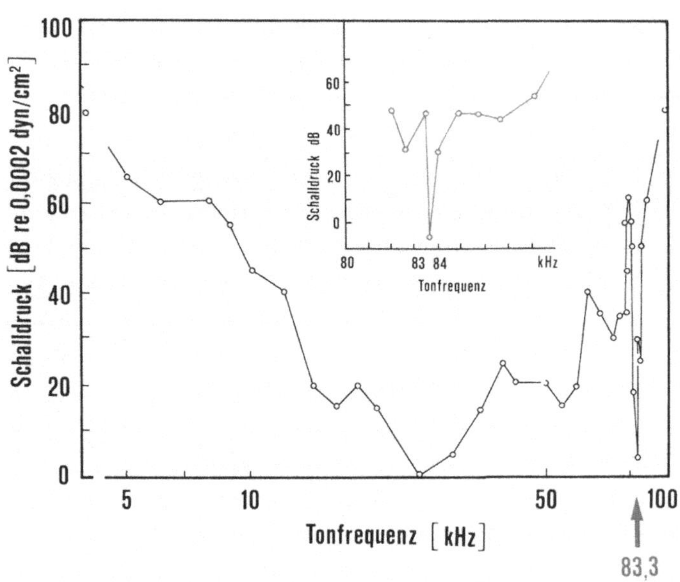

Abb. 84. Hörkurve aus dem Colliculus inferior der Hufeisennase. Auffallend ist das
äußerst schmalbandige Filter bei 83,3 kHz. Die schwarz gezeichnete Kurve wurde anhand
gemittelter, vom Colliculus inferior abgeleiteter „evoked potentials", die rote Kurve
durch Mikroelektrodenableitungen von einem einzelnen Neuron dieses Hirngebiets
gewonnen. (Kombiniert nach Neuweiler et al., 1971; Neuweiler 1972)

Echo-Ortung spricht dort bereits auf Frequenzverschiebungen von 82,80 nach 82,81 kHz an. Frequenzänderungen dieser Art (0,012 %) könnten im Ortungsecho z. B. durch den Flügelschlag eines Beute-Insekts entstehen.

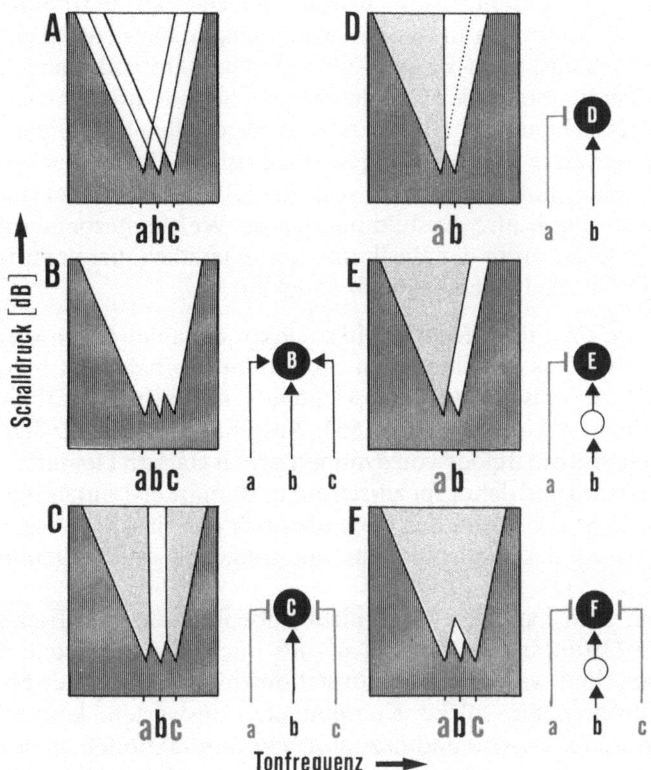

Abb. 85A–F. Deutung der Antwortcharakteristika von bestimmten Neuronentypen (B–F) aus dem zentralen akustischen System der Fledermaus. Die Neuronen (schwarz) können erregende (Pfeile) bzw. hemmende Eingänge (rote Linien mit Querstrich) von drei Neuronen a, b und c erhalten, deren Hörkurven („tuning curves") in (A) dargestellt sind. (B) Neuronen mit relativ breitem Erregungsband (weiß). (C) cf-Neuron mit einem schmalen Erregungsband (weiß), das beiderseitig von Hemmbereichen (rotes Raster) flankiert wird. Dieses Neuron ist nur für einen konstanten Ton von bestimmter Frequenz aktiviert. (D, E) fm-Neuron mit einem schmalen Erregungsband, das einseitig von einem Hemmbereich flankiert wird. Diese Neuronen sind durch fm-Töne aktiviert, im vorliegenden Beispiel durch solche, deren Frequenzen nach unten moduliert sind. fm-Töne mit nach oben modulierten Frequenzen bleiben infolge des Hemmbereichs unbeantwortet. (F) cf-Neuron mit einer unteren *und* einer oberen Schwelle. (Etwas modifiziert nach Suga, 1973)

Nimmt man jetzt durch Ableitungen mit Mikroelektroden Hörkurven von *einzelnen* Colliculus-Neuronen auf, so findet man neben vielen anderen Typen auch Vertreter mit extrem schmalbandiger Empfindlichkeit bei 83,8 kHz (Abb. 84 oben).

Damit ist jedoch noch nicht die Frage beantwortet, wie diese Filtercharakteristik zustande kommt. Man würde zunächst an bestimmte neuronale Hemmschaltungen in der Hörbahn denken. Diese Möglichkeit scheidet jedoch aus, denn die spezielle Filtercharakteristik spiegelt sich bereits im Audiogramm der Cochlea-Mikrophonpotentiale wider. Alle Befunde deuten heute darauf hin, daß diese speziellen Filtereigenschaften durch periphere Frequenzanalyse auf Cochlea-Ebene bewirkt werden. Schon morphologisch hebt sich die Basilarmembram im 83,3-kHz-Bereich durch ihre Ausbildung hervor. Welche besonderen mechanischen Eigenschaften der Basilarmembran letztlich diese extreme Filterfunktion herbeiführen, ist noch ungeklärt.

Neuronale cf- und fm-Filter. Mittels Mikroelektrodenableitungen von einzelnen Neuronen aus verschiedenen Stufen der Hörbahn hat man inzwischen auch Anhaltspunkte über wichtige sensorische Verarbeitungsschritte erhalten können (Abb. 85). So gibt es schmalbandige Neuronen, deren Antwortfelder von symmetrischen starken Hemmbereichen umgeben sind und daher spezifisch auf bestimmte cf-Lautanteile ansprechen (Abb. 85 C). Wenn der Hemmbereich nur einseitig ausgebildet ist, antwortet das Neuron mehr auf steigende oder fallende fm-Anteile (Abb. 85 D).

Bei diesen Neuronen handelt es sich nicht unbedingt um spezifische Detektoren für Ortungslaute: Sowohl cf- als auch fm-Laute stellen neben dem Rauschen wesentliche Informationsträger akustischer Signale dar. Neuronen, die solche Komponenten auswerten, können ihrerseits durch inhibitorische und exzitatorische Interaktionen an der selektiven Analyse bestimmter akustischer Merkmale teilnehmen. Ebenso wie im visuellen System gibt es auch im akustischen Bereich noch viele ungelöste Probleme.

Wir fassen ein paar wesentliche Punkte zusammen:

1. Das Echo-Ortungssystem der Fledermaus stellt hinsichtlich seiner Leistung eine extreme Optimierung an spezielle Umweltsituationen dar. In einer Reihe von Funktionen übertrifft es unsere heutige Schalltechnik.

2. Die Ausbildung des Echo-Ortungssystems der Wirbeltiere war stammesgeschichtlich nicht an die Entwicklung der Großhirnrinde gebunden. Das Prinzip der Echo-Ortung finden wir auch bei Wirbeltieren (Fische, Vögel), die keinen Neokortex besitzen. Die Funktion bleibt bei der Fledermaus somit auch nach Kortexausschaltungen erhalten. In ihrem akustischen Kortex werden vermutlich spezielle Identifikationsprobleme gelöst.

3. Der „83,3-kHz-Optimalfilter" des Echo-Ortungssystems der großen Hufeisennase für cf-Reintöne kann als ein Musterbeispiel dafür angesehen werden, daß es auch im sensorischen Bereich spezifische Funktionen gibt, die nicht auf komplexer *neuronaler* Informationsverarbeitung beruhen müssen, sondern bereits durch periphere — keineswegs jedoch einfache — Charakteristika ihre Erklärung finden.

4. Hinsichtlich der ersten Stufen in der Merkmalsextraktion bieten sich zwischen akustischem und visuellem System Vergleiche an:
Dem rezeptiven Feld eines akustischen Neurons ist ein bestimmter Abschnitt auf der Basilarmembran des Innenohrs zugeordnet; beim visuellen Neuron entspricht ihm ein bestimmtes zweidimensionales Areal auf der Netzhaut des Auges.
Wenn das rezeptive Feld groß ist, spricht man im akustischen System von einem Breitband- (Abb. 85 B), im optischen System von einem Großfeldneuron (Abb. 10 B, *E*).
Ist das rezeptive Feld von symmetrischen Hemmfeldern umgeben (Abb. 85 C), so kann es sich im akustischen System um ein cf-Neuron, im optischen um ein on- bzw. off-Zentrum-Neuron handeln.
Bei asymmetrischer Hemmung (Abb. 85 D und E) kann im akustischen System ein fm-Neuron, im optischen dagegen ein richtungsempfindliches Neuron vorliegen.

2. Elektro-Ortung

Es gibt Fische, die um sich herum ein elektrisches Feld erzeugen (Abb. 86) und aus den wahrgenommenen Feldlinienänderungen (Abb. 87) Objekte ihrer Umgebung erkennen. Ebenso wie bei der Echopeilung stellt auch diese Elektro-Ortung eine Anpassung an den Biotop (trübes Schlammwasser) dar. Es handelt sich auch hier um ein aktives Ortungssystem, bei dem die zur Informationsgewinnung erforderliche Trägerenergie vom Tier selbst stammt: Mit Hilfe von modifizierten Muskeln — „elektrische Organe" — baut der Fisch in kurzen Zeitabständen ein schwaches elektrisches Feld um sich herum auf (Abb. 88). Es ist eine Verhaltensweise, bei der die Membranerregung letztlich nicht Muskelkontraktion, sondern elektrische Entladungen bewirkt. Längs des Körpers besitzt der Fisch Elektrorezeptoren, die das Feld perzipieren. Im Gegensatz zur Echo-Ortung findet hier also eine direkte Selbstreizung statt, und zwar mit Lichtgeschwindigkeit. Objekte, die sich in der näheren Umgebung befinden, werden auf Grund der veränderten Feldlinien wahrgenommen. Mit Hilfe ihrer „Elektrosysteme" können Fische untereinander kommunizieren, sie können sich aber auch durch Überlagerung ihrer elektrischen Felder beim Objekte-Orten stören.

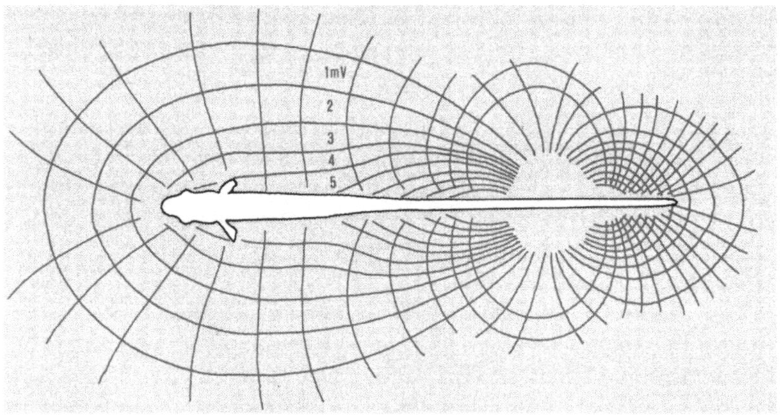

Abb. 86. Verlauf der elektrischen Feldlinien und der Isopotentiallinien bei dem schwach elektrischen Fisch *Eigenmannia*. (Nach Scheich und Bullock, 1974)

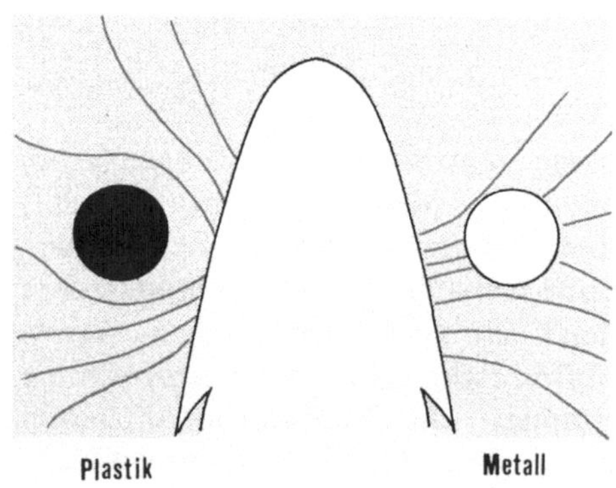

Abb. 87. Typische Änderungen der elektrischen Feldlinien eines schwach elektrischen Fisches in Nachbarschaft eines leitenden (Metall) und eines nichtleitenden (Plastik) Gegenstandes

152

Wir wollen aus diesem Gesamtkomplex drei Fragen herausgreifen: (1) Welches sind die neurophysiologischen Grundlagen für das „elektrische Verhalten"? (2) Wie kann der Fisch mit seinem Elektrosystem Objekte der Umwelt lokalisieren und identifizieren? (3) Welches sind die neuronalen Prozesse, die es dem Fisch ermöglichen, Störfeldern benachbarter Artgenossen auszuweichen?

Das elektrische Verhalten. Betrachten wir zunächst das elektrische Organ (Abb. 88). Es besteht aus „umkonstruierten" quergestreiften Muskeln. Die Elementareinheit ist, ebenso wie die Muskelfaser, vielkernig und heißt „elektrische Platte". Die Membran jeder Platte wird einseitig von einer motorischen Faser versorgt, deren Zellkörper im Vorderhorn des Rückenmarks lokalisiert ist. Im Ruhezustand ist die gesamte Membranoberfläche polarisiert. Bei Erregung der motorischen Faser wird sie *einseitig* depolarisiert: Dann haben für kurze Zeit alle seitlichen Membranen gleichgerichtete Potentialdifferenzen: die Platten werden zur Batterie. Dadurch, daß mehrere in Reihe geschaltet sind,

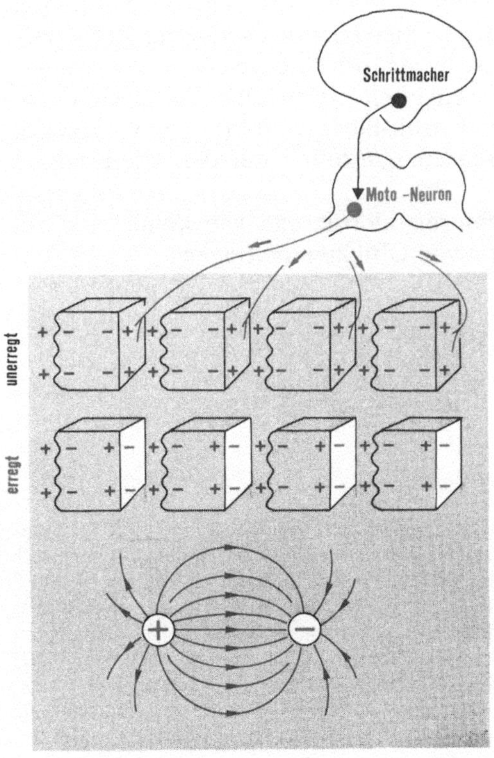

Abb. 88. Funktionsprinzip des elektrischen Organs eines elektrischen Fisches. Die elektrischen Platten sind in Reihe als würfelähnliche Gebilde dargestellt. *Oben rechts:* Querschnitt durch die Medulla mit dem Schrittmacherzentrum und Querschnitt durch das Rückenmark mit einem Motoneuron, von dem aus die elektrische Platte einseitig innerviert wird. Die Potentiale der Plattenmembranen sind für den unerregten und erregten Zustand dargestellt. *Unten:* Verlauf der elektrischen Feldlinien für einen einfachen physikalischen Dipol. Erläuterungen im Text

erhöht sich die Gesamtspannung. Während der Dauer der Erregung baut sich um den Fisch ein — seinem Dipolcharakter entsprechendes — elektrisches Feld auf (Abb. 88). Jeweils für diese kurze Zeit kann er mit Hilfe des elektrosensorischen Systems seine Umwelt „abtasten".
Die motorischen Vorderhornzellen erhalten ihre Impulse von einem in der Medulla gelegenen automatischen Schrittmacherzentrum (Abb. 88). Es steuert die Entladungen des elektrischen Organs. Sie können bei einigen Arten (Typ I) 100–2000 Hz, bei anderen (Typ II) zwischen 1 und 40 Hz betragen. Während die Entladungsrate bei den „hochfrequenten" Fischen sehr stabil ist, kann sie bei „niederfrequenten" — in Abhängigkeit von neuen Reizsituationen — erheblichen Schwankungen unterworfen sein: Schall, Futter, leitende Gegenstände erhöhen die Schrittmacherfrequenz. Worin mag der biologische Sinn bestehen? Schnelles wiederholtes „Abtasten der Umwelt" erhöht den Informationsfluß.
Was kann das Elektrosystem leisten? Wir wissen aus zahlreichen Dressurexperimenten, daß elektrische Fische gleich aussehende Futterschalen auf Grund der verschiedenen Leiteigenschaften unterscheiden können. Sie vermögen Hindernissen auszuweichen und der Form ihres elektrischen Feldes entsprechend zu navigieren. In jüngster Zeit wurde auch ein als „elektromotorische Antwort" bezeichnetes Verhalten näher untersucht: Befindet sich ein Fisch z. B. zwischen zwei nichtleitenden hin und her schwingenden Plastikstäben, so führt er entsprechende Korrekturbewegungen aus, die ein Anstoßen mit den Hindernissen vermeiden.
Welches sind nun die Rezeptoren hierfür und wie können sie zur Lokalisation und Identifikation von Objekten beitragen?

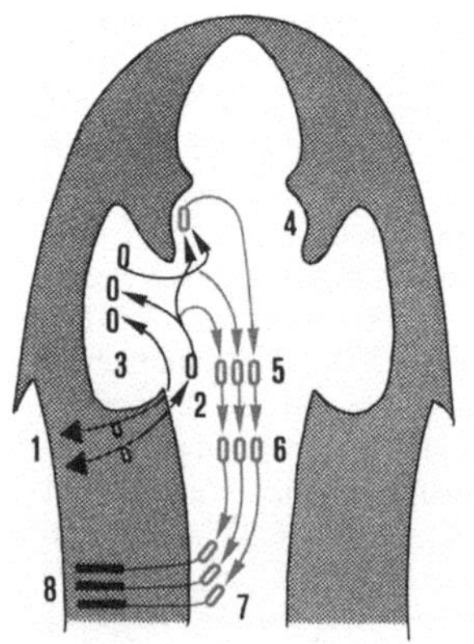

Abb. 89. Wichtige afferente und efferente Leitungsbahnen im elektrosensorischen System eines schwach elektrischen Fisches. *1* Elektrorezeptoren, *2* und *3* Lobus lateralis der Medulla, *4* Torus semicircularis des Mittelhirns, *5* hypothetische Relais-Neuronen in der Formatio reticularis, *6* Schrittmacherneuronen in der Medulla, *7* Motoneuronen des Rückenmarks, *8* elektrisches Organ. (Etwas modifiziert nach Bullock et al., 1972)

Elektrorezeptoren. Das um den Fisch sich räumlich ausbreitende elektrische Feld bildet die Grundlage für lokalisatorische Aufgaben. Hierbei projizieren sich gewissermaßen die Raumparameter der Umwelt auf die Körperoberfläche. Sie können durch die Elektrorezeptoren des Seitenliniensystems perzipiert werden. Jeder Rezeptor bzw. jede Rezeptorgruppe hat ein bestimmtes elektrorezeptives Feld, wobei der Winkel des Feldgradienten bestimmt, was die Rezeptoreinheit „sieht". Bei den Rezeptoren handelt es sich um sekundäre Sinneszellen. Ihre Erregungen werden im Seitenliniennerven zum Lobus lateralis und von dort aus zu den Tori semicirculari (Homologon der Colliculi inferiores der Säugetiere) geleitet und dort weiter verarbeitet (Abb. 89).

Es gibt verschiedene Rezeptortypen. Wir wollen uns bei den hochfrequenten Fischen auf zwei konzentrieren. Vertreter des einen Typs beantworten jede Entladung des elektrischen Organs mit einem Impuls (1:1-Beziehung). Je stärker der Feldreiz (μV/cm) ist, mit desto kürzerer Latenz folgt die Rezeptorentladung (Abb. 90a). Bei diesen Rezeptoren ist also die Information über die Reizintensität in der Latenz verschlüsselt; sie heißen „*Phasen-Koder*" (T-Neuronen). Daneben gibt es einen weiteren Typ, der bei hoher Reizintensität (Feldamplitude) jede Entladung, bei geringer Reizintensität jedoch zunehmend weniger Entladungen des elektrischen Organs beantwortet und damit seine Frequenz im ganzen senkt (Abb. 90b). Bei diesem Rezeptortyp ist die Information über die Reizintensität in der Wahrscheinlichkeit enthal-

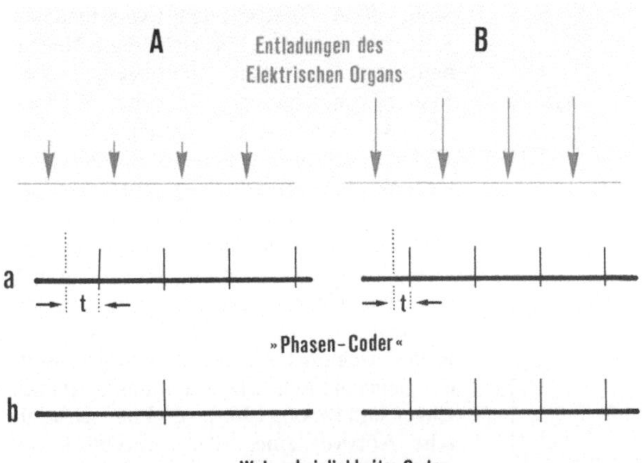

Abb. 90A und B. Charakteristisches Antwortverhalten von zwei Elektrorezeptortypen *a* und *b* in Abhängigkeit von der Stärke des elektrischen Feldes, *links:* schwach, *rechts:* stark. Entladungen und Impulse grob schematisiert. Erläuterungen im Text

ten, mit der geantwortet wird; man nennt ihn „*Wahrscheinlichkeits-Koder*" (P-Neuronen).

Solche Rezeptoren können — im Zusammenwirken mit benachbarten — dem Zentralnervensystem Informationen über die Art von elektrisch *leitenden* oder *nichtleitenden* Gegenständen (Abb. 91 A) oder auch über die *Position* eines benachbarten Objekts übermitteln. In höheren Stufen des ZNS findet man dann zusätzlich verschiedene Neuronentypen, die Aussagen darüber treffen, (1) ob ein benachbartes Objekt *steht* oder sich *bewegt* (Abb. 91 C), (2) in welche *Richtung* es sich bewegt (Abb. 91 B) und (3) wo (unabhängig vom Leitvermögen) eine Objekt-*kante* lokalisiert ist.

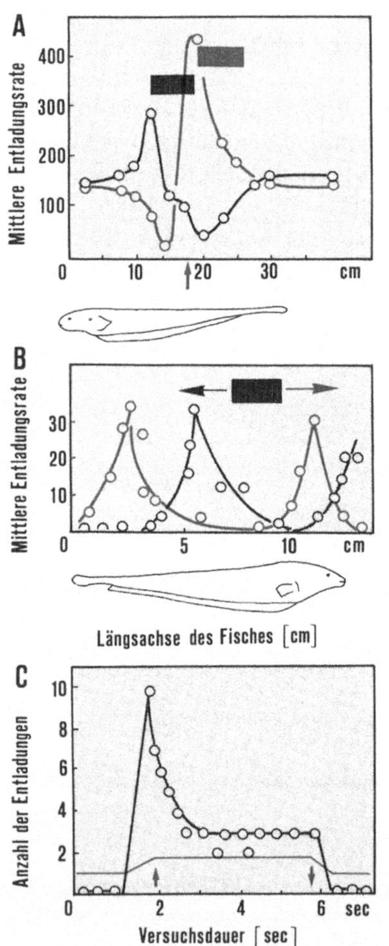

Abb. 91 A–C. Kodierung verschiedener Reizparameter durch verschiedene Neuronentypen aus dem elektrosensorischen System von schwach elektrischen Fischen. (A) Änderung der Entladungsrate eines Elektrorezeptors (Ableitort s. Pfeil) bei Bewegung einer Metall- (rot) oder einer Plastikplatte (schwarz) längs des Fisches *Sternarchus*. (Etwas modifiziert nach Hagiwara et al., 1965). (B) Änderung der Entladungsrate eines Neurons aus dem Lobus lateralis (s. auch Abb. 89) während der Hin- und Rückbewegung einer Metallplatte längsseits des gleichen Fisches. (Etwas modifiziert nach Enger und Szabo, 1965). (C) Phasisch-tonische Antwort eines Elektrorezeptors von *Steatogenys elegans*, wenn sich ein Gegenstand der Rezeptorstelle nähert (Pfeil links), seine Position beibehält und sich schließlich wieder entfernt (Pfeil rechts). (Etwas modifiziert nach Szabo, 1973)

Was geschieht, wenn sich zwei elektrische Fische begegnen, deren
Feldfrequenzen geringfügig voneinander abweichen? Dann zeigen die
oben beschriebenen Detektionsneuronen in ihrer Reaktionscharakteristik Abnormitäten, und das Objekterkennen ist gestört. Die Antworten
werden jedoch wieder annähernd normal, wenn die Fische mit ihren
Frequenzen in einen „privaten" Sendebereich ausweichen, der um
15–20 Hz differiert. Wir nennen diese Verhaltensweise „Stör-Ausweich-Verhalten" oder „jamming avoidance response". Es handelt sich
hierbei um eine simple Form von Sozialverhalten (Abb. 92).
Im folgenden wollen wir einige neurophysiologische Grundlagen dieses
Ausweichverhaltens an dem „hochfrequenten" elektrischen Fisch
Eigenmannia näher studieren.

Schlüsselreiz für das Stör-Ausweich-Verhalten. Das „elektrische Verhalten" bietet neuroethologisch mehrere Vorteile: Es läßt sich einerseits
exakt messen, andererseits aber auch leicht simulieren. So kann man den
Schlüsselreiz für das Stör-Ausweich-Verhalten untersuchen, indem man
das Störfeld des Artgenossen durch einen künstlichen Dipol ersetzt.
Hierzu dienen zwei ins Wasser ragende Elektroden und ein Sinusgene-
rator. Wenn nun die Frequenz des simulierten Artgenossen (F_s) genauso
hoch ist wie die Sendefrequenz von unserem Fisch (F_f), so hält er seine
Frequenz konstant. Liegt F_s jedoch um einen Wert $(-)\,\Delta F$ geringfügig
unter F_f, dann steigt seine Sendefrequenz, und wir können sie mit dem
Simulator um ΔF weiter nach oben treiben (Abb. 93 B, links). Wenn
umgekehrt F_s um $(+)\,\Delta F$ über der Fischsendefrequenz F_f liegt, dann
weicht der Fisch in ganz entsprechender Weise mit seiner Frequenz nach
unten aus (Abb. 93 B, rechts).
Experimentell wendet man hierbei einen technischen Kniff an (Abb.
93 A): Ein Impulsformer wandelt die Entladungen des elektrischen
Organs in Sinuswellen um. Ein „Operator" folgt dieser Frequenz F_f
jeweils um einen konstanten Wert ΔF. Dann ergibt sich für die

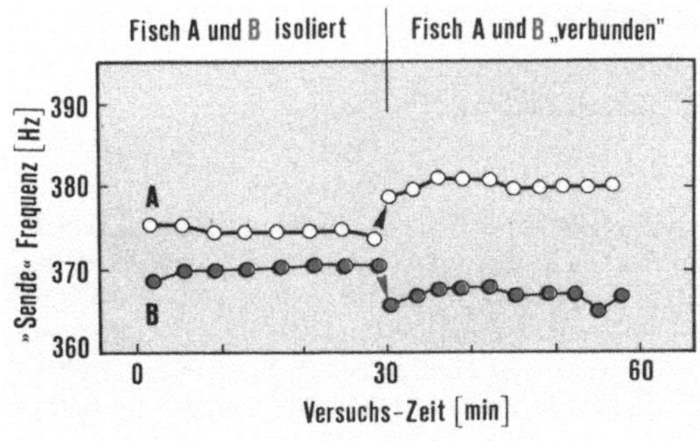

Abb. 92. Stör-Ausweich-Verhalten (rechts) von zwei schwach elektrischen Fischen *Eigenmannia*, nachdem zuvor die Entladungen ihrer elektrischen Organe ähnliche Frequenzen hatten (links). (Etwas modifiziert nach Bullock et al., 1972)

simulierte Reizfrequenz immer der gleiche Abstand von der Fischfrequenz $F_s = F_f \pm \Delta F$.

Wir halten einen wichtigen Punkt zunächst fest: Die Richtung, in die der Fisch mit seiner Sendefrequenz ausweicht, hängt vom Vorzeichen von ΔF ab.

Wenn man in sukzessiven Versuchen den Betrag von ΔF verändert, so zeigt sich, daß Werte zwischen 3 und 4 Hz die deutlichsten Verhaltensantworten ergeben (Abb. 93 C). Damit kennen wir die Zusammensetzung des Schlüsselreizes für das Stör-Ausweich-Verhalten.

Woher weiß der Fisch jedoch, ob er mit seiner Frequenz nach oben oder nach unten ausweichen muß? Wie ermittelt er die Größe des Frequenzunterschiedes $F_s - F_f$ und woran erkennt er das Vorzeichen von ΔF?

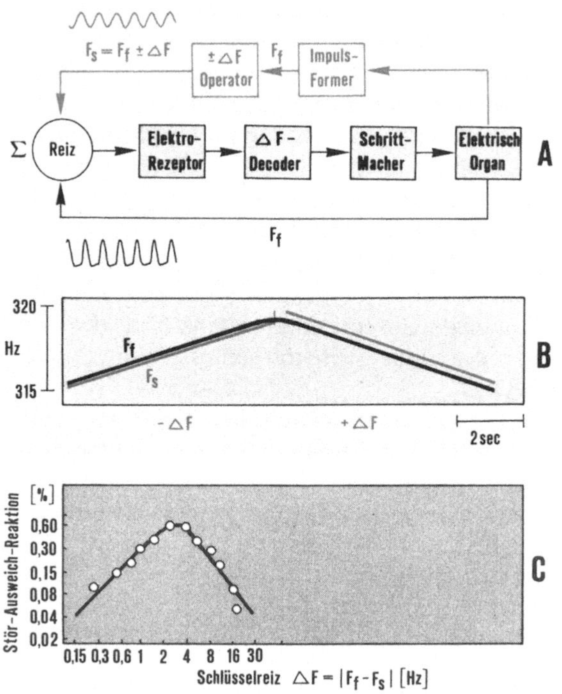

Abb. 93 A–C. Quantitative Analyse des Schlüsselreizes ($\pm \Delta F$) für das Stör-Ausweich-Verhalten des schwach elektrischen Fisches *Eigenmannia*. (A) Versuchsanordnung zur Erzeugung eines elektrischen Störfeldes mit der Störfrequenz $F_s = F_f \pm \Delta F$. *Rot*: Störfeld mit der Frequenz F_s; *schwarz*: Entladungen des elektrischen Organs mit der Fischfrequenz F_f. Erläuterungen im Text. (B) Für $-\Delta F$ weicht der Fisch mit seiner Frequenz nach oben, für $+\Delta F$ nach unten aus. (C) Abhängigkeit des Stör-Ausweich-Verhaltens vom Betrag $|\Delta F|$. (Kombiniert und etwas modifiziert nach Bullock et al., 1972)

Der Eingangsreiz. Bevor wir nach möglichen ΔF-Detektoren suchen, wollen wir zunächst klären, wie das Signal, das die Rezeptoren erreicht, eigentlich „aussieht". Hierzu ein Exkurs in die Physik. Wenn zwei Sinusschwingungen F_1 und F_2 — die sich in der Wellenlänge geringfügig unterscheiden — überlagern, so entstehen „Schwebungen" mit zeitlich periodischen Amplitudenschwankungen (Abb. 94). Dabei ergibt sich für die Schwebungsfrequenz $F = F_1 - F_2$; sie ist also um so niedriger, je geringer der Frequenzunterschied zwischen F_1 und F_2 ist. Die positiven und negativen Schwebungsbäuche sind symmetrisch.

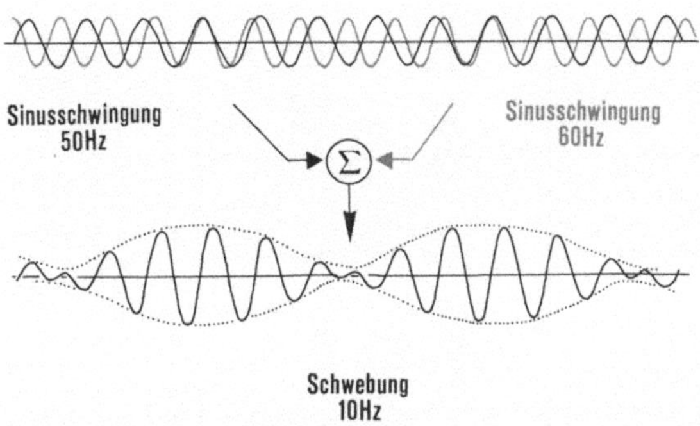

Abb. 94. Überlagerung von zwei Sinuswellen mit den Frequenzen $F_1 = 60$ Hz und $F_2 = 50$ Hz zu einer Schwebung mit der Schwebungsfrequenz $F_1 - F_2 = 10$ Hz. Erläuterungen im Text

Auf unsere Fragestellung übertragen würde das bedeuten, daß die Sendefrequenz des Fisches F_f und die Störfrequenz F_s sich zu einer Schwebung überlagern, wobei $\Delta F = F_s - F_f$ ist. Der Verlauf dieser Schwebung (Abb. 95 B) zeigt jedoch gegenüber dem zuvor beschriebenen (Abb. 94) deutliche Abweichungen. Zwar sind auch hier wieder die positiven Schwebungsbäuche symmetrisch, die negativen sind jedoch gegenüber der Mitte eines Zyklus verschoben: für $(+) \Delta F$ erscheinen sie später, für $(-) \Delta F$ dagegen früher (s. Pfeile in Abb. 95 B). Diese Asymmetrie beruht darauf, daß die elektrische Organentladung einer verzerrten Sinuswelle entspricht (Abb. 95 A, a).
In welcher Komponente des Eingangsreizes (Schwebung) ist nun die Information für das Vorzeichen von ΔF enthalten? Es liegt nahe, die Asymmetrie der Schwebungsbäuche hierfür verantwortlich zu machen. Das läßt sich experimentell in einem „open-loop"-Experiment überprüfen:
Hierzu wird das elektrische Organ durch Injektion von Curare außer Funktion gesetzt. Die Impulse des Schrittmacherzentrums steuern jetzt

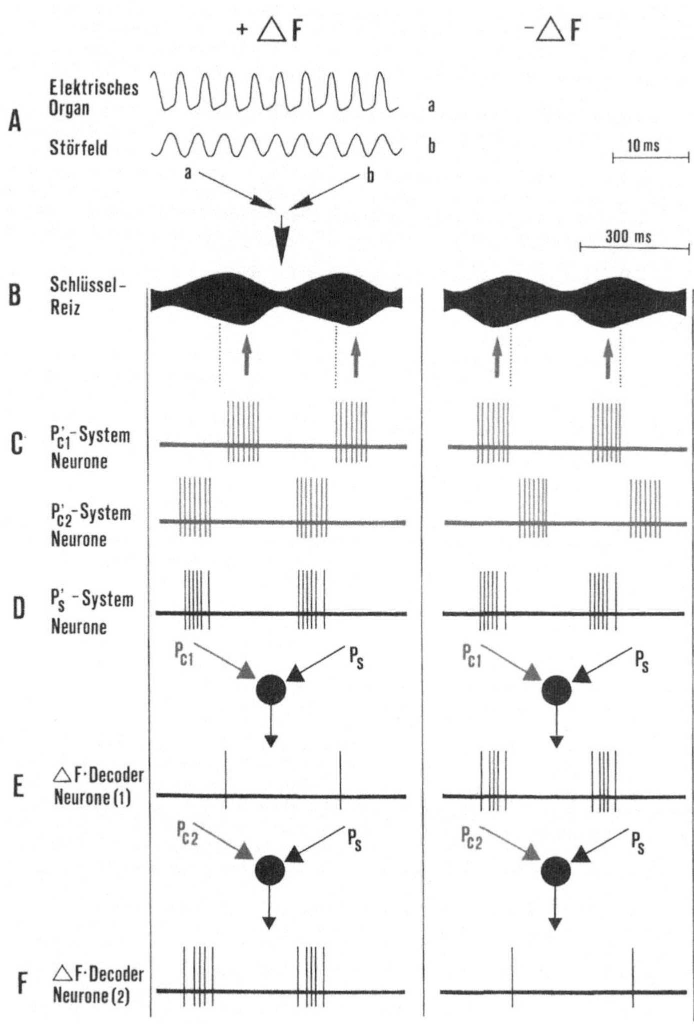

Abb. 95 A–F. Physikalische und neurophysiologische Phänomene beim elektrischen Fisch *Eigenmannia*, die mit dem Vorzeichen von ΔF verknüpft sind. (A) Elektrische Entladungen des Fisches *a* und ein Störfeld *b* überlagern sich zu einer Schwebung mit asymmetrischen Wellenbäuchen (B). Im negativen Bereich ist die Lage der Wellenbäuche vom Vorzeichen von ΔF abhängig (s. Pfeile). (C) Zwei Elektrorezeptortypen, deren Antworten mit den negativen Wellenbäuchen der Schwebung zeitlich in Beziehung stehen. (D) Elektrorezeptoren P_s, die jeweils beim Ansteigen des Schwebungsbauches kurzfristig aktiviert sind und dann schnell adaptieren. Sie bilden für die P_{c1}- und P_{c2}-Koder-Neuronen ein konstantes Zeitbezugssystem. (E) ΔF(1)-Dekoder-Neuronen, die unterschwellige Eingänge von P'_{c1}- und P'_s-System-Neuronen erhalten. Sie schweigen

einen Sinusimpulsgenerator mit der Schrittmacherfrequenz F_f. Die Elektrorezeptoren des Fisches erhalten dann als Reiz die *symmetrische* Schwebung von zwei reinen Sinusschwingungen mit den Frequenzen F_f und $F_f + \Delta F$. Resultat: Der Fisch weicht zwar auf Grund der Differenz ΔF dem Störfeld aus, indem er seine Schrittmacherfrequenz ändert; es ist jedoch nicht voraussagbar, in welche Richtung. Offenbar kann er das Vorzeichen von ΔF nicht mehr erkennen. Ursache hierfür sind die aus den beiden Sinusschwingungen sich zusammensetzenden *symmetrischen* Schwebungsbäuche.

Sobald man die Frequenz des stärkeren Sinus den natürlichen Entladungen des elektrischen Organs entsprechend einseitig „abflacht" (Abb. 95 A, a), sind die Wellenbäuche asymmetrisch, und die ΔF-Vorzeichen-Erkennung ist wieder gegeben.

Was geschieht nun, wenn man die Polarität der Entladungen des elektrischen Organs verändert? Dann werden die Vorzeichen gewissermaßen vertauscht, und es kommt zu Fehlinterpretationen, die sich darin äußern, daß der Fisch mit seiner Frequenz nicht ausweicht, sondern auf die Störfrequenz zusteuert.

Wir können diesen Experimenten entnehmen, daß die Information über das ΔF-Vorzeichen offenbar in der Asymmetrie der Schwebungsbäuche der sich überlagernden Sende- und Störentladungen steckt. Sie wird bedingt durch den asymmetrischen Entladungsverlauf und die Polarität des elektrischen Organs.

Frage nach ΔF-Detektoren. Jetzt wollen wir durch Ableitung der Aktionspotentiale von den oben beschriebenen *P*-Koder-Rezeptoren prüfen, wie sich solche Schwebungen auf sie bemerkbar machen. Das Ergebnis (Abb. 95 C) enthält für die Beantwortung der Frage wichtige Informationen: Ihrer speziellen Antwortcharakteristik entsprechend zeigen die *P*-Koder in der Aktivierung eine deutliche Korrelation mit den negativen Schwebungsbäuchen. Diese P_c-Koder bestehen offensichtlich aus zwei Unterklassen. Vertreter der einen (P_{c1}) entladen stets im Bereich der maximalen Schwebungsamplitude (negative Wellenbäuche). Vertreter der anderen (P_{c2}) erreichen ihre maximale Entladungsrate für $+\Delta F$ etwas früher, für $-\Delta F$ dagegen etwas später (Abb. 95 C). Die Antwort beider Neuronentypen ist also vom ΔF-Vorzeichen abhängig.

---

bei $+\Delta F$, sind jedoch für $-\Delta F$ infolge Koinzidenz beider Eingänge aktiviert. (F) $\Delta F(2)$-Dekoder-Neuronen erhalten unterschwellige Eingänge von P'_{c2}- und P'_s-Koder-Neuronen und zeigen entgegengesetzte Antworten für $+$ und $-\Delta F$. Die $\Delta F(1,2)$-Dekoder-Neuronen steuern möglicherweise die Frequenz der Neuronen im Schrittmacherzentrum und damit die Entladungsfrequenz des elektrischen Organs. (Kombiniert und modifiziert nach Scheich und Bullock, 1974; Scheich, 1976)

Neuronen für die ΔF-Dekodierung. Wenn die Information über das ΔF-Vorzeichen im zeitlichen Entladungsmuster der P_c-Koder-Neuronen enthalten ist, stellt sich die Frage, wie dieses Muster im Gehirn „gelesen" wird. Mit anderen Worten: Woher weiß das Gehirn, wann in Relation zu den negativen Schwebungsbäuchen die Entladungen eines P_c-Koders auftreten. Dies könnte unter Vermittlung von anderen Rezeptoren geschehen, bei denen das Einsetzen der Entladungen von der Asymmetrie des Schwebungsbauches unabhängig ist. Man hat solche P_s-Koder-Neuronen tatsächlich gefunden. Sie entladen grund-

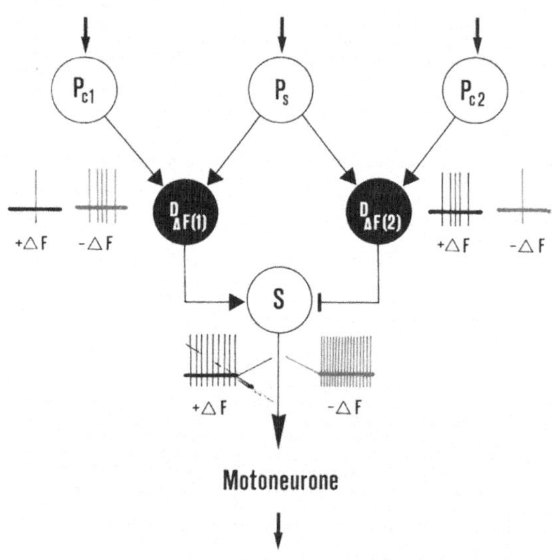

Abb. 96. Ein mögliches neuronales Schaltschema für das Stör-Ausweich-Verhalten des schwach elektrischen Fisches *Eigenmannia*. Dieses Schema faßt ein paar wichtige Informationsverarbeitungsschritte zusammen, die bei der ΔF-Vorzeichen-Erkennung für die Steuerung der Frequenz im Schrittmacherzentrum eine Rolle spielen könnten. Die einzelnen Neuronen stehen als Repräsentanten für Neuronensysteme. Als ΔF-Detektoren kommen sowohl ΔF(1)- als auch ΔF(2)-Dekoder-Neuronen in Betracht, die auf Grund unterschwelliger Eingänge von P_{c1}- und P_s- bzw. P_{c2}- und P_s-Koder-Neuronen für + und − ΔF entgegengesetztes Antwortverhalten zeigen; s. schematisierte Impulsmuster (Erläuterungen hierzu in Abb. 95). Möglicherweise bilden die ΔF(1)-Dekoder erregende und die ΔF(2)-Dekoder hemmende Synapsen mit den Neuronen des Schrittmacherzentrums (S). Sie könnten dann zusammen die Schrittmacherfrequenz für − ΔF erhöhen und für + ΔF senken. (Kombiniert und modifiziert nach Scheich und Bullock, 1974; Scheich, 1976)

sätzlich beim Ansteigen des Schwebungsbauches und adaptieren dann schnell, so daß asymmetrische Unterschiede des Reizes gar nicht erst zum Tragen kommen. Die Antworten dieser Neuronen bilden damit ein konstantes Bezugssystem (Abb. 95 D).

Untersucht man nun die Antwortcharakteristik von Neuronen in weiteren Schaltstufen des ZNS, so trifft man dort im Lobus lateralis und den Tori semicirculari wieder auf entsprechende P'_c- und P'_s-Koder (Abb. 95 C und D), die die beschriebene Rezeptorantwort noch weiter hervorheben und insgesamt Neuronen*systeme* bilden. Wir finden aber auch Neuronen, die überwiegend dann aktiviert sind, wenn ΔF positiv ist, bei negativen Werten von ΔF jedoch nahezu schweigen (Abb. 95 F). Wir nennen sie ΔF-Dekoder-Neuronen.

Wie kann man die Antwortcharakteristik eines solchen Dekoders deuten? Es wäre denkbar, daß er *unterschwellige*, erregende Zuflüsse von P'_{c2}- und P'_s-System-Neuronen erhält (Abb. 95 F). Wenn ΔF positiv ist, summieren sich diese Eingänge zu einer überschwelligen Erregung, und der ΔF-Dekoder ist aktiviert. Falls ΔF jedoch negativ ist, folgen die Erregungen zeitlich nacheinander und bleiben somit für den Dekoder insgesamt unterschwellig. Außer diesem $\Delta F(2)$-Dekoder wäre jedoch auch ein $\Delta F(1)$-Dekoder denkbar, der unterschwellige Eingänge von P'_{c1}- und P'_s-System-Neuronen erhält und sich in seiner Antwortcharakteristik für $\pm \Delta F$ gerade entgegengesetzt verhält.

Wenn wir annehmen, daß diese ΔF-Dekoder-Neuronen Teil eines Systems sind, die den Schrittmacher des elektrischen Organs durch Hemmung ($\Delta F(2)$-Dekoder) und Erregung ($\Delta F(1)$-Dekoder) zügeln, so wäre es verständlich, daß die Schrittmacherfrequenz bei $+ \Delta F$ gesenkt und bei $- \Delta F$ erhöht wird (Abb. 96).

Man kann die ΔF-Dekoder als Merkmalsdetektoren für den Schlüsselreiz $\pm \Delta F$ und als Teile eines Steuersystems für das Stör-Ausweich-Verhalten auffassen[13].

Wir halten fest:

1. Ebenso wie das Echo-Ortungssystem stellt auch die Elektro-Ortung der schwach elektrischen Fische eine extreme Anpassung an die Lebensweise dar. Die Tiere können mit ihrem elektrosensorischen System *navigieren*, Objekte der Umwelt *erkennen* und mit Artgenossen *kommunizieren*.

---

13 Offenbar besteht noch ein zusätzliches ΔF-Erkennungssystem, an dem sowohl P- als auch T-Neuronen beteiligt sind.

2. Fische, die sich beim Orten mit ihren elektrischen Feldern stören, weichen mit ihrer Sendefrequenz in private Bereiche aus. Dieses Stör-Ausweichen ist eine simple Form von Sozialverhalten. Schlüsselreiz ist die Differenz ΔF und das Vorzeichen zwischen Störfrequenz und der eigenen Sendefrequenz.

3. Es gibt bestimmte Rezeptor- und Neuronensysteme, die Betrag und Vorzeichen von ΔF erkennen. Dies erfolgt jedoch nicht auf dem Wege einer „klassischen Frequenzanalyse mit Frequenzfiltern". Vielmehr wird die Information in den Zeitbereich übertragen (Zeitbereichsanalyse). Die Vorzeichenunterscheidung beruht auf Zeitmustern von zwei Neuronentypen (P_c- und P_s- bzw. P'_c- und P'_s-Koder). Ferner gibt es neuronale Erkennungssysteme (ΔF-Dekoder), die auf Grund solcher Informationsverarbeitungen die Sendefrequenz des Schrittmachers steuern könnten.

G. Neuronenschaltungen für feste motorische Verhaltensprogramme

Die elektrischen Hirnreizungsversuche an Grillen und Kröten geben Hinweise, daß es für die Auslösung artspezifischer Verhaltensweisen im ZNS feste Programme gibt. Es ist anzunehmen, daß solche Programme auf festen Neuronenschaltungen beruhen, die an bestimmten Stellen erregt, ein räumlich-zeitlich koordiniertes Bewegungsmuster in Gang bringen. Das Abrufen solcher Programme könnte sozusagen „von innen heraus" oder — nach entsprechender Reizfilterung — durch äußere Signale geschehen. Es wäre hierbei denkbar, daß am Ende der betreffenden Informationsverarbeitungskette ein Neuron bzw. ein Neuronensystem steht, das bei entsprechender Erregung den Weg für den Abruf des Programms frei gibt.

Haben wir in der Tierphysiologie irgendwelche analytischen Beweise für das Vorhandensein solcher Kommandosysteme und Programmschaltungen?

Man hat sie bei einfach organisierten Wirbellosen, wie Krebsen und bestimmten Meeresschnecken, gefunden. Diese Tiere eignen sich für solche Untersuchungen besonders gut, denn ihr gesamtes Nervensystem baut sich aus verhältnismäßig wenigen Neuronen auf. Zudem sind die Zellkörper und Fasern so groß, daß man sie z. T. schon mit unbewaffnetem Auge sehen kann. Dies alles bietet erhebliche experimentelle Vorteile.

Wir wollen als Beispiel für eine starre programmgesteuerte Verhaltensweise die Fluchtreaktion der Meeresschnecke *Tritonia* näher studieren.

Der modale Bewegungsablauf. Tritonia ist etwa 30 cm lang und gehört zu den Nacktschnecken. Ihre Feinde sind Vertreter einer bestimmten Seestern-Art. Kommt die Schnecke mit ihnen in Kontakt — im Labor kann man als Auslösereiz auch einen Tropfen konzentrierter Kochsalzlösung verwenden —, so antwortet sie mit einer stereotypen Bewegungsfolge, die etwa 10–90 sec anhält: Einziehen aller Körperanhänge (Rhinophoren, Kiemenbüschel); paddelartige Schwimmbewegungen durch alternierende Kontraktionen der abgeflachten dorsalen und ventralen Körperseite — insgesamt sind es 1–8 Kontraktionszyklen. Dieses Fluchtschwimmen führt die Schnecke vom Reizort fort.

Hirnorganisation. Das Zentralnervensystem dieser Meeresschnecke besteht im wesentlichen aus drei zusammengerückten Ganglienpaaren. Auf sensorischen Faserbahnen erhalten die Ganglien Meldungen von Sinnesorganen, z.B. den Chemorezeptoren der Körperhaut; auf anderen motorischen Bahnen gehen Befehle zu bestimmten Muskelgruppen.

Intrazelluläre Reizexperimente. Elektrische Reizversuche mit Mikroelektroden geben Aufschluß über die Verhaltensrelevanz einzelner Neuronen. Während des Versuchs ist das Tier in der Bewegung frei, lediglich der Bereich um das Gehirn ist für Elektrostimulationen an einer Halterung fixiert (Abb. 97).

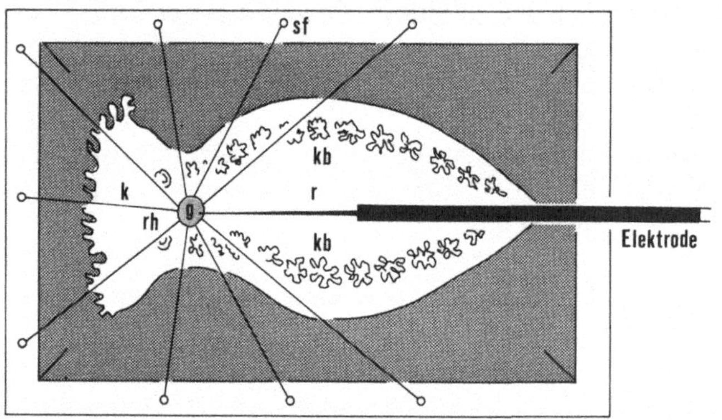

Abb. 97. Versuchsaufbau für elektrische Hirnreizungs- und -ableitungsversuche an der Meeresschnecke *Tritonia.* Das Versuchstier befindet sich in einem mit Meerwasser gefüllten Becken. Der Bereich um das Gehirn *g* ist durch Spannfäden festgelegt. Die übrigen Körperabschnitte sind frei beweglich. *k* Kopf, *kb* Kiemenbüschel, *r* Rumpf, *rh* zwei Rhinophoren, *sf* Spannfäden. (Modifiziert nach Willows et al., 1973)

Wenn man bestimmte Neuronen intrazellulär elektrisch reizt, dann können spezifische Reizeffekte auftreten: Einziehen der Körperanhänge, Kontraktion der dorsalen oder ventralen Körperhälfte. Es gibt aber auch Neuronen, die nach kurzfristiger Reizung (500 ms) die komplette Verhaltensfolge in Gang setzen, die durchschnittlich 30 sec lang anhalten kann.
Diese Befunde zeigen deutliche Parallelen zu den Hirnreizungsversuchen an Kröten: Auch hier waren durch Reizung bestimmter Hirnorte verschiedene Teilhandlungen des Beutefangs auslösbar; es gab aber auch Regionen, die auf kurzfristige Reizung die gesamte Verhaltenssequenz in der richtigen Reihenfolge zur Aktivierung brachten. Während

wir bei der Kröte jedoch nur relativ grobe Hirnbereiche einzelnen Verhaltensanteilen „zuordnen" konnten, ist es hier möglich, die entsprechenden Verhältnisse auf Einzelzellbasis zu studieren.

Intrazelluläre Ableitungen während unterschiedlicher Verhaltenspha-sen. Bei Einzelzellableitungen vom frei beweglichen Tier lassen sich verschiedene Neuronentypen identifizieren, deren Aktivierungsmuster eine Korrelation mit spezifischen Verhaltensphasen zeigt. Offenbar gibt es fünf Haupttypen:

1. Neuronen, die zwischen Reizung und Bewegungsablauf aktiviert sind.
2. Neuronen, die während des Einziehens der Körperanhänge aktiviert, während der Schwimmbewegung jedoch gehemmt sind.
3. Neuronen, die generell während der Bewegungsphasen stark ent-laden.

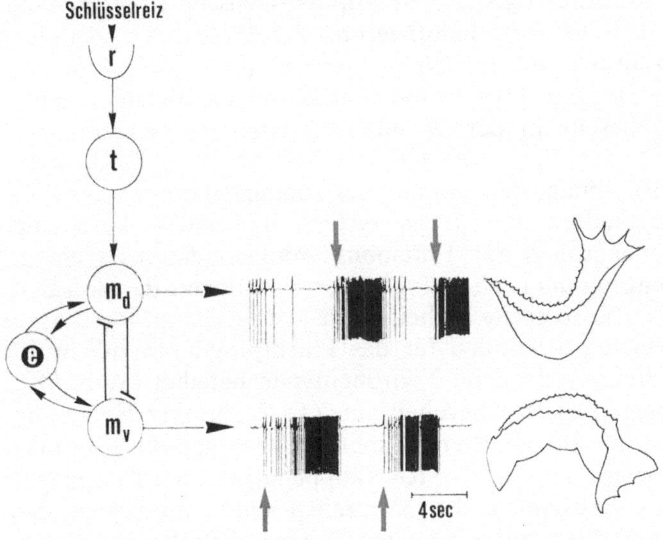

Abb. 98. Ein möglicher neuronaler Schaltplan für die Auslösung des Fluchtverhaltens von *Tritonia.* Das Schema berücksichtigt die wichtigsten im Experiment gefundenen Neuronentypen; sie stehen als Repräsentanten für Nervennetze. *r* Chemorezeptoren, *t* Triggersystemneuronen, m_d Motoneuronen für die dorsale Körpermuskulatur, m_v Motoneuronen für die ventrale Körpermuskulatur, *e* System von Interneuronen, in denen durch positive Rückkoppelung Erregungen gespeichert werden können. Pfeile bedeuten erregende, Linien mit Querstrich hemmende Synapsen. Bei den eingezeichneten Impulsmustern handelt es sich um Originalregistrierungen von den beiden Motoneuronty-pen während eines Kontraktionszyklus. Sie sind mit den Kontraktionen einhergehend (s. rote Pfeile) alternierend erregt und gehemmt. (Modifiziert nach Willows, 1973)

167

4. Motoneuronen, die bei dorsalen oder
5. Motoneuronen, die bei ventralen Körperkontraktionen erregt sind.

Der mutmaßliche neurale Schaltplan für das Fluchtverhalten. Wie könnte auf Grund dieser Resultate die Neuronenschaltung für das Fluchtverhalten der Meeresschnecke aussehen? Wir veranschaulichen das Prinzip an einem groben Schema. Die in der Abb. 98 bezeichneten Neuronentypen stehen jeweils als Repräsentanten für Neuronenpopulationen, die ihrerseits wieder netzartig miteinander verknüpft sein können.

Beginnen wir mit der Frage nach den Schlüsselreizen und der Reizfilterung. Als Schlüsselreize erweisen sich bestimmte oberflächenaktive chemische Substanzen; eine „Feindattrappe" kann z.B. ein Tropfen konzentrierte Kochsalzlösung sein. Die Empfindlichkeit hierfür ist über den gesamten Körper verbreitet, die minimale Reizfläche beträgt nur wenige mm^2.

Wo findet die Reizfilterung statt? Neurophysiologische Untersuchungen ergeben, daß die Reizidentifizierung — ähnlich wie bei den Geruchs-„Spezialisten" der Insekten — schon an der Rezeptormembran stattfindet. Der AAM für den modalen Bewegungsablauf „Flucht" wäre demnach bereits in den Membranfunktionseigenschaften begründet.

Von solchen „Erkennungsrezeptoren" aus können Neuronen aktiviert werden, die Bestandteil eines Triggersystems sind und — kurzfristig erregt — Motoneuronen zur Entladung bringen, die nach einem bestimmten Zeitprogramm abwechselnd Kontraktionen der dorsalen und der ventralen Körperseite herbeiführen.

An dem neuronalen Schaltplan für das Fluchtprogramm sind wohl hauptsächlich drei verschiedene Neuronentypen beteiligt (Abb. 98). Die Programmeigenschaften beruhen auf: (1) Reziproker Hemmung zwischen den Moto-Antagonisten — hierdurch werden die Kontraktionszyklen gesichert. (2) Positive Rückkoppelungen über Erregungsneuronen — sie bestimmen als „Kurzzeitspeicher" die Dauer des Bewegungsablaufs. Dem vorgeschalteten Triggersystem kommt hauptsächlich Starterfunktion zu.

Hervorzuheben ist der Befund, daß die spezifische Antwortcharakteristik dieser Neuronen auch an isolierten, vom Körper abgetrennten Hirnen erhalten bleibt. Dies beweist, daß das Fluchtprogramm der Meeresschnecke — ebenso wie die Musikprogramme der Grille — zentralgesteuert sind.

Wir halten fest:

Es gibt im Tierreich Beispiele, in denen Triggerneuronen nachgewiesen und programmgesteuerte Verhaltensweisen auf neuronaler Basis analysiert werden können.
Den Kern des Programms bilden *Laufzeitschaltungen* („Zeitprogramm") und *reziproke Hemmsysteme* („Antogonisten-Koordination").

H. Hirnrepräsentation der Verhaltensmotivation[14]

Es gibt zahlreiche Beweise dafür, daß die Evolution des Nervensystems mit einer entsprechenden Evolution des Verhaltens parallel einhergeht. Durch welche neuralen Systeme werden nun beim Säuger jene Verhaltensweisen, die der Selbsterhaltung des Individuums dienen — wie *Nahrungsaufnahme, Sexual-, Flucht-* und *Verteidigungsverhalten* — organisiert und kontrolliert?
Man ist dieser Frage zunächst durch systematischen Einsatz von Hirnstimulations- und -ausschaltungstechniken nachgegangen und hat gefunden, daß verhaltenswirksame Strukturen keineswegs scharf umgrenzt an einem Ort liegen müssen, sondern weite Bereiche des Gehirns durchziehen können. Einblicke in die Funktion von solchen Strukturen ergeben sich in Kombination mit neuroanatomischen Mikromethoden. So stellt man fest, daß diese verhaltensrelevanten Hirnstrukturen einer Art „Saum" folgen: er wurde von McLean *„limbisches System"*[15]

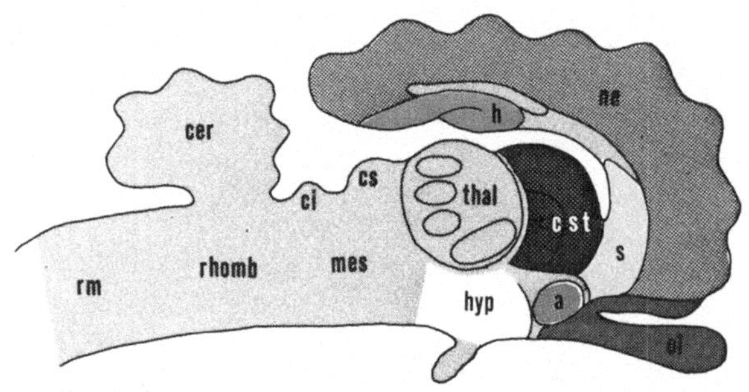

Abb. 99. Säugergehirn in Seitenansicht; stark schematisiert. *Farbraster*: Einige Strukturen des limbischen Systems; *a* Amygdala, *h* Hippocampus, *s* Septum; *weiß*: Hypothalamus (*hyp*). *cer* Cerebellum, *ci* Colliculus inferior, *cs* Colliculus superior, *cst* Corpus striatum, *mes* Mesencephalon, *nc* Neokortex, *ol* Lobus olfactorius, *thal* Thalami, *rhomb* Rhombencephalon, *rm* Rückenmark

---

14 Der Begriff *Trieb* für *Motivation* wird heute in der Verhaltensforschung nur noch gelegentlich gebraucht. Nach Auffassung einiger Ethologen sind jedoch beide in ihrer Bedeutung nicht völlig gleichwertig.
15 limbus (lat.) = Saum.

genannt (Abb. 99); es steht über bestimmte Faserzüge — den medialen Vorderhirnbündeln — mit dem Hypothalamus des Zwischenhirns und dem Tegmentum des Mittelhirns in funktionellem Kontakt (Abb. 100). Zum limbischen System gehören phylogenetisch ältere Teile des Großhirns, u. a.: die *Mandelkerne* (Amygdala), das *Septum* und der *Hippocampus* (Ammonshorn)[16]. In Verbindung mit dem Hypothalamus bilden sie in sich geschlossene Kreissysteme (Abb. 100). Sie steuern auf verschiedenen neuralen Integrationsebenen die motivierten Verhaltensweisen und Handlungsbereitschaften. Dies wollen wir an ein paar ausgewählten Beispielen näher studieren (Untersuchungstechniken s. methodischen Anhang S. 202).

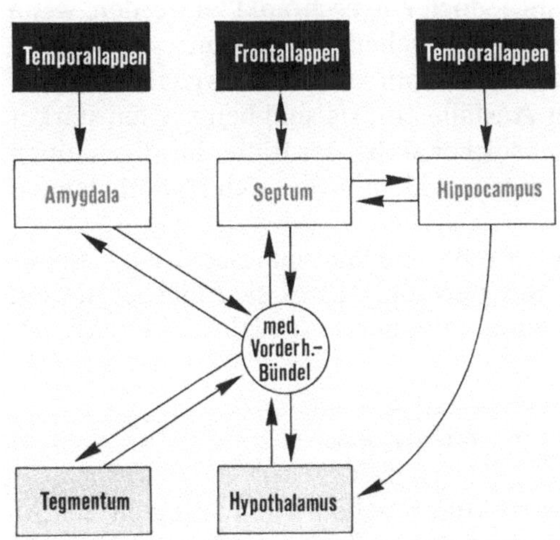

Abb. 100. Wichtige Verbindungswege zwischen Strukturen des limbischen Systems (rot), des Hypothalamus und des Tegmentums über die medialen Vorderhirnbündel. (Modifiziert nach Smythies, 1970; Raisman, 1969)

I. Nahrungsaufnahme: Hunger und Durst

Im Hypothalamus gibt es Strukturen, die für die Nahrungsaufnahme eine wichtige Funktion ausüben: hierzu gehört der *ventromediale* und der *ventrolaterale* Kern — im folgenden kurz VM und VL genannt. Ihre Verhaltenswirksamkeit läßt sich durch kombinierten Einsatz von verschiedenen Experimentaltechniken analysieren:

---

16 *Weitere Rindenanteile*: Bulbus olfactorius, Tuberculum olfactorium, Regio praepiriformis, Regio periamygdalaris, subkalloser und frontotemporaler Kortex, Gyrus dentatus, Subiculum, Fimbria hippocampi, Gyrus parahippocampalis, Gyrus cinguli; *weitere subkortikale Anteile*: Epithalamus, Nucleus anterior thalami, Corpus mamillare.

1. Hirnausschaltungsversuche

Wenn man bei Katzen oder Ratten mit Hilfe einer Koagulationselektrode den VM zerstört, so ist ihr Hunger derart gesteigert, daß sie sich buchstäblich zu Tode fressen. Offenbar liegt die normale Funktion des ausgeschalteten Bereichs darin, die Nahrungsaufnahme zu „hemmen". Es spricht zunächst nichts dagegen, dieses Hirngebiet als „*Sättigungszentrum*" zu bezeichnen; das Syndrom, das sich nach Ausschaltung einstellt, nennen wir *Hyperphagie*. Interessanterweise hat Ausschaltung des VL den entgegengesetzten Effekt: die Tiere lehnen jede Nahrung ab und verhungern. Wir können dieses Gebiet vorerst „*Freßzentrum*" nennen; seine Ausschaltung bewirkt *Aphagie*.

Der Begriff „Zentrum" scheint jedoch eingeschränkt zu werden, wenn man angeschlossene Bereiche des limbischen Systems untersucht: Auch nach Ausschaltung bestimmter Abschnitte der Amygdala und des Temporallappens stellen sich Ausfälle ein; sie sind beim Affen stärker als bei der Katze und bei dieser stärker als bei der Ratte. Im allgemeinen sind diese Defizite jedoch nicht so nachhaltig wie nach Hypothalamusdefekten.

Wenn wir also die Begriffe „Freß- und Sättigungszentrum" weiter verwenden wollen, sind wir uns bewußt, daß es sich hierbei um ein physiologisches Korrelat zu einer räumlich ausgedehnten Funktionsstruktur handelt.

2. Einzelzellableitungen mit Mikroelektroden

Beim Studium der Funktionsstrukturen gehen wir jetzt einen Schritt weiter und fragen, ob die neuronale Aktivität in den „Appetitzentren" des Hypothalamus eine Korrelation mit dem Ernährungszustand zeigt. Das ist der Fall: Bei hungrigen Tieren ist die Entladungsrate von Neuronen des Freßzentrums gegenüber denen des Sättigungszentrums erhöht und vice versa. Offenbar wird die Aktivität beider Zentren reziprok gehemmt (Abb. 101).

Wodurch wird nun die neuronale Aktivität der „Appetitzentren" gesteuert? Offensichtlich durch den Blutzuckerspiegel. Seine experimentelle Beeinflussung verändert die neuronale Aktivität in den Appetitzentren, ähnlich wie wir sie bei unterschiedlich stark ernährten Tieren vorfinden: Hoher Blutzuckerspiegel erhöht die Entladungsraten im Sättigungszentrum.

Um jetzt etwas über die Glucose-Empfindlichkeit der Neuronen erfahren zu können, reichern wir den Blutzucker mit Goldthioglucose an. Der Organismus kann diese Substanz von Glucose nicht unterschei-

172

den. Sobald sie jedoch von einer Zelle mit Glucose-Rezeptoren aufgenommen worden ist, zerstört sie diese. So können wir im Gehirn Neuronen mit Glucose-Rezeptoren selektiv ausschalten und daran auch identifizieren. Ergebnis: Goldthioglucose wird nur von Neuronen des Sättigungszentrums aufgenommen; sie werden zerstört, und das Tier zeigt im Verhalten Hyperphagie. Glucose-Affinität haben also nur die Zellen des VM.

Nun darf man sich nicht vorstellen, daß die Steuerung der neuronalen Aktivität in den „Appetitzentren" allein über den Blutzuckerspiegel erfolgt. Zusätzliche Einflüsse werden z.B. auch vom Fettsäurespiegel, Insulinspiegel und von den Magenrezeptoren kommen.

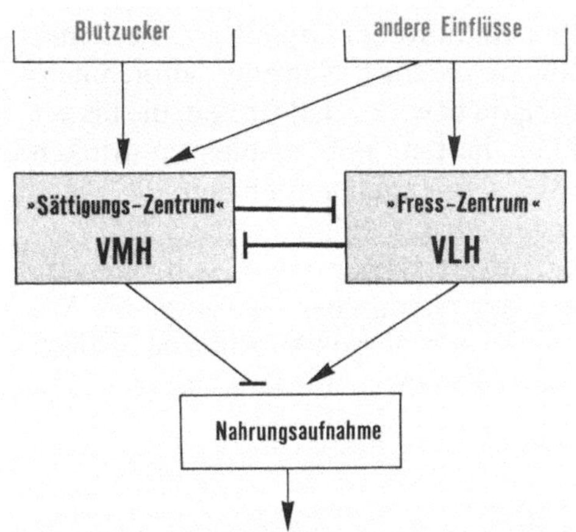

Abb. 101. Kontrolle der Nahrungsaufnahme beim Säugetier durch den ventromedialen (*VMH*) und den ventrolateralen Hypothalamus (*VLH*). Pfeile bedeuten erregende, Linien mit Querstrich hemmende Einflüsse. Erläuterungen im Text

3. Punktförmige elektrische Hirnreizung

Was geschieht, wenn man die neuronale Aktivität in den Appetitzentren durch elektrische Reizung erhöht? Bei Stimulation des Freßzentrums setzt auch bei gesättigten Tieren sofort Freßtätigkeit ein. Nach Reizung des Sättigungszentrums hören hungrige Tiere sofort zu fressen auf, sie können sich sogar scheinbar erbrechen (s. hierzu Abb. 101).

Auch Reizungen in verschiedenen Bereichen des limbischen Systems, wie dem Septum und dem Hippocampus, können appetitfördernd wirken. Punktförmige elektrische Reizungen bestimmter Amygdala-Regionen weisen zudem auf komplexe Beziehungen zwischen Hunger und Durst hin: Reizung der rostralen Amygdala hemmt den Appetit und macht die Tiere durstig; wird dieser Bereich jedoch ausgeschaltet, so ist der Durst zwar „gestillt", jedoch Hunger vorhanden. Reizung der kaudalen Amygdala „löscht" Hunger und Durst; Ausschaltung der gereizten Region hat den entgegengesetzten Effekt. Diese Ergebnisse lassen sich zunächst schwer einordnen.

4. Chemische Hirnreizung: Beziehung zwischen Hunger und Durst

Der Hypothalamus ist reich an Acetylcholin (Transmitter des parasympathischen Nervensystems) und Adrenalin sowie Noradrenalin (Transmitter des sympathischen Nervensystems). Es ist daher sinnvoll zu fragen, was geschieht, wenn man kleine 1–4 µg Kristalle dieser Transmittersubstanzen — oder ihre Blocker — in das „Freßzentrum" (VL) einpflanzt.
Das Ergebnis überrascht: Noradrenalin führt bei satten Ratten zu einer Rückkehr der Freßlust, so daß sie wieder Nahrung aufnehmen. Acetylcholin in der gleichen Hirnregion bewirkt, daß Ratten, die bis zur Sättigung gefressen und getrunken hatten, nun maßlos zu trinken beginnen und hierbei erhebliche Wassermengen aufnehmen.
Mögliche Zusammenhänge zwischen einem „Hunger- und Durstsystem", die bei den elektrischen Amygdala-Reizungen sich nur verschwommen zeigten, treten jetzt bei chemischer Reizung des VL deutlich hervor: Mikroinjektionen von adrenergen Substanzen fördern die Nahrungsaufnahme, cholinerge Substanzen fördern dagegen den Durst (Abb. 102).

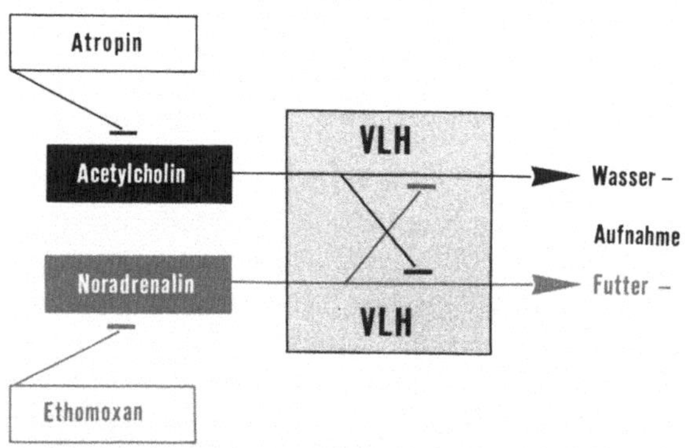

Abb. 102. Grobschematische Übersicht über die Wirkung von Transmittern (Acetylcholin, Noradrenalin) und Transmissionsblockern (Atropin, Ethomoxan) im ventrolateralen Hypothalamus der Ratte auf die Wasser- und Futteraufnahme. Pfeile: fördernde, Linien mit Querstrich: hemmende Einflüsse. Die Resultate basieren auf chemischen Hirnreizungsversuchen im ventrolateralen Hypothalamus. Erläuterungen im Text

Im VL scheinen sich Durst- und Hungersysteme sogar reziprok zu hemmen: Acetylcholin-„behandelte" Ratten fressen weniger; Noradrenalin-„behandelte" Tiere trinken weniger (Abb. 102).
Der Hinweis auf das Vorhandensein eines cholinergen Systems für die Wasseraufnahme und eines adrenergen für die Futteraufnahme wird durch Experimente mit zugeordneten Transmissionsblockern — Atropin bzw. Ethomoxan — gestützt (Abb. 102): Ihr Einsatz bewirkt entsprechende entgegengesetzte Effekte.
Wodurch wird normalerweise das Durstsystem „geweckt"? Es gibt in bestimmten Bereichen des Hypothalamus sogenannte Osmorezeptoren. Von ihrer Wirkungsweise kann man sich in folgendem Experiment überzeugen: Wenn man Ziegen 0,1 ml einer 1,5–2 %igen Natriumchlorid-Lösung in die zugeordnete Hirnregion injiziert, dann werden die Tiere durstig und beginnen sofort zu trinken.

5. Selbstreizungsexperimente

Es gibt experimentelle Beweise, die dafür sprechen, daß von bestimmten Strukturen des limbischen Systems auch emotionelle Reaktionen — wie Wut und Furcht — aktivierbar sind. So ist die affektive Tönung im Gesamtverhalten wesentlich an die Wirkung dieser Hirnstrukturen gebunden. Der Affekt, der einen Sinneseindruck begleitet, hat für dieses Signal jedoch auch einen Erinnerungswert. Somit spielt das limbische System (Hippocampus) auch für das Gedächtnis und das Lernverhalten eine wichtige Rolle. Es gewährleistet die Anpassungsfähigkeit an ständig wechselnde Umwelteinflüsse. Wir kommen hierauf noch später zu sprechen.
Futter wirkt im Dressurtest als Belohnung für die Ausarbeitung und Aufrechterhaltung bestimmter Lernaufgaben. Diese kann auch durch elektrische Reizung des „Freßzentrums" ersetzt werden. Hierbei lernen z.B. Ratten oder Katzen durch Hebeldruck sich selbst zu reizen (Abb. 115). Meistens wirkt sich dieser Hirnreiz als Belohnung sogar noch stärker als richtiges Futter aus. Ähnliche Effekte lassen sich durch entsprechende chemische Reizungen herbeiführen.

Wir fassen wesentliche Punkte zusammen:

1. Vom heutigen Wissensstandpunkt her gewinnt man den Eindruck, als würden die sogenannten „primären Triebkreise" für *Hunger, Durst, Sexualverhalten* u. a. im limbischen System und dem Hypothalamus einer „parallelen" Anordnung folgen (Abb. 103).

2. Offenbar hat die Spezifität solcher „Kreisschaltungen" eine chemische Grundlage. In solchen Dimensionen muß auch der Begriff „Zentrum" verstanden werden: So kann bei einer männlichen Ratte von demselben Hirnort aus durch Reizung mit *Acetylcholin* das ganze Durstsystem, mit *Noradrenalin* Hunger und mit *Testosteron* mütterliches Verhalten — wie z. B. Nestbau — „geweckt" werden.

3. Hieraus wird deutlich, daß die Aussagekraft von elektrischen Hirnreizungen *allein* eben doch nur begrenzt ist: Die chemische Reizung ist selektiv und liefert detailliertere Resultate (Abb. 104).

4. Die Verhältnisse sind noch verwickelter, denn das, was für die Ratte gefunden wird, trifft nicht unbedingt für entsprechende Funktionsstrukturen der Katze zu: Acetylcholin-Injektion löst hier nicht Durst, sondern Schlaf aus. Dabei soll der „Schlafkreis" der Katze im limbischen System ähnlich verlaufen wie der „Durstkreis" der Ratte. Parallel zu diesem soll es bei der Katze auch ein „Wachsystem" geben.

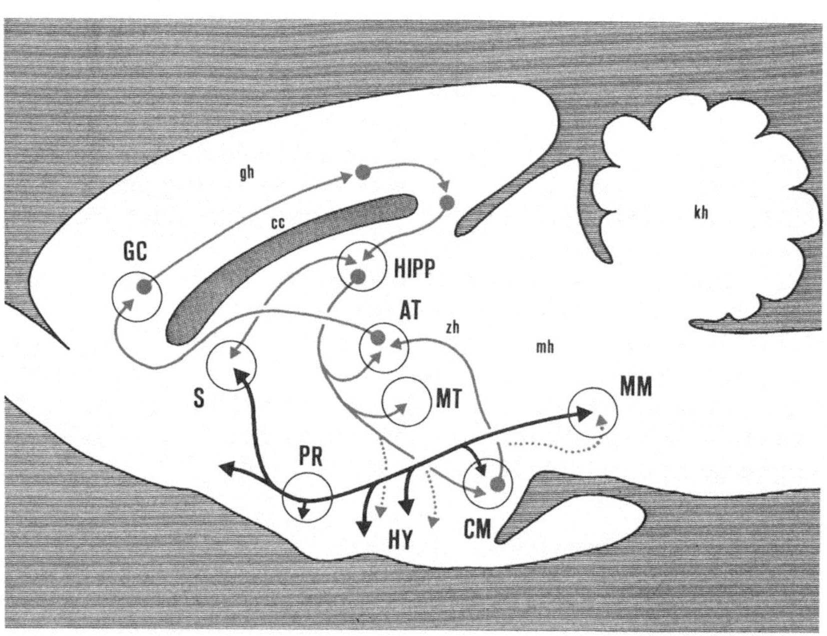

Abb. 103. Vereinfachtes Schema für eine neurale Schaltung des „Durstsystems" im Gehirn der Ratte (schematisierte Seitenansicht). Rot: der sogenannte Papez-Kreis.

176

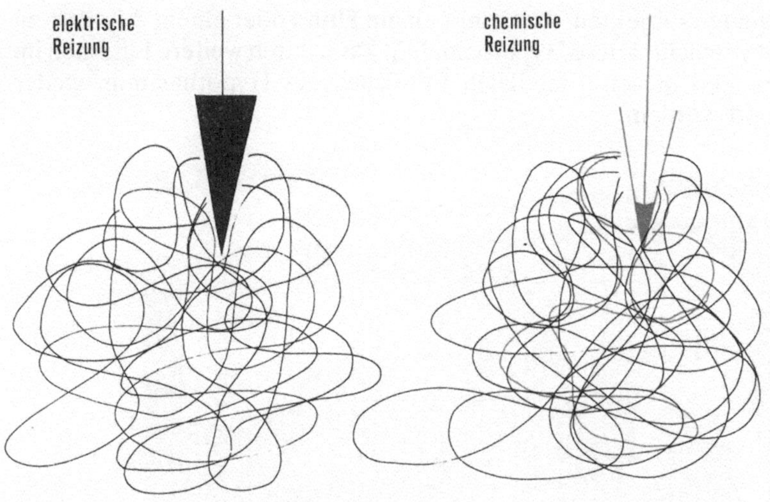

Abb. 104. Veranschaulichung der Selektivität bei chemischer Hirnreizung (rechts) gegenüber elektrischer (links). Durch elektrische Reizung werden häufig mehrere neuronale Schaltkreise (schwarze Linien) für verschiedene Verhaltensantworten und -syndrome gleichzeitig aktiviert, und es kommt dann zu sich überlagernden Effekten. Bei chemischer Reizung wird jedoch meistens nur eine Schaltung erregt (roter Linienverlauf), nämlich jene, für die der chemische Reiz spezifisch ist. (Modifiziert nach Fisher, 1964)

II. Sexualverhalten

Das Sexualverhalten ist in weiten Bereichen des limbischen Systems und seinen Verbindungen „repräsentiert". Auch hier vermittelt uns der Einsatz verschiedener Untersuchungsmethoden wichtige Aspekte.

1. Elektrische Hirnreizungs- und -ausschaltungsexperimente

Durch Reizung oder Ausschaltung bestimmter Areale des limbischen Systems läßt sich das Sexualverhalten gegenüber peripheren Reizen beeinflussen. So kann nach beiderseitigen Läsionen der Mandelkerne das Sexualverhalten eines Katers derart gesteigert sein, daß er sich mit

---

◄ Schwarz: mediale Vorderhirnbündel, *cc* Corpus callosum, *gh* Großhirn, *mh* Mittelhirn, *kh* Kleinhirn, *zh* Zwischenhirn. *AT* anteriorer Thalamus, *CM* Corpus mamillare, *GC* cingulater Kortex, *HIPP* Hippocampus, *HY* Hypothalamus, *MM* mediales Mittelhirn, *MT* medialer Thalamus, *PR* präoptische Region, *S* Septum. (Modifiziert nach Fisher, 1964)

inadäquaten Objekten — wie mit einem Hund oder einem Affen — zu paaren versucht. Diese Hypersexualität kann durch weitere Läsionen im Septum und in ventromedialen Bereichen des Hypothalamus wieder gedämpft werden.

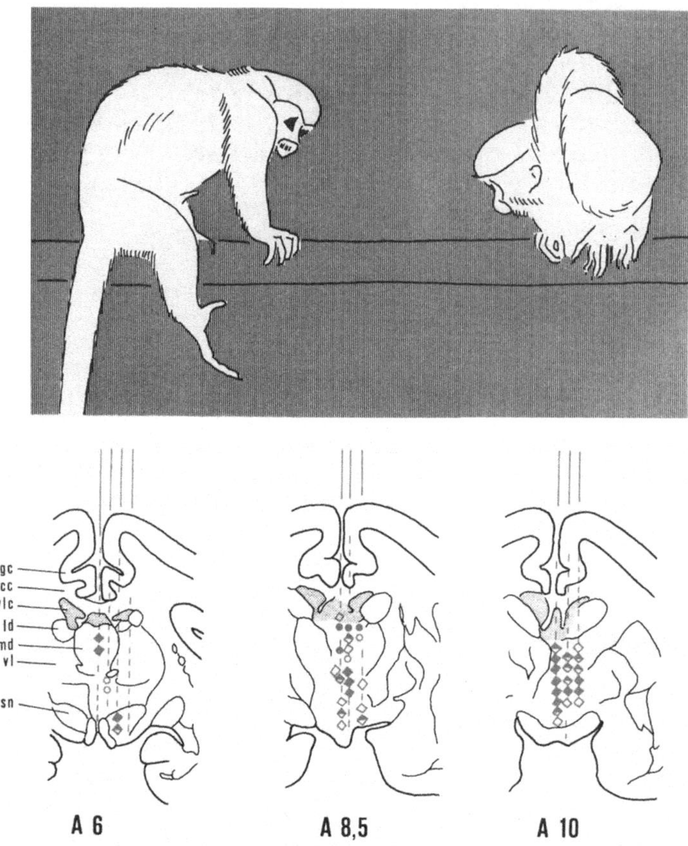

Abb. 105. Genitales Imponieren beim Totenkopfaffen. *Oben:* Imponierender Partner (links) auf den adressierten Partner (rechts) gerichtet. (Etwas modifiziert nach Ploog, 1972). — *Unten:* Zerebrale Repräsentation der Genitalfunktion beim Totenkopfaffen. Die roten Symbole in den Hirnquerschnitten — entsprechend der stereotaktischen Koordinaten A 6, A 8.5, A 10 — kennzeichnen Orte, von denen aus durch punktförmige elektrische Reizung beim frei beweglichen Tier Peniserektionen ausgelöst werden konnten: schwach ($\diamond$), mittelstark ($\diamondsuit$), stark ($\blacklozenge$). Von manchen Orten aus ($\bullet$) trat die Erektion erst nach Reizende auf. Senkrechte Striche (|) kennzeichnen Reizorte, die bezüglich der Erektionsauslösung unwirksam waren. *cc* Corpus callosum, *gc* Gyrus cinguli, *ld* Nucleus lateralis dorsalis thalami, *md* Nucl. med. dors. thalami, *sn* Substantia nigra, *vl* Nucl. ventr. lateralis thalami, *vlc* Ventriculus lateralis cerebri. (Modifiziert nach McLean und Ploog, 1962)

Während man durch Amygdala-Reizungen kein spezifisches Sexualverhalten auslösen kann, gibt es im limbischen System und seinen Verbindungen andere Areale, deren Reizung z.B. beim männlichen Totenkopfaffen Peniserektionen auslöst (Abb. 105). Entsprechende Reizungen führen beim Weibchen zu einer Vergrößerung der Klitoris. Es handelt sich bei diesen Verhaltensreaktionen nicht allein um einen allgemeinen Ausdruck sexueller Erregung. Das sogenannte „Genital-Präsentieren" der Primaten (Abb. 105) gilt der innerartlichen Verständigung: Hierbei handelt es sich um hochentwickeltes Sozialverhalten. Das genitale Imponieren tritt beim Totenkopfaffen schon wenige Tage nach der Geburt auf, während sich das eigentliche Sexualverhalten erst später herausbildet.

2. Hirnstimulation mit Sexualhormonen

Testosteron ist ein männliches Sexualhormon. Wenn man es mit Hilfe einer feinen Injektionsvorrichtung über eine dünne Kanüle in einen zentralen Bereich der präoptischen Region — die sich vor dem Hypothalamus befindet (Abb. 106, b) — *männlichen* Ratten injiziert, so zeigen sie überraschenderweise kurze Zeit später *mütterliches* Verhalten: Sie bauen ein Nest, tragen herumliegende Babys ein; wenn keins vorhanden ist, kann auch ein erwachsener Artgenosse — egal welchen Geschlechts — als „Ersatzbaby" dienen.
Injiziert man dieselbe Substanz in einen mittleren Bereich dieser Hirnregion (Abb. 106, a), so zeigen Männchen *und* Weibchen *männliches* Sexualverhalten: Sie versuchen sich mit Partnern beiderlei Geschlechts zu paaren.
Für Testosteron sind auch bestimmte Regionen des Hypothalamus verhaltenswirksam. So bewirkt Testosteron-Injektion z.B. zwischen dem zentralen und lateralen Hypothalamus der Ratten eine kuriose Kombination mütterlichen und männlichen Sexualverhaltens: Männchen ebenso wie Weibchen tragen ein Baby im Maul mit sich herum und besteigen gleichzeitig erwachsene Artgenossen beiderlei Geschlechts.

Wie kann man sich erklären, daß offenbar Neuronen, die an der Steuerung von zwei verschiedenen Sexualverhaltensweisen beteiligt sind, auf dasselbe Hormon *Testosteron* ansprechen?

3. Bestimmung des Sexualverhaltens

Während Testosteron ein männliches Sexualhormon darstellt, ist Progesteron beim weiblichen Tier mit der Schwangerschaft und

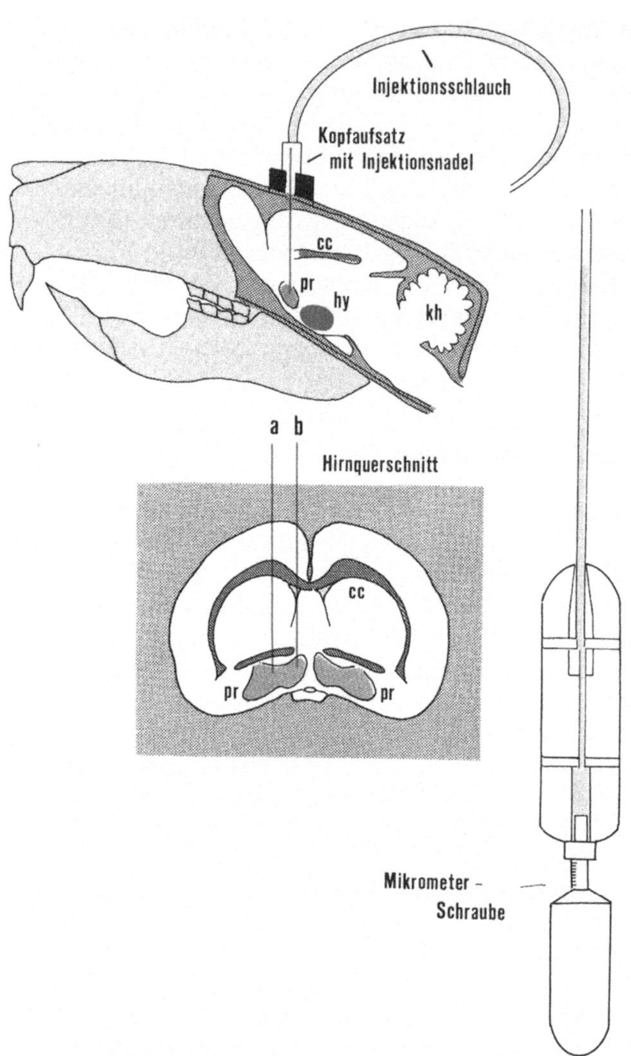

Abb. 106. Prinzip der Versuchsanordnung für chemische Hirnreizungsversuche an frei beweglichen Ratten. *Oben:* Rattenschädel in schematischem Längsschnitt; *cc* Corpus callosum, *hy* Hypothalamus, *kh* Kleinhirnrinde (Cerebellum), *pr* präoptische Area. — *Unten:* Hirnquerschnitt im Bereich der präoptischen Region. Reizung in der Nadelposition *a* löst bei männlichen und weiblichen Ratten männliches Sexualverhalten aus, Reizung in Nadelposition *b* löst beim Männchen mütterliches Verhalten aus. Erläuterungen im Text. (Modifiziert nach Fisher, 1964)

180

entsprechend mit dem mütterlichen Verhalten verknüpft. Beide gehören zu den Steroidhormonen (Abb. 107). Es gibt viele Anhaltspunkte dafür, daß Steroidhormone dosisabhängig die Wirkung eines anderen imitieren können. Die oben geschilderten Befunde lassen sich dann folgendermaßen deuten: Normalerweise hat das Männchen wenig oder gar kein Progesteron. Sein Sexualhormon tritt in bestimmten Konzentrationen auf, die das männliche Verhalten garantieren. Wird nun — wie in unserem Hirnstimulationsexperiment — Testosteron in relativ hohen Konzentrationen geboten, so könnte es Progesteron-Potenz entfalten und damit Neuronen erregen, die für das weibliche Sexualhormon rezeptiv sind.

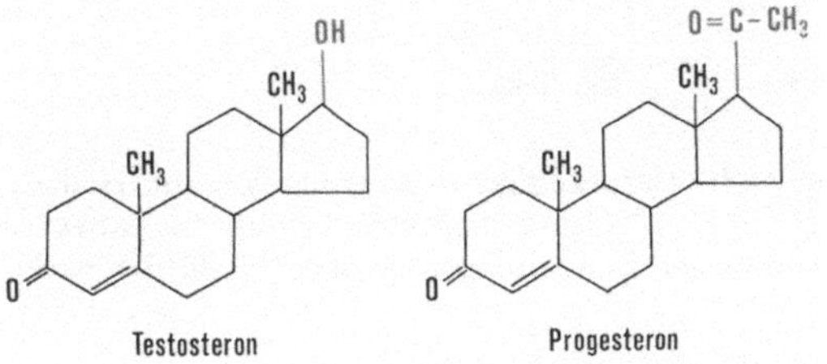

Abb. 107. Chemische Strukturformeln für Testosteron (männliches) und Progesteron (weibliches Sexualhormon)

Grundsätzlich sind also *beide* Sexualverhaltensmuster im Gehirn angelegt. Wodurch wird das relevante Verhaltensmuster „geprägt"?

Wir haben experimentelle Beweise dafür, daß das Verhalten beim Säugetier primär weiblich angelegt ist. Das männliche Verhaltensmuster wird im Gehirn erst „sekundär" in einer bestimmten kritischen Phase durch Testosteron-Aktivität bestimmt. Diese Phase liegt bei Meerschweinchen und Affen vor der Geburt, bei Ratten kurze Zeit danach. Daher sind Ratten zu wichtigen Versuchstieren für Hormonexperimente geworden: (1) Wenn man jungen männlichen und weiblichen Ratten während der erwähnten kritischen Phase Ovarien und Hoden wechselseitig transplantiert (Abb. 108), dann entwickeln sich aus den Männchen Weibchen und aus den Weibchen Männchen. (2) Entsprechende Versuche mit Testosteron-Injektion (Abb. 109 B) führen bei Weibchen zur Rückbildung der Ovarien. (3) Kastrierte Männchen zeigen weibliche Physiologie und entwickeln nach Implantation funktionsfähige Ovarien (Abb. 109 A).

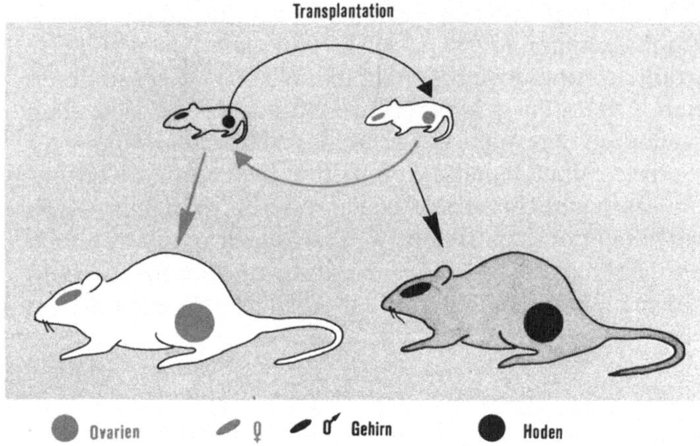

Abb. 108. Geschlechtsumwandlung nach wechselseitiger Transplantation von Hoden und Ovarien bei jungen Ratten. ♂ und ♀ Gehirn bedeutet: Gehirn mit aktivem männlichen bzw. weiblichen Verhaltensmuster. Erläuterungen im Text. (Modifiziert nach Levine, 1966)

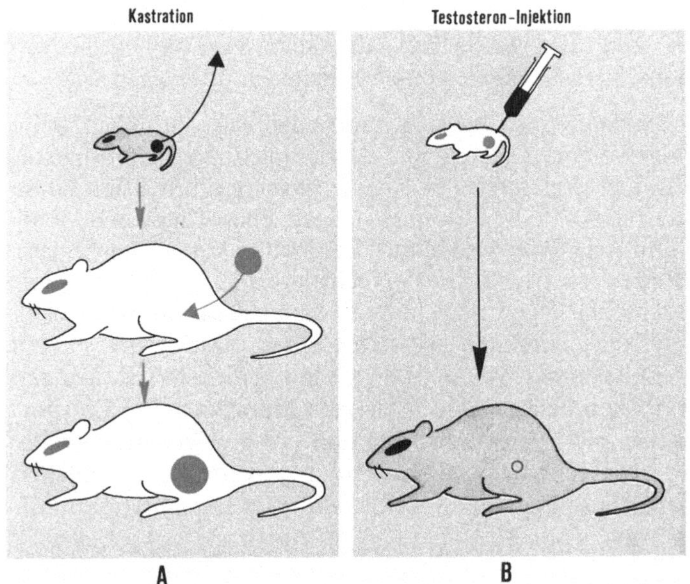

Abb. 109. (A) Wenn man eine junge männliche Ratte kastriert, dann kommt es zur Ausprägung eines weiblichen Gehirns. Später implantierte Ovarien werden funktionsfähig. (B) Nach Injektion von Testosteron beim weiblichen Jungtier kommt es zur Ausprägung eines männlichen Gehirns; die Ovarien werden rückgebildet. Erläuterungen im Text. (Modifiziert nach Levine, 1966)

Zusammenfassend ergibt sich folgendes Bild:

1. Die neuronalen Schaltkreise für männliches und weibliches Sexualverhalten sind im Gehirn von beiden Geschlechtern ausgebildet.

2. Innerhalb früher Entwicklungsstadien ist primär weibliches Sexualverhalten angelegt.

3. Das männliche Verhaltensmuster im Gehirn wird in einer bestimmten kritischen Phase (bei den meisten Säugetieren vor der Geburt) durch entsprechende Testosteron-Aktivität bestimmt.

4. In hohen Konzentrationen kann Testosteron beim erwachsenen Männchen die Wirkung von Progesteron imitieren und somit Neuronenschaltungen aktivieren, die für die weiblichen Verhaltensmuster relevant sind.

III. Aggressivität: Angriff und Verteidigung

Im Zusammenhang mit der Aggressivitätsforschung wird häufig die Frage berührt, ob Aggression angeboren sei oder nicht. Wie wir heute wissen, gibt es viele experimentelle Beweise für genetische Grundlagen bzw. Dispositionen. Aggressivität kann jedoch auch sozial bedingt sein und bei erblichen Dispositionen besonders stark hervortreten.
Aggressivität als Werkzeug für die Selbsterhaltung des Individuums ist auf verschiedenen Integrationsebenen des Gehirns repräsentiert. Hinsichtlich der Differenziertheit und Anpassungsfähigkeit unterscheiden wir im wesentlichen drei Stufen: (1) Die *Mittelhirn*stufe (zentrales Höhlengrau), (2) die *Hypothalamusstufe* und (3) als höchste die *limbische* Ebene.

1. Hirnreizung und -ausschaltung

Die ersten Anhaltspunkte über aggressives Verhalten und Hirnstruktur ergeben sich wieder aus Hirnverletzungsexperimenten. Wenn man bei Katzen, Affen oder Hunden die Hirnrinde teilweise oder völlig vom Hirnstamm abträgt (Abb. 110), kann es zur Enthemmung aggressiven Verhaltens kommen: Die Tiere befinden sich meist in einem gereizten Dauerzustand und reagieren auf die harmlosesten Reize. Im Unterschied zum natürlichen Verhalten sind die Wutausbrüche unspezifisch und praktisch unermüdbar.

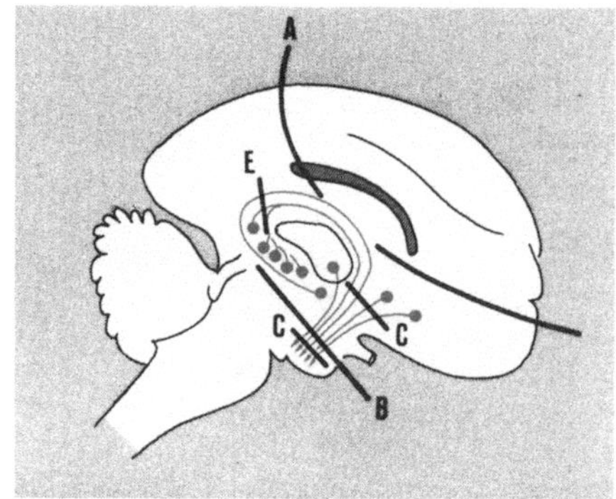

Abb. 110. Katzengehirn in Seitenansicht (Schema). Eingezeichnet sind operative Durchtrennungsebenen *A–E*, die zu Pseudowut führen. (Modifiziert nach Poeck, 1970)

Wenn man beim Affen solche Hirnabtragungen einseitig durchführt und gleichzeitig die beide Hirnhemisphären verbindende Kommissur (Corpus callosum) durchtrennt, so entsteht „triebmäßig" ein in sich zweigeteiltes Wesen: Wird jenes Auge, dessen Sehnerv zur gegenüberliegenden intakten Hirnseite führt, verdeckt, so verhält es sich friedlich; gibt man jedoch das Auge frei, dessen Nerv zur geschädigten Hirnhälfte führt, so wird es sofort wütend.

Die abgetragenen Hirnbereiche enthalten vermutlich Strukturen, die normalerweise die Aggressivität dämpfen. Dieser Einfluß zeigt sich besonders eindrucksvoll in folgendem elektrischen Hirnreizungsexperiment (Abb. 111): Der spanische Hirnforscher José Delgado konnte

Abb. 111 A und B. Ein auf ein rotes Tuch zu laufender Stier (A) wird durch Telestimulation von aggressionsdämpfenden Hirnregionen umgestimmt (B). (Nach Photos aus Delgado, 1971)

einen wütenden, auf ein rotes Tuch zu laufenden Stier durch „Telestimulation" plötzlich „umstimmen" und friedlich zurückweichen lassen.

2. Kombinierte Hirnreizungs- und -ausschaltungsexperimente

Wenn man lokale Hirnkoagulationen mit entsprechenden Stimulations-
mikromethoden kombiniert, erhält man über die Hirnrepräsentation
des aggressiven Verhaltens ein weit detaillierteres Bild. Durch punktförmige elektrische Hirnreizung des Totenkopfaffen zeigt sich, daß z.B.
Reizorte für *vokale* Aggressionsbereitschaft und gerichtete vokale
Aggression im Bereich des limbischen Komplexes liegen (Abb. 112,
rot).

Hirnreizungs- und -ausschaltungsexperimente an Katzen weisen darauf
hin, daß für die Kontrolle des *Angriffs-* und *Abwehr*verhaltens
bestimmte Strukturen der Mandelkerne, des medialen Hypothalamus
und des zentralen Höhlengraus des Mittelhirns verantwortlich sind.

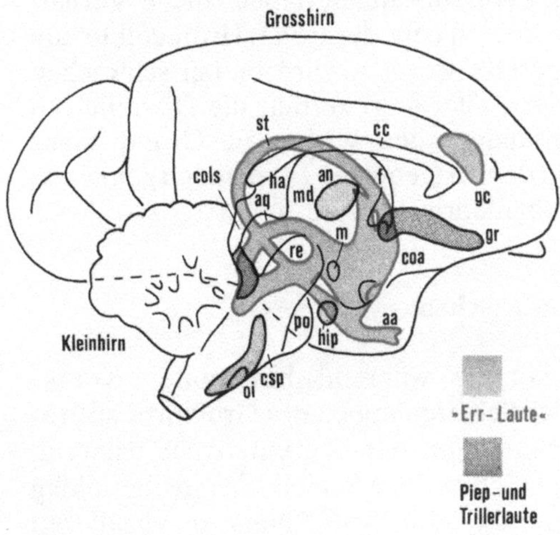

Abb. 112. Wirksame Strukturen für vokale Aggression (rot)im Hirn des Totenkopfaffen.
In dem schematischen Längsschnitt sind Bereiche zusammengefaßt, von denen aus durch
punktförmige elektrische Reizung beim frei beweglichen Tier bestimmte Vokalisationsar-
ten, wie z.B. gerichtete Aggression (Err-Laute) ausgelöst werden konnten. *aa* Area
anterior amygdalae, *an* Nucleus anterior, *aq* Substantia grisea centralis, *cc* Corpus
callosum, *coa* Commissura anterior, *cols* Colliculus superior, *csp* Tractus corticospinalis, *f*
Fornix, *gc* Gyrus cinguli, *gr* Gyrus rectus, *ha* Nucleus habenulae, *hip* Hippocampus, *m*
Corpus mamillare, *md* Nucleus medialis dorsalis thalami, *oi* Nucleus olivaris inferior, *po*
Griseum pontis, *re* Formatio reticularis tegmenti, *st* Stria terminalis. (Etwas modifiziert
nach Jürgens und Ploog, 1970)

Beide Verhaltensweisen lassen sich z. B. durch Reizung im Mandelkerngebiet auslösen. Dieser Effekt erlischt jedoch, wenn zuvor gleichzeitig Hypothalamus- und Mittelhirnregionen zerstört worden sind. Umgekehrt hat Mandelkernausschaltung keinen wesentlichen Effekt auf die durch Hypothalamusreizung ausgelösten Abwehrreaktionen. Während sich Hypothalamusausschaltung nicht langfristig auf das aggressive Verhalten auszuwirken scheint, kommt es jedoch nach beiderseitigen Ausschaltungen entsprechender Mittelhirnstrukturen auf Dauer zum Erlöschen jeglicher Aggressivität. Die an Katzen durchgeführten Experimente weisen auf eine mehrfache Hirnrepräsentation des aggressiven Verhaltens hin, wobei das *Mittelhirn* sozusagen eine Grundstufe darstellt, der *Hypothalamus* eine Objektgerichtetheit in den Verhaltenskomplex mit einbringt und die *Mandelkerne* für die Anpassung des Verhaltens an die wechselnden Umweltsituationen sorgen.

Wenn man bei einem Affen doppelseitig die Pole des Temporalhirns und die Mandelkerne entfernt, wird er überaus zahm und friedlich, kaum erregbar, fast teilnahmslos. Demgegenüber kann er jedoch Hypersexualität zeigen. Welche Auswirkungen haben solche Verhaltensänderungen auf die Sozietät? Wenn derartige Hirndefekte am Anführer eines Affenrudels gesetzt werden, wird er bei schwachen Syndromen zwar noch akzeptiert; allerdings zerfällt die Disziplin des Rudels. Bei starken Verhaltensänderungen wird er auf Grund seiner sexuellen Ausschweifungen von den Artgenossen zunehmend gemieden und fällt mit der Zeit auf die rangniedrigste Stufe.

3. Pathologische Befunde am Menschen

Aggressive Enthemmungen können während bestimmter Krankheitsprozesse in der Tiefe beider Schläfenlappen des Großhirns auftreten, z. B. im fortgeschrittenen Stadium der Tollwut. Auch während epileptischer Anfälle kann es im Gebiet der Mandelkerne zu übermäßig starken Entladungen kommen, die den Betroffenen zu zügellosen Gewalthandlungen bringen. Durch operative Ausschaltungen in solchen Bereichen können zwar die Wutanfälle behoben werden, was sich dann als weitere Folge der Läsion einstellt, ist jedoch nicht immer voraussagbar. Stimmungsmäßig kann apathische Gelassenheit, aber auch die Tendenz zur Hypersexualität eintreten.

1. Auch das aggressive Verhalten dient der Selbsterhaltung des Individuums; es ist auf verschiedenen Integrationsstufen im Gehirn repräsentiert. Aggression ist damit Umwelteinflüssen gegenüber anpaßbar und im Gesamtkomplex des Motivationsgefüges „gesichert".

2. Die räumliche „Vermaschung" verschiedener Funktionsstrukturen im limbischen System schränkt die Erfolgsaussichten für hirnchirurgische Behandlungen am Menschen erheblich ein. Hierbei wird stets entschieden werden müssen, was für den Patienten schwerwiegender ist, das pathologische Verhalten oder die sich nach dem operativen Eingriff einstellenden Verhaltensänderungen — sofern man diese überhaupt mit Sicherheit voraussagen kann.

IV. Lernen: Speicherung und Verstärkung

Im Zusammenhang mit den elektrischen Selbstreizungen wurde bereits erwähnt, daß das limbische System (Hippocampus) auch für die Lern- und Gedächtnisfunktionen des Gehirns eine wesentliche Rolle spielt. Wir wollen aus diesem komplexen Gebiet — auf dem unsere Kenntnisse noch ausgesprochen lückenhaft sind — ein paar Aspekte herausgreifen.

1. Prinzipien der Informationsspeicherung

Das Gedächtnis hat offensichtlich zwei Grundfunktionen — die eines *Kurz-* und eines *Langzeit*speichers. Die Kurzzeitspeicherung eines Erregungsmusters könnte man sich z.B. auf der Grundlage von Laufzeitschaltungen mit positiver Rückkoppelung vorstellen, so wie sie oben (Abb. 21 D) bereits skizziert worden sind. Eine solche Schaltung ließe sich von Neuronen mit exzitatorischer Synapse erregen und von anderen mit Hemmsynapse wieder löschen. Die Löschung wäre definitiv, wenn die Information nicht zuvor in einen Langzeitspeicher überführt und als beständiges Engramm — auf biochemischer Basis — fixiert worden ist. Wie Hirnausschaltungsversuche ergeben haben, ist eine solche Fixierung nicht lokal auf bestimmte Hirnbezirke beschränkt, sondern häufig auf weite Bereiche ausgedehnt. Hierbei müssen wir voraussetzen, daß für die Speicherung verschiedener Informationen einerseits gleiche Neuronenkollektive verwendet werden, dieselbe

Information aber andererseits auch in verschiedenen neuralen Funktionssystemen festgelegt sein kann.

2. Neurale Korrelate für das Speichern und Abrufen von Information

Die bedingte EEG-Reaktion. Mit relativ großflächigen Elektroden lassen sich — z. B. beim Menschen — von der Kopfhaut Hirnströme als Elektroenzephalogramm (*EEG*) ableiten (s. methodischen Anhang auf S. 209). Hierbei zeigt sich, daß der α-Rhythmus stets dann blockiert und durch einen höherfrequenten β-Rhythmus ersetzt wird, wenn die Hirnrinde Erregungsmuster verarbeitet. Dies kann beim Lösen einer

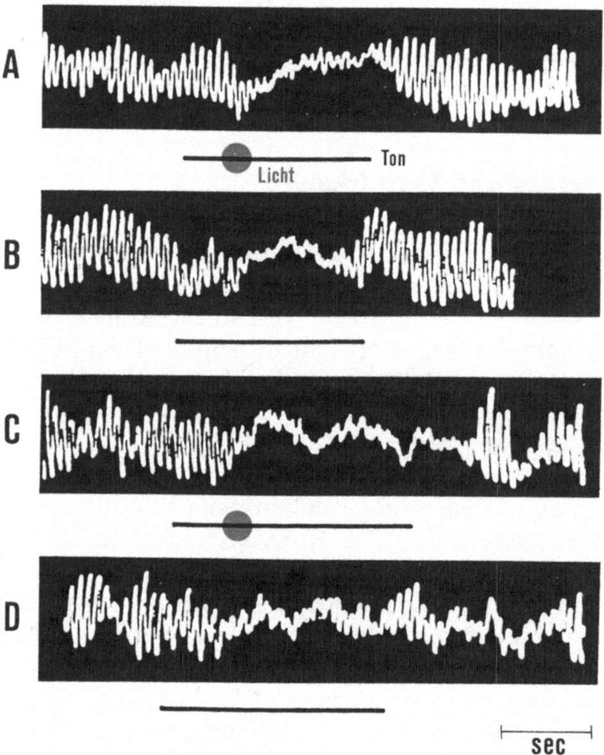

Abb. 113 A–D. Ausbildung einer bedingten EEG-Reaktion beim Menschen. Während Lichtpunktreizung (roter Punkt) geht der α-Rhythmus in einen β-Rhythmus über. Nach mehrmaliger Kombination von Lichtpunkt und einem indifferenten Ton kann schließlich der Ton allein (schwarzer Strich) den β-Rhythmus herbeiführen (B und D). (Modifiziert nach Popov, 1953)

Mathematikaufgabe, aber auch schon bei Lichtreizung der Fall sein
(113A). Wird nun der Lichtreiz mehrmals zusammen mit einem
indifferenten Signal — z.B. einem Ton — gegeben, so kann schließlich
nach mehrmaliger Kombination der Ton allein den α-Rhythmus
blockieren und den β-Rhythmus herbeiführen (Abb. 113B und D):
Zwischen Signal und Hirnaktivität (gemessen im EEG) hat sich eine
bedingte Reaktion ausgebildet. Das Gehirn hat etwas gelernt.
Das EEG wirkt hier als wichtiger Indikator. Über die zugrundeliegenden neurophysiologischen Vorgänge sagt es jedoch nichts aus.

„Abrufen von Information". Über die Grundlagen der Informations-
speicherung und -abrufung sind unsere Kenntnisse noch sehr gering. Es
gibt hirnphysiologische Hinweise dafür, daß Information — die ja in
weiten Bereichen des Gehirns festgelegt ist — von bestimmten Orten
der Großhirnrinde aus „abgerufen" werden kann. So hat man durch
elektrische Reizung bestimmter Bereiche der Area 18 beim Affen einen
Schmetterling „halluzinieren" können: Der Affe verfolgte ihn mit den
Augen, fing ihn mit der Hand und öffnete dann vorsichtig die Faust um
nachzusehen, was er gefangen hatte.
Auch im Verlauf von hirnchirurgischen Eingriffen am Menschen lassen
sich durch punktförmige elektrische Reizungen bestimmter Rindenbe-
reiche (zwischen Area 17,42 und dem Gyrus postcentralis) „Erinne-
rungsbilder" wecken. Hierbei können an Tagen zuvor gewonnene
Eindrücke aktiviert und gewissermaßen neu durchlebt werden.

„Thalamokortikale Erregungskreise". Welche Beziehungen gibt es nun
zwischen dem Lang- und Kurzzeitspeicher? Wir müssen voraussetzen,
daß zwischen beiden ein freier Austausch von Informationen gegeben
ist, denn nur hierdurch ist eine Verknüpfung der Gegenwart mit der
Vergangenheit möglich. Als wichtigste Kurzzeitspeicher scheinen beim
Säugetier die doppelläufigen Verbindungen zwischen Großhirnrinde
(Frontalhirn) und dem Zwischenhirn (dorsomedialer Thalamus) eine
Rolle zu spielen. Hinweise auf die Funktion dieser „thalamokortikalen
Erregungskreise" ergeben sich u.a. z.B. im Zusammenhang mit
pathologischen Befunden am Menschen. So könnten Zwangsneurosen
— wie Platzangst, Waschzwang u.a. — darauf zurückzuführen sein, daß
der überwiegende Teil der Kurzzeitspeicher mit dem pathologischen
Erregungsmuster im Sinne eines „Circulus vitiosus" besetzt und damit
für normale Auseinandersetzungen mit der Umwelt nicht mehr verfügbar ist.
Prinzipiell ist es möglich, durch operative Durchtrennung eines Teils
solcher Bahnen den Patienten von seinem Zwang zu befreien —
allerdings um einen hohen Preis: Der Informationsaustausch zwischen

Kurz- und Langzeitspeicher ist stark herabgesetzt; dadurch wird eine Verknüpfung zwischen Gegenwart und Vergangenheit für die Zukunft unterbunden; der Patient lebt praktisch nur noch in der Gegenwart. (Diese von E. Monitz 1936 als „frontale Leukotomie" eingeführte Hirnoperation wird heute in der Neurologie kaum mehr angewandt.)

Die „Hippocampus-Auswahlschleife". Nicht jede Information, die den Kurzzeitspeicher erreicht, wird auch dem Langzeitspeicher zugeführt. Hierzu ist eine der jeweiligen Motivationslage entsprechende Auswahl erforderlich.
Für die Informationsauswahl eignen sich besonders gut jene Hirnstrukturen, die eine direkte Beziehung zum Motivationsgefüge und zur affektiven Tönung des Gesamtverhaltens haben. Beim Säugetier sind es

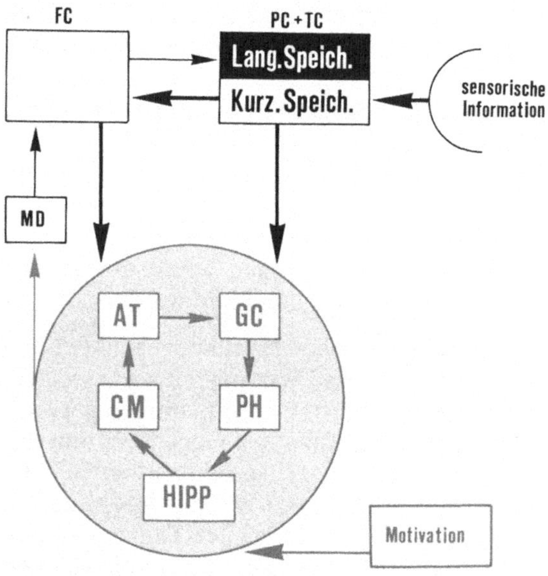

Abb. 114. Die „Hippocampus-Auswahlschleife" für die Übertragung sensorischer Informationen aus den Kurzzeitspeichern in die Langzeitspeicher. Eine Vorstellung über mögliche an der Information*sauswahl* beteiligte limbische Strukturen. Der Informationsfluß wird durch die Pfeile angedeutet. Die sensorische Information wird offenbar aus dem Kurzzeitspeicher direkt oder über den frontalen Kortex der „Auswahlschleife" zugeführt und von dort aus über den dorsomedialen Thalamus und den frontalen Kortex in den Langzeitspeicher geleitet. Erläuterungen im Text. *AT* anteriorer Thalamus, *CM* Corpus mamillare, *FC* frontaler Kortex, *GC* Gyrus cinguli, *HIPP* Hippocampus, *MD* dorsomedialer Thalamus, *PC* parietaler Kortex, *PH* Parahippocampus, *TC* temporaler Kortex. (Modifiziert nach Kornhuber aus Zippel, 1973)

Bestandteile des limbischen Systems, kurz „Hippocampus-Schleife"
genannt (Abb. 114). Sie verbindet Lang- und Kurzzeitspeicher und
erhält ihre Antriebe aus den Motivationssystemen (Hypothalamus,
Mandelkerne, orbitaler Kortex).
Nach operativer Abtrennung dieser Schleife sind zwar beide Speicher
intakt, Informationen können jedoch nur noch für wenige Sekunden
oder Minuten behalten werden. Man bezeichnet die Ausfallserschei-
nung beim Menschen als „Karsakow-Syndrom".

3. Verstärkersysteme

Das Auffinden von Hirnstrukturen, deren Reizung vom Tier als
Belohnung oder als *Bestrafung* empfunden wird, haben unsere neurobiologischen Vorstellungen über Motivation und Verstärkung erheblich
konkretisieren können.
Solche Hirnareale können mit Hilfe der von James Olds (1954)
eingeführten elektrischen „Selbstreizung" ausfindig gemacht werden.
Standard-Versuchstiere sind Ratten. Ihnen werden feine Drahtelektro-
den in bestimmte Hirnregionen eingepflanzt. Auf dem Boden des
Versuchskäfigs befindet sich ein Schalter, der bei zufälligem Herüber-
laufen des Tieres Kontakte schließt und über die Hirnelektroden eine
elektrische Selbstreizung bedingt (Abb. 115); der Schalter ist an ein
Zählwerk angeschlossen. Sitzt die Elektrode in einem indifferenten
Hirngebiet, so werden etwa 25 solcher zufälligen Kontakte pro Std
geschlossen.

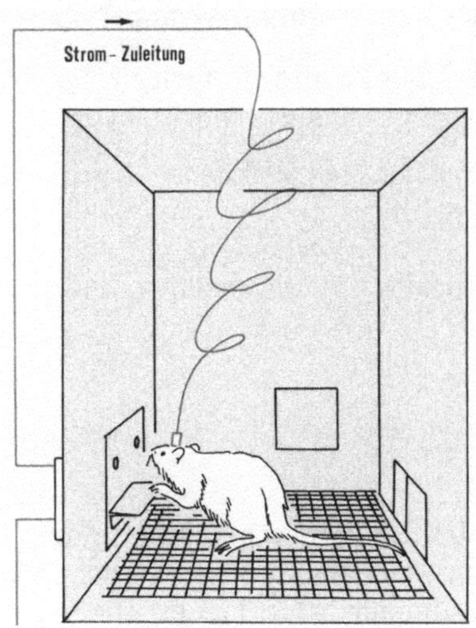

Abb. 115. Schema einer Versuchsanordnung für elektrische Hirnselbstreizungen.
Durch Tastendruck kann das Versuchstier
(hier eine Ratte) einen bestimmten Ort in
seinem Gehirn über eine dauerimplantierte Elektrode elektrisch reizen. Erläuterungen im Text. (Etwas modifiziert nach
Olds, 1956)

Bei bestimmten Elektrodenpositionen können jedoch 200 bis zu 7000, oder auch nur 2–3 Selbstreizungen pro Std auftreten. Offensichtlich wirkt dann der Reiz im einen Falle als *Belohnung*, im anderen dagegen als *Strafe*. — Entsprechende Resultate hat man auch bei höheren Säugetieren und teilweise auch beim Menschen finden können.

Wo liegen nun diese Verstärkungszonen? Als *Belohnung* werden Reizungen des limbischen Systems im Bereich des lateralen Hypothalamus und bestimmten Mittelhirnregionen empfunden; sie sind durch das mediale Vorderhirnbündel verbunden. Als *Strafe* wirken dagegen Reizungen von Arealen, die dem Mittelhirndach vorgelagert sind und sich in periventrikuläre Bereiche des Zwischenhirns hineinziehen.

Durch kombinierte Hirnreizungs- und -ausschaltungsexperimente zeigte sich nun, daß die *positiven* Verstärkerstrukturen des limbischen Systems hemmend auf die *negativ* verstärkenden und diese wiederum hemmend auf die positiv verstärkenden im lateralen Hypothalamus und dem Mittelhirn einwirken. Ploog und Gottwald (1974) stellen zur Diskussion, ob vielleicht der Ursprung solcher Kontrollmechanismen für positive Verstärkung (Belohnung) und negative Verstärkung (Bestrafung) in „entsprechenden" Strukturen des Amphibiengehirns für *Zuwendung* und *Abwendung* begründet sein könnte; für diese Verhaltenssysteme ergaben sich ähnliche Verknüpfungen im zentralen Wirkungsgefüge (vgl. Abb. 60).

Wir fassen einige Gesichtspunkte zusammen:

1. Grundlage für das Gedächtnis sind Kurz- und Langzeitspeicher. Zwischen beiden besteht ein freier Austausch von Informationen.

2. Information wird in weiten Bereichen des Gehirns festgelegt, sie kann jedoch von bestimmten Orten aus abgerufen werden.

3. Eine Auswahl für langfristige Speicherungen könnte beim Säugetier durch bestimmte Funktionsstrukturen des limbischen Systems vorgenommen werden. Sie erfolgt in Verbindung mit den Motivationssystemen, die ihrerseits Strukturen für positive und negative Verstärkung enthalten.

V. Sozialer Streß

Für jedes Individuum ist der benachbarte Partner ein Teil seiner Umwelt. Er kann sein Verhalten und damit auch seinen physiologischen Zustand mehr oder weniger stark bestimmen. Bei Tieren, die im

Sozialverband leben, kommen solche Faktoren besonders stark zur Geltung: Änderungen der Sozietät können sich auf die Physiologie aller Beteiligten auswirken. Bei den auslösenden Faktoren kann es sich um zu hohe Bevölkerungsdichte, Kampf oder auch Angst handeln; sie werden Stressoren genannt. Der physiologische Zustand heißt Streß.

1. Wie macht sich Streß bemerkbar?

Streß führt über eine Aktivierung des sympathischen Nervensystems zu Nebennierenhormon-Ausschüttungen. Das Resultat: Erhöhung der Herzschlag- und Atmungsfrequenz, Blutdruckerhöhung, Erhöhung der Skelettmuskeldurchblutung zu Lasten der Magen/Darm- und Nierendurchblutung, erhöhter Blutzuckerspiegel, Hemmung der Keimdrüsen. Streß kann in Verbindung mit der Aktivierung des sympathischen Nervensystems ein wichtiger Überlebensfaktor sein. Er sichert das Verhalten in Ausnahmesituationen.
Bei häufiger Wiederholung von Streßsituationen kann der Körper jedoch seine Anpassungsfähigkeit verlieren. Trotz normaler Nahrungsaufnahme schwindet das Körpergewicht, und es kommt zu Muskelkrämpfen und Lähmungen. Schließlich kann der Tod eintreten. Ursache hierfür ist häufig eine Harnstoffvergiftung (Urämie) — beim Menschen auch „Schockniere" genannt. Sie beruht auf Versagen der Nierenfunktion infolge von Durchblutungsstörungen.

2. Wie kann man Streß messen?

Streß hat gewissermaßen etwas Unheimliches an sich, denn man kann ihn jedem Individuum nicht ohne weiteres ansehen. Es gibt hierfür jedoch bei manchen Säugetieren Indikatoren. Denken wir z.B. an die „Gänsehaut", die wir in bestimmten Angstsituationen bekommen. Bei den behaarten Säugetieren ist Furcht häufig mit einem Aufrichten (Sträuben) der Körperhaare verbunden. Derartige Effekte kann man bei Hunden, Katzen und Affen auch durch punktförmige elektrische Reizung bestimmter vegetativer Gebiete des limbischen Systems und des Hypothalamus auslösen (Abb. 116). Sie sind dann häufig mit anderen vegetativen Syndromen verbunden, wie z.B. Pupillenerweiterung, Schweißsekretion, Blutdruckerhöhung. Auch Streß hat eine zentralnervöse Repräsentation.
Das Haare-Sträuben ist besonders deutlich bei den Tupajas ausgeprägt. Es handelt sich bei diesen Tieren um etwa eichhörnchengroße, tagesaktive Säuger, die von manchen Systematikern zu den

Halbaffen gezählt werden. Sie leben einzeln oder paarweise in den Wäldern Südostasiens. Auffallend und für uns im vorliegenden Zusammenhang wichtig ist ihr Schwanz. Normalerweise sind die Schwanzhaare angelegt (Abb. 117A). Bei Erregung des vegetativen Nervensystems richten sie sich sofort auf (Abb. 117B). An diesem Indikator läßt sich ihr

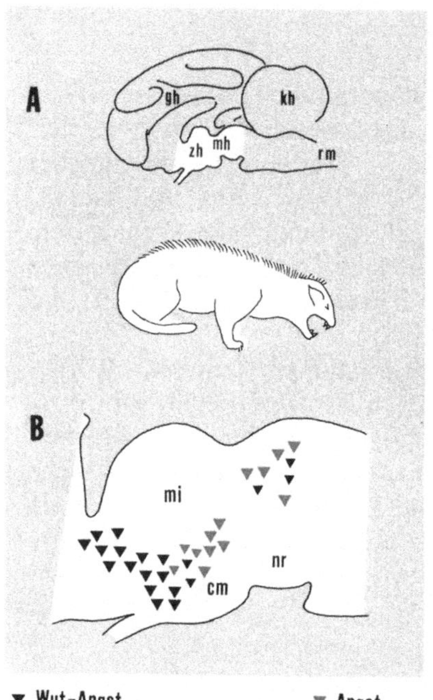

Abb. 116A und B. Orte im Hypothalamus der Katze, bei deren Reizung mit Hilfe einer chronisch implantierten Elektrode Wut-Angst und Angst ausgelöst werden können. Der helle Bereich im schematischen Hirnlängsschnitt oben (A) ist unten (B) ausschnittsweise vergrößert dargestellt. *gh* Großhirn, *mh* Mittelhirn, *kh* Kleinhirnrinde, *rm* Rükkenmark, *zh* Zwischenhirn, *cm* Corpus mamillare, *mi* Massa intermedia (Thalamus), *nr* Nucleus ruber. (Modifiziert nach Hess)

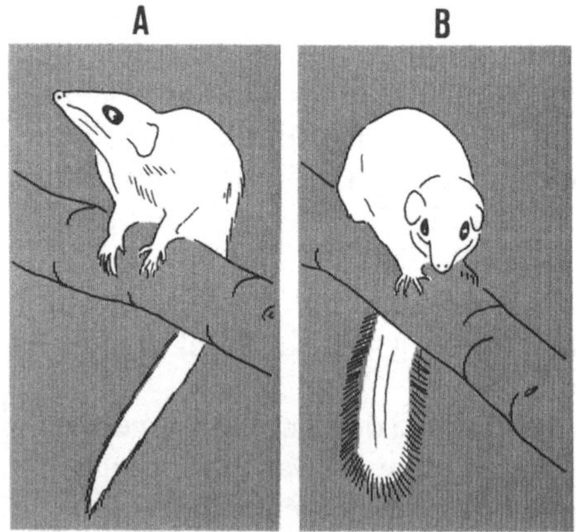

Abb. 117A und B. Adultes Tupaja-Weibchen mit normal angelegten Schwanzhaaren (A) und mit gesträubtem Schwanz (B). (Nach Photos aus D. v. Holst, 1969)

194

Streß messen. Man ermittelt hierzu z.B. die Dauer des gesträubten
Zustandes in % eines 12stündigen Beobachtungszeitraums. Dieser
Schwanzsträube-(SST)-Wert ist gleichzeitig ein Maß für die Aktivierungsdauer des vegetativen Nervensystems.
Mit Hilfe der SST-Werte kann man die ökologischen Grundlagen für
Streßsituationen quantitativ erforschen. Wir wollen uns hier auf zwei
Stressoren konzentrieren: Populationsdichte und Angst.

3. Populationsdichte

Junge Tupajas leben mit ihren Eltern zusammen im Familienverband.
Der SST-Wert der Eltern ist über längere Zeit hinweg konstant. Er
steigt jedoch an, sobald ein Junges geschlechtsreif wird und mit seinem
spezifischen Duftstoffsekret (aus Urin und einem Sternaldrüsensekret
bestehend) im Gehege Duftmarken setzt. Hierbei wirken geschlechtsreife Männchen nur auf den Vater, geschlechtsreife junge Weibchen
dagegen nur auf die Mutter.
Das Ansteigen des SST-Wertes zeigt eine deutliche Beziehung zu den
Geschlechtshormonen. Man kann den Einfluß von Testosteron in
Kastrationsexperimenten näher untersuchen (Abb. 118): Im Anschluß
an die Kastration sinkt der SST-Wert des Vaters — auch dann, wenn
geschlechtsreife junge Männchen anwesend sind; nach Testosteron-Injektion steigt er wieder vorübergehend an.
Sobald nun der SST-Wert der Mutter 20% übersteigt, frißt sie ihre
Jungen auf. Worauf ist dieses Verhalten zurückzuführen? Normalerweise gibt eine an ihrem Brustbein befindliche Drüse Sekrekt ab, mit
dem sie ihre Jungen markiert. Dieses Sekret schützt die Jungen vor den
Artgenossen — auch vor der Mutter selber. Befindet sich die Mutter im
Streß, dann stellt die Drüse ihre Sekretionstätigkeit ein: jetzt sind die
Jungen auch vor ihr ungeschützt.

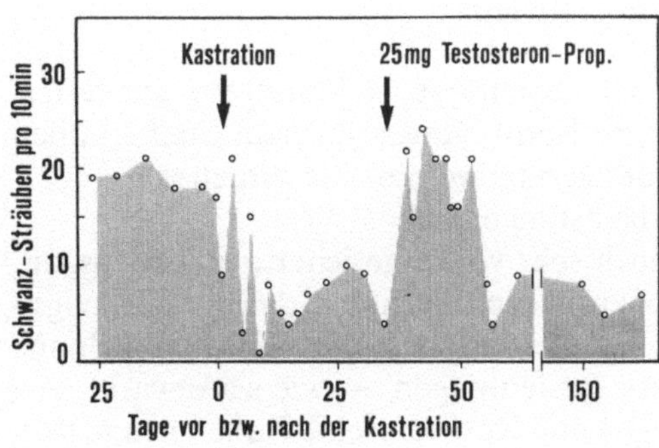

Abb. 118. Schwanzsträube-Werte eines gestreßten männlichen Tupaja nach der Kastration (s. Pfeil) sowie nach Injektion von Testosteron. (Etwas modifiziert nach D. v. Holst und Buergel-Goodwin, 1975)

195

Worin mag der biologische Sinn dieses Dichte-Effektes bestehen? Er vermeidet — ohne es zu aggressiven Auseinandersetzungen kommen zu lassen — das weitere Anwachsen der Population im Gehege. Woran wird die Populationsgröße erkannt? Tupajas setzen Duftmarken. Je höher die Populationsdichte ist, desto größer ist die Anzahl der Duftmarken pro Fläche. Zunehmende Kontakthäufigkeit mit diesen Markierungen führt zu sozialem Streß, der schließlich das weitere Ansteigen der Population hemmen kann.

4. Streß durch Unterlegenheit

Tupajas können mit fremden Artgenossen, aber auch mit Familienangehörigen des gleichen Geschlechts sehr heftige Rangkämpfe durchführen. Die Auseinandersetzungen sind kurz und unblutig. Während sich der Sieger um den Verlierer ohnehin nicht mehr kümmert, steht der Unterlegene noch weiterhin unter dem Einfluß des Kampfes und sucht ein dunkles Versteck auf. Seine SST-Werte sind sehr hoch. Solange zwischen ihm und dem Sieger jeder Sichtkontakt vermieden werden kann, erholt er sich bald wieder. Bleibt aber der Sieger für ihn optisch sichtbar, so stellt dies für den Besiegten eine regelrechte Belastung dar. Die SST-Werte sind hoch, das Tier nimmt an Gewicht ab und stirbt innerhalb von 2–16 Tagen an Harnstoffvergiftung.
Auslöser für diese Belastung ist der Sichtkontakt zum Überlegenen und die damit verbundene Erfahrung des Besiegtseins. Hierbei stellt das zentralnervös auf dem Wege der „Hippocampus-Schleife" (Abb. 114) eingespeicherte Ereignis über die Verlierersituation die Verbindung zur Aktivierung des sympathischen Nervensystems her. Das Bild des Überlegenen läßt dieses Ereignis nicht abklingen. Neuere Untersuchungen weisen darauf hin, daß auch „Stärke" in bestimmten Bereichen des limbischen Systems repräsentiert ist.

5. Streß in der menschlichen Gesellschaft

Auch der Mensch reagiert auf psychische Belastungen, die durch Familienärger, Erfolglosigkeit im Beruf, Angst vor dem Chef — aber auch durch spannende „Thriller" gesetzt werden. Sie wirken sich jedoch selten zu schädigenden Dauerbelastungen aus.
Leider kennen wir zur Zeit noch sehr wenig gesicherte Kausalzusammenhänge. Das mag mit darauf zurückzuführen sein, daß die Wirkungsweise solcher Stressoren in starkem Maße vom Einzelindividuum abhängt. Inwieweit z.B. dichte Besiedlungen — wie sie etwa in den Slums auftreten —, Anpassungen und Resistenz eine Rolle spielen, läßt

sich nicht sagen. Hinter dem, was wir unter „Anpassung" verstehen, könnte sich langfristig gesehen bereits der eigentliche Schaden verbergen. Aus der Tierpsychologie gibt es hierzu Beispiele:
Die in Kolonien lebenden Ratten zeigen bestimmte Freßgewohnheiten. Sie verzehren ihre Beute allein und halten dabei eine bestimmte Distanz zum Nachbarn ein. Man kann nun die Ratten experimentell längere Zeit dazu zwingen, dicht gedrängt von derselben Futterstelle zu fressen. Gibt man ihnen dann wieder den ursprünglichen Freiraum, so lehnen sie ihre alten Freßgewohnheiten ab: Jetzt *wollen* sie nur noch dicht gedrängt in der Masse fressen. Monate später stellen sich katastrophale Verhaltensstörungen ein: die Weibchen vernachlässigen ihre Jungen und bauen keine Nester mehr. Auch das Fortpflanzungsverhalten ist gestört — die Population stirbt aus.

Der Zoologe Dietrich von Holst gibt zu bedenken:
„Die Ergebnisse der Biologie weisen auf mögliche Gefahren hin und werfen Fragen auf, die nun von der Soziologie, Psychologie und Medizin ernsthaft im Hinblick auf den Menschen untersucht werden müssen. Voraussetzung ist hierbei, daß sich die Untersuchungen an den Ergebnissen der Biologie orientieren und von hier aus ihre Arbeitsmethoden entwickeln. Es ist für uns alle eine zu große Gefahr, auf die „Besonderheit" des Menschen zu bauen und derartige „tierisch" physiologische Mechanismen nicht ernst zu nehmen bzw. zu glauben, durch rationelle Erkenntnis oder medizinische Hilfe mit den Problemen fertig werden zu können."
(Zitat aus dem Vortrag „Sozialer Streß bei Tier und Mensch", gehalten vor der Rheinisch-Westfälischen Akademie der Wissenschaften in Münster/Westf.).

J. Methodischer Anhang

Die Forschungsbeispiele lehren, daß befriedigende Antwort auf die Frage nach den neuralen Grundlagen einer Verhaltensweise nur durch Einsatz verschiedener methodischer Verfahren gegeben werden kann. Die Untersuchungstechniken stammen in erster Linie aus der *Verhaltensphysiologie, Elektrophysiologie, Neurochemie, Neuroanatomie* und der *Nachrichtentechnik*. Die gewonnenen Ergebnisse können mosaikartig zur Klärung des untersuchten Wirkungsgefüges beitragen. Viele Methoden setzen oft langjährige Erfahrungen voraus. Daher hat sich gerade auf dem Gebiet der Neuro-Ethologie das Zusammenarbeiten in Forschergruppen als sehr fruchtbar erwiesen.
Der folgende Anhang möge kurze Einblicke in verschiedene Arbeitstechniken vermitteln.

I. Voraussetzungen für die Verhaltensanalyse

Die verhaltensbiologischen Untersuchungstechniken sind — da sie stets einem bestimmten Tier und einem speziellen Fragenkomplex angepaßt sein müssen — sehr vielfältig. Im folgenden sei daher nur auf ein paar allgemeine Voraussetzungen hingewiesen.

1. Das Versuchstier

Es ist eine alte Erfahrung von Physiologen und Ethologen, daß die experimentelle Untersuchung eines Fragenkomplexes mit der Wahl des Versuchstieres gewissermaßen steht und fällt. So ist die Taufliege *Drosophila* auf Grund ihres übersichtlichen Chromosomenbestandes und ihres kurzen Entwicklungszyklus zum „Haustier" der Genetiker geworden, die Katze zählt u. a. wegen ihrer konstanten Hirn-Schädel-Relationen unter den Säugetieren zu den Hauptuntersuchungsobjekten der Hirnphysiologen, der Frosch ist seit Galvani Lieblingstier der Neurophysiologen; man könnte die Reihe mit zahlreichen Beispielen fortsetzen. Im Bereich der Neuro-Ethologie stehen wir vor dem Problem, für das Labor Versuchstiere zu finden, die gleichermaßen für verhaltensbiologische und für neurophysiologische Untersuchungen geeignet sind. Denn es ist für die Frage nach den neuralen Grundlagen des Verhaltens wohl nur wenig gewinnbringend, wenn man etwa eine Verhaltensweise der Biene studiert, möglicherweise entsprechende neurophysiologische Systeme am Beispiel der Fliege untersucht und histologische Kenntnisse über vergleichbare Substrate bei der Ameise erwirbt — mit der Begründung, daß jedes dieser Tiere für die Untersuchung der betreffenden Fragestellung besonders gut geeignet sei. Man würde bei einem derartigen Vorgehen strenggenommen nur Fragmente erhalten, die die Möglichkeit für kausale Aussagen über ein Funktionsgefüge von vornherein einschränken.

Tatsächlich kennzeichnet dies jedoch die Situation, in der sich der Neuro-Ethologe häufig befindet. Ein Tier, das für den experimentellen Ansatz in dem einen Untersuchungsbereich zugänglich ist, braucht diese Voraussetzungen keineswegs auch für andere Bereiche „mitzubringen" und vice versa. Solche Unterschiede können viele Ursachen haben. Zu den wichtigsten zählen bei elektrophysiologischen Experimenten der physiologische Zustand des Versuchstieres nach der Präparation und der jeweils verwendete Elektrodentyp. Hier lassen sich oft Verbesserungen erreichen.

„Gute" Versuchstiere findet man für neuroethologische Fragestellungen vor allem unter den niederen Wirbeltieren und den Wirbellosen. Bei ihnen laufen viele Verhaltensweisen nach einem konstanten, relativ starren Programm ab. Neurophysiologisch von Vorteil ist bei Wirbellosen die relativ geringe Anzahl von Neuronen, aus denen sich das Zentralnervensystem zusammensetzt, und die Dicke mancher Nervenfasern, die bei einigen Tiergruppen als sogenannte Riesenfasern ausgebildet sein können. Fliegen, Grillen und bestimmte Schneckenarten sind damit zu „Haustieren" in vielen neuroethologischen Labors geworden.

2. Tierhaltung und Experiment

Nicht jedes Tier zeigt in Gefangenschaft sein natürliches Verhaltensrepertoire. Vergleichende Labor- und Freilanduntersuchungen sind dann unumgänglich. Gute Tierhaltung erfordert in der Regel eine mehrjährige Erfahrung. Sie bildet die Voraussetzung für Verhaltensexperimente und für das Gelingen entsprechender neurophysiologischer Versuche. Krasse Unterschiede der Tierhaltung in Forschungsgruppen, die mit dem gleichen Versuchstier arbeiten, sind oft die unerkannte Ursache für Kritik etwa, daß ein und dasselbe Experiment nicht „in jeder Hand" gelänge.

3. Verhalten und Aktivitätsperioden

Voraussetzung für die Untersuchung einer bestimmten Verhaltensweise
ist die genaue Kenntnis des gesamten Verhaltensinventars. Hierzu
werden gewöhnlich alle beobachtbaren Verhaltensweisen, die das Tier
auf Außenreize, gegenüber Artgenossen oder auch spontan zeigt, in
einem sogenannten Ethogramm aufgelistet. Dabei muß beachtet
werden, daß alle Tiere tages- und jahreszeitlichen Aktivitätsperioden
unterliegen. Bevor man das Verhalten während der Hauptaktivitätspe-
rioden nicht genau kennt, sind außerhalb dieser Zeit durchgeführte
Experimente relativ nutzlos. Sie können erst später zum Vergleich mit
herangezogen werden.
Tiere, die Winterruhe halten, unterscheidet man nach Jahreszeit im
Laborjargon häufig in „Sommer"- und „Winter-Tiere". Hier ist beim
Experimentieren ein zeitliches Aufeinanderabstimmen von verhaltensbiologischen und neurobiologischen Experimenten in den Hauptaktivi-
tätsperioden unerläßlich. Wenig erfolgversprechend sind z. B. Vorha-
ben, die darauf abzielen, während der Winterruhe bei einem Tier im
Gehirn nach Neuronen zu suchen, die möglicherweise an der Auslösung
und Steuerung motivierter Verhaltensweisen beteiligt sind. Auch wenn
man diese Tiere unter konstanten Laborbedingungen überwintern läßt,
gehen sie — von endogenen Faktoren gelenkt — durch ein Stadium der
Winterruhe.

4. Wie kann man Verhalten messen?

Bei der Untersuchung von Reiz-Reaktions-Zusammenhängen ist es
wichtig, die Wirksamkeit eines Signals für die Auslösung einer
Verhaltensweise quantitativ zu erfassen. Wenn sich die Reizwirksamkeit in der Höhe der Verhaltensantwort widerspiegelt, muß für sie ein
geeignetes Maß gefunden werden. Grundsätzlich bieten sich hier
verschiedene Möglichkeiten an. Läßt sich eine Verhaltensreaktion mit
Hilfe einer Attrappe in kurzen Abständen über einen längeren
Zeitraum hinweg auslösen, so kann als Maß für ihre Reizwirksamkeit
die Häufigkeit der pro Zeiteinheit auslösbaren Reizantworten definiert
werden. Wenn die Verhaltensweisen jedoch seltener auftreten, kann
man die relative Häufigkeit angeben, mit der ein Reiz erfolgreich
geboten wird. Die Fähigkeit, Reize voneinander zu unterscheiden, läßt
sich auch im Dressur- oder im Gewöhnungsexperiment testen. — Für
die Datenerfassung gibt es eine Reihe von Hilfsmitteln. Zu den
einfachsten und gleichzeitig wichtigsten gehören Stoppuhr und Strichli-
ste (Abb. 119). Häufig werden elektronische Zählgeräte und Ereignis-

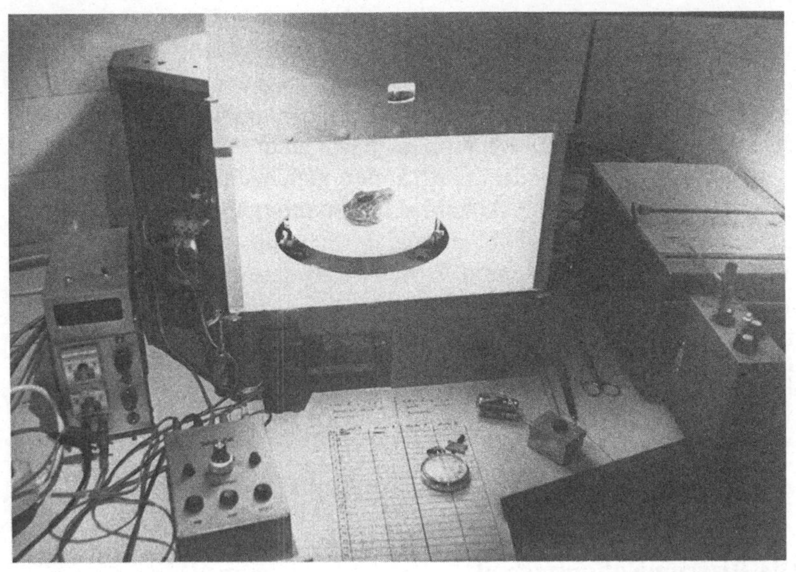

Abb. 119. Beispiel eines einfachen Arbeitsplatzes für quantitative Verhaltensexperimente. Mit Hilfe dieser Versuchsanordnung kann man bei der Erdkröte den Einfluß verschiedener Attrappen (Kartonstückchen) auf das Beutefangverhalten messen. Die Attrappe wird in dem für die Kröte unsichtbaren konzentrischen Schlitz maschinell mit konstanter Winkelgeschwindigkeit bewegt. Als Maß für die Beutefangaktivität wird die Anzahl ruckartiger Zuwendereaktionen während einer Minute lang dauernden Umkreisungen der Attrappe definiert. Als Hilfsmittel für die Datenerfassung genügen Stoppuhr und Protokollblatt (vorn im Bild). Die zeitliche Folge der Reizantworten kann auch über Tastendruck mit einem Ereignis-Papierschreiber aufgezeichnet werden. (Vgl. Abb. 38)

schreiber verwendet. Tonbandprotokolle eignen sich vor allem für Freilandversuche.

Neben der numerischen Erfassung von Verhaltensantworten gibt es noch weitere Meßmethoden, die jedoch stets einer speziellen Fragestellung angepaßt sind und sich auf ein bestimmtes Versuchstier beziehen: So läßt sich die Reaktionsbereitschaft mancher Fische auf bestimmte Reize an der Ausprägung und Intensität ihrer Körperfärbung ablesen. Die spektrale Empfindlichkeit des Guppy kann man bei schräg einfallendem Licht aus der Winkelabweichung seiner Körperlängsachse gegen die Lotrechte ermitteln.

Die vom Einzelindividuum registrierten Antworten geben meistens eindeutigen Aufschluß über die Reiz-Reaktions-Beziehung. Einschränkungen können jedoch auftreten, wenn man als Reizantwort die Summe der Reaktionen eines aus mehreren Tieren bestehenden Kollektivs verwendet. Wir veranschaulichen dies an folgendem Beispiel: In einem Wassergraben sitzen mehrere Frösche auf relativ eng umgrenztem Raum. Über ihre Köpfe hinweg wird als Beuteattrappe ein Hosenknopf, an einer Angel befestigt, hin und her geschwungen. Während einer festgesetzten Zeitspanne schnappen nach dem Knopf *n* Frösche. Werden jetzt zwei solcher Beuteattrappen gleichzeitig in dieser Weise gezeigt, dann kann sich die Anzahl schnappender Frösche nahezu auf das Doppelte erhöhen. Die mögliche Schlußfolgerung, daß zwei Beuteobjekte für den einzelnen Frosch reizwirksamer als ein einziges Beuteobjekt sind, ist keineswegs zwingend — vielleicht sogar falsch; denn das Futterangebot hat sich für das gesamte „Froschkollektiv" vergrößert: je mehr Futter, desto mehr Tiere.

II. Aufklärung von verhaltenswirksamen Hirnstrukturen

1. Die Hirnstimulationstechnik

Elektrische Hirnreizungen für die systematische Erfassung von verhaltenswirksamen Strukturen sind erstmals von W. R. Hess an frei beweglichen Katzen durchgeführt worden. Inzwischen hat sich diese Technik zum Routinewerkzeug von Neurophysiologen, Neurologen und Neuro-Ethologen entwickelt.

Präparationstechnik. Methodisch geht man folgendermaßen vor: Nach dem Öffnen der Schädeldecke mit Hilfe eines Spezialbohrers wird beim narkotisierten Tier zunächst die Hirnoberfläche vorsichtig freigelegt. Danach können zwei oder mehrere Elektroden in die zu untersuchende Hirnregion versenkt und mit Hilfe einer schnell härtenden Substanz — hierzu eignet sich Dentalzement — im Schädel fixiert werden. Bei größeren Tieren empfiehlt sich ein Kopfaufsatz mit verstellbarer Elektrodenführung (Abb. 120, rechts).

Stereotaxis. Hirnreizungsversuche setzen eine genaue histologische Kenntnis des betreffenden Gehirns voraus. Für zahlreiche Wirbeltiere gibt es heute stereotaktische Hirnkarten, in denen alle wichtigen Kern- und Faserregionen — auf bestimmte Fixpunkte des Schädels bezogen — in ein Koordinatennetz eingetragen sind (Abb. 120, links). Solche Karten ermöglichen es, die Elektrode mit Hilfe eines speziellen Mikromanipulators („stereotaktisches Zielgerät") blind bis in eine bestimmte Kernregion vorzuschieben. Das Versuchstier empfindet hierbei keinerlei Schmerzen, denn das Gehirn selbst ist völlig schmerz-

unempfindlich — ausgenommen die Hirnhaut, die ja zuvor während der Narkose über dem betreffenden Hirnteil entfernt worden ist.
In der Neurochirurgie (Abb. 121) werden Hirnläsionen — etwa zur Dämpfung eines bestimmten Kerngebiets — bei vollem Bewußtsein

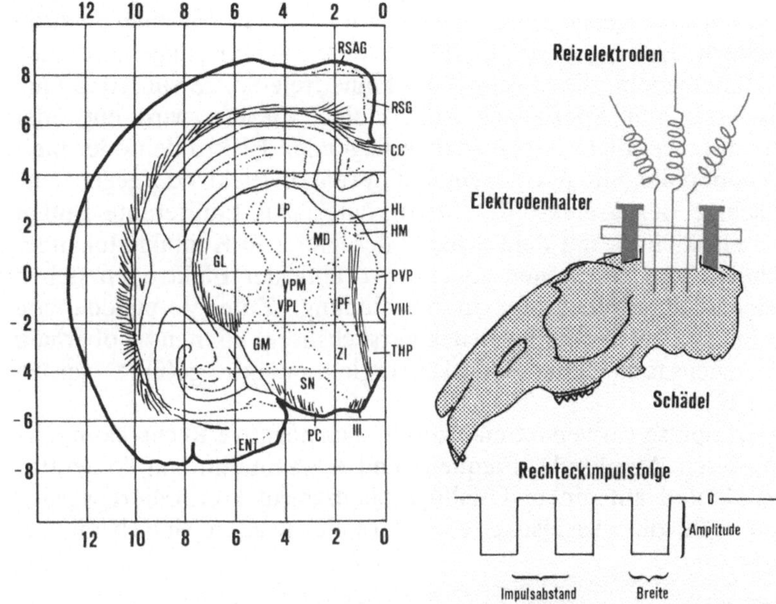

Abb. 120. Eine Seite aus dem stereotaktischen Hirnatlas des Kaninchens (modifiziert nach Bureš et al., 1967). Die Karte zeigt einen Querschnitt durch die linke Großhirn-Zwischenhirn-Region. *Rechts:* Anordnung eines Elektrodenhalters im Schädel. *Unten:* Parameter, die bei Reizung mit pulsierendem Gleichstrom u. a. variiert werden können

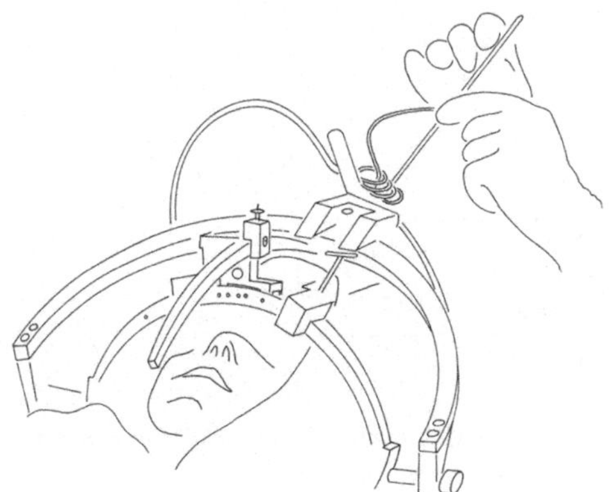

Abb. 121. Stereotaktisches Zielgerät für neurochirurgische Eingriffe in der Humanmedizin

203

durchgeführt. Während des stereotaktischen Vorschiebens der Elektrode setzt der Neurologe in gewissen Abständen elektrische Reize. Er kann dann aus den Koordinaten eines funktionellen stereotaktischen Atlasses und dem Verhalten des Patienten jeweils genau die Elektrodenposition ermitteln.

Elektroden und Reizimpulse. Welche Elektroden verwendet man im Tierversuch? Es handelt sich hierbei um elektrolytisch „zugeschliffene" feine Metallnadeln, die jeweils bis auf eine freie Spitze von 10–50 µm Durchmesser mit Speziallack isoliert sind. Gereizt wird entweder bipolar mit zwei dicht nebeneinanderliegenden Elektroden oder meistens monopolar mit jeweils einer differenten Elektrode gegen eine großflächige Bezugselektrode (Indifferente). Als Indifferente genügt hierbei ein kleines, mit dem Schädel des Tieres in Kontakt stehendes Metallplättchen. Die feinen Zuleitungsdrähte der Elektroden stehen mit einem Impulsgenerator in Verbindung. Zum Vermeiden von Verdrillungen bei Bewegungen des Versuchstieres können sie oberhalb der Versuchsarena über Quecksilbergleitkontakte geführt werden (Abb. 122).
Als Reizimpulse verwendet man gewöhnlich negative Rechteckimpulsfolgen, deren Amplitude, Frequenz und Plateaubreite am Generator eingestellt und auf einem Oszillographenschirm kontrolliert werden können. Für die Auslösung von Verhaltensweisen sind beim frei

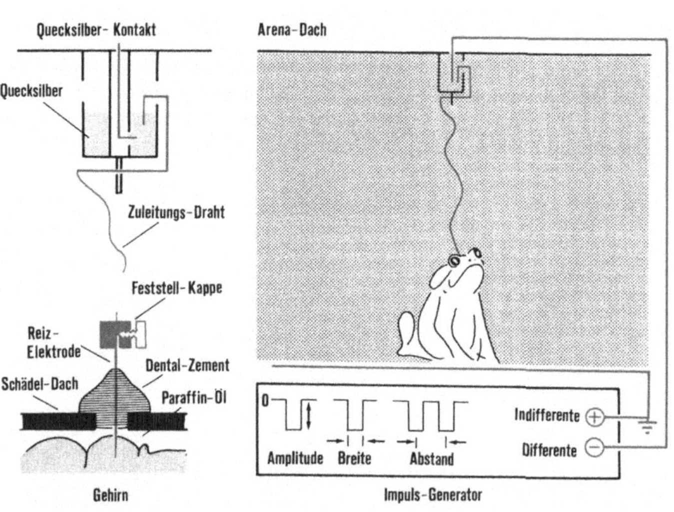

Abb. 122. Einfache Versuchsanordnung für elektrische Hirnreizungsexperimente an Erdkröten. (Nach Ewert, 1967)

beweglichen, wachen Tier Impulsfolgen von 50–100 Hz, 3–5 ms Plateaubreite des Einzelimpulses und einem Reizstrom von 20–100 µA besonders effektiv (Abb. 123).

Der Schwellenreizstrom. Eine wichtige Rolle bei allen Hirnreizungsversuchen spielt der Schwellenstrom. Es handelt sich hierbei um den minimalen Strom, der zwischen der differenten und indifferenten Elektrode fließen muß, um gerade eine Verhaltensweise auszulösen. Man vertritt heute die Auffassung, daß die getrennte Auslösbarkeit von verschiedenen Verhaltensweisen im Zentralnervensystem unter anderem hauptsächlich durch unterschiedlich hohe Ansprechbarkeitsschwellen gesichert wird. Dies zeigen bereits einfache Hirnreizungsexperimente an Kröten. So ist die elektrische Reizschwelle für die Auslösung

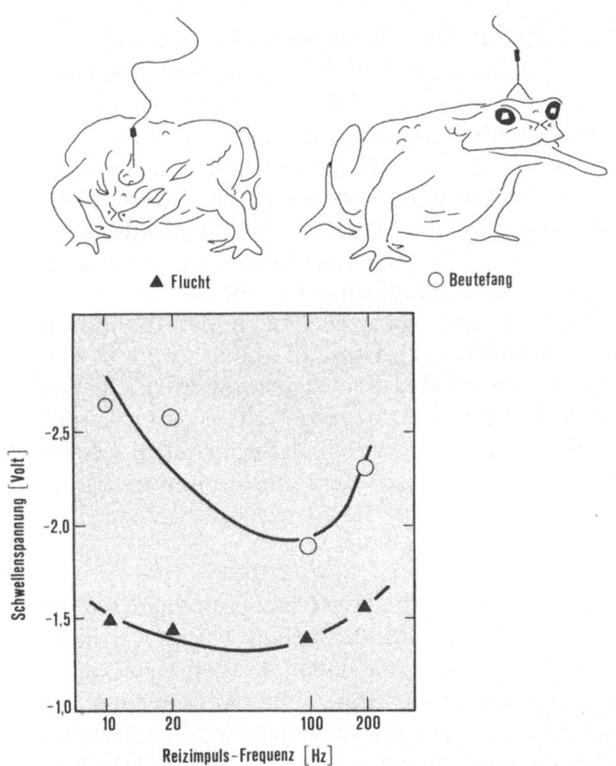

Abb. 123. Auslösung des Beutefang- und Fluchtverhaltens der Erdkröte durch punktförmige elektrische Reizung des Mittel- (O) bzw. Zwischenhirns (▲). Abhängigkeit der Reizschwellenspannung von der Reizimpulsfrequenz (Ewert, 1968)

des Fluchtverhaltens deutlich niedriger als die für das Beutefangverhalten (Abb. 123). Weiterhin kann man feststellen, daß auch innerhalb einer Verhaltensweise, wie dem Beutefangverhalten, die sinnvolle Aufeinanderfolge der einzelnen Teilhandlungen — Fixieren, Schnappen, Schlucken — durch unterschiedlich hohe Ansprechbarkeitsschwellen gewährleistet wird.

Der Reizort. Hinsichtlich der Lokalisation eines Reizortes muß bedacht werden, daß der zwischen beiden Elektroden fließende Strom vom Widerstand des Gehirns bzw. des ganzen Tieres abhängig ist. Zwar sind die Stromlinien in direkter Umgebung der Elektrodenspitze am dichtesten, im Hinblick auf die Gesamtausbreitung des elektrischen Feldes muß man jedoch damit rechnen, daß nicht jeder Reizort, von dem aus eine Verhaltensweise aktiviert werden kann, topographisch auch in unmittelbarer Nähe der Elektrodenspitze liegt.

Chronische Elektrodenimplantationen. Nach Abschluß eines Experiments kann das Loch im Schädel wieder verschlossen werden. Die Tiere bleiben am Leben und zeigen für uns sichtbar — bei sorgfältiger Präparation — keinerlei Beeinträchtigungen in ihrem Verhalten. Für manche Versuche ist es wichtig, die Tiere über einen längeren Zeitraum hinweg zu testen. Man verwendet dann korrosionsfreie dauerimplantierte Elektroden. Diese „chronischen Sonden" können grundsätzlich beliebig lange im Gehirn bleiben. Nach Versuchsende werden Steckkontakte für die Zuleitungen am Schädel wieder gelöst.
Für spezielle Fragestellungen sind auch Techniken der drahtlosen Reizung entwickelt worden (Abb. 111). Diese Methode wird z.B. von Detlev Ploog und Mitarbeitern vom Max-Planck-Institut für Psychiatrie in München für Untersuchungen des Sozialverhaltens vom Totenkopfäffchen eingesetzt. Sie hat u.a. den Vorteil, daß man einem Tier im Sozialverband definierte reproduzierbare Verhaltensweisen gewissermaßen diktieren und deren Wirkung auf die Artgenossen untersuchen kann.

„Chemische Kodierung". Die elektrische Hirnreizungsmethode hat für die Frage nach der Repräsentation von Verhaltensweisen — allein genommen — nur bedingte Aussagekraft. Denn aus den Reizexperimenten geht keineswegs eindeutig hervor, inwieweit jeweils der gereizte Bezirk direkt oder indirekt an der Aktivierung einer Verhaltensweise beteiligt ist. Da die *Elektro*stimulation nur ein relativ einseitiges Bild vermitteln kann, hat man auf der Suche nach einer möglichen *„chemischen* Kodierung" von Verhaltensweisen *chemische* Hirnreizungsmethoden entwickelt. Hierbei werden Neuronen durch lokale

Applikation von Pharmaka in ihrer Aktivität beeinflußt. Man verwendet häufig Transmitter, Transmissionsblocker, transmitterähnliche Substanzen oder auch Hormone. Sie werden entweder über eine feine Mikropipette (Abb. 106) oder als winzige Kristalle in die zu untersuchende Hirnregion gebracht. Mit Hilfe dieser Technik war es in jüngster Zeit möglich, detailliertere Aussagen über verhaltenswirksame Zonen im Gehirn zu machen.

Versuchsauswertung. Die durch Hirnstimulation ausgelösten Verhaltensweisen werden gefilmt und durch gleichzeitige Tonbandaufzeichnungen kommentiert. Zur genauen Elektrodenlokalisation im Gehirn können kleine elektrolytische Läsionen gesetzt werden. Bei Verwendung von Stahlelektroden kann man anodisch abgeschiedene Eisen-Ionen im Ableitort später mit Hilfe der Berliner-Blau-Reaktion sichtbar machen. Dies geschieht histologisch anhand von Hirnschnittserien. Die Reizorte werden durch Symbole, die über den jeweiligen Reizeffekt Aufschluß geben, in Hirnkarten eingetragen (z.B. Abb. 49 und 105).

2. Die Hirnverletzungstechnik

Die älteste Methode für die experimentelle Aufklärung von Hirnfunktionen besteht in der Ausschalttechnik. Man trägt hierbei die fraglichen Teile des Gehirns ab und schließt dann aus den Abweichungen vom Normalverhalten auf ihre Funktion. Die Abtragung kann im einfachsten Falle mit einem Skalpell erfolgen. Bei Versuchen mit unterschiedlich großen Ausschaltherden kann sich dann die Lokalisation einer Funktion aus der *gemeinsamen Schnittmenge* ergeben. Lokalisierte Ausschaltungen werden heute über eine Elektrode mit Hilfe der Hochfrequenzkoagulation durchgeführt. Neuerdings wird für bestimmte Fragestellungen auch die Lasertechnik eingesetzt.

Die Ausschaltungsmethode bewirkt im Prinzip genau das Gegenteil von der Stimulationstechnik. Im einen Falle werden Neuronen zur Hyperaktivität veranlaßt, im anderen wird ihr Einfluß gedämpft oder ausgeschaltet. Tatsächlich kann Zerstörung eines Hirnbezirks zum Ausfall einer Verhaltensweise führen, die zuvor durch Reizung dieses Bereichs noch ausgelöst werden konnte.

Der Einfluß von Hirnläsionen läßt sich in Verbindung mit geeigneten Verhaltenstests beurteilen. Hierbei ist zu bedenken, daß Änderungen oder Ausfälle im Verhalten nicht unbedingt auf die gerade betrachtete, ausgeschaltete Struktur zurückgeführt werden müssen. Wie man bei der Frage nach der Lokalisation einer Funktion durch falsche Wahl eines solchen Tests zu Fehlschlüssen kommen kann, mag ein simples

Gedankenexperiment zeigen. Gesetzt den Fall, wir vermuten, daß der
Hörapparat des Flohs in den Beinen lokalisiert ist. Den Beweis hierfür
liefern wir durch folgendes Experiment: Der Floh wird zunächst auf ein
Klingelzeichen dressiert; immer dann, wenn das Zeichen ertönt, springt
der Floh. Nun wird der vermeintliche Hörapparat durch Amputation
der Beine ausgeschaltet. Resultat: Wenn jetzt das Klingelzeichen ertönt,
springt der Floh nicht mehr.

Kritisch gesehen muß man bei der Beurteilung aller Ausschaltungsexpe-
rimente auch beachten, daß ein hirndefektes Tier nach dem Eingriff
möglicherweise nicht mehr dasselbe Tier ist, lediglich ohne dieses
Hirngebiet. Das Gehirn stellt ein komplexes, in sich geschlossenes
Regelungssystem dar. Wenn ein Glied fehlt, ändert sich streng
genommen das ganze System.

Die kritische Betrachtung der beiden Hauptuntersuchungsmethoden
für die Aufklärung von verhaltenswirksamen Hirnstrukturen — *Stimulation* und *Ausschaltung* — soll aber nicht den Eindruck erwecken, daß
sie generell nur bedingt anwendbar seien. Tatsächlich verdanken wir
beiden Techniken den überwiegenden Teil unserer bisherigen Kenntnisse von Substrat-Funktions-Beziehungen im Gehirn. Jede für sich
genommen, stellen diese Techniken allerdings keinerlei „Patentwerk-
zeuge" dar. Ihre Angriffspunkte müssen den Fragestellungen entsprechend stets neu überprüft und in Kombination mit weiteren Hilfswerk-
zeugen gesichert werden.

III. Methoden zur Messung und Registrierung neuronaler Aktivität

Mit Hilfe von Hirnstimulations- und -ausschaltungstechniken lassen
sich Anhaltspunkte über verhaltenswirksame Strukturen im Zentralnervensystem gewinnen. Der Neuro-Ethologe ist nun bestrebt, quantitative
Zusammenhänge zwischen der neuronalen Aktivität innerhalb dieser
Strukturen und solchen Reizmerkmalen aufzudecken, die für die
Auslösung und Steuerung der Verhaltensweise verantwortlich sind. Das
erfordert logische Versuchsplanung. Vorbedingung ist natürlich, daß
man zunächst die Verarbeitungsschritte der betreffenden Sinnesorgane
kennt.

208

1. Ableitung von Summenpotentialen

a) Rezeptorantworten

Die einfachste Art, Aussagen über die Reizantworten von Rezeptoren zu gewinnen, besteht in der Summenableitung (Abb. 124). Hierbei werden durch Anlegen einer relativ großflächigen Elektrode an ein ganzes Rezeptorareal die Generatorpotentiale summarisch gegen eine geerdete Bezugselektrode abgegriffen. In einigen Fällen kann man zusätzlich die langsamen Potentiale von nachgeschalteten Neuronen erfassen. Das Summenpotential wird verstärkt und auf einem Oszillographen sichtbar gemacht. Aus der Amplitude und dem Potentialverlauf lassen sich häufig bestimmte Aussagen über den Typ und den Zustand des Sinnesorgans machen (Abb. 124 B).

Summenableitungen eignen sich sehr gut für Untersuchungen, in denen die Ansprechbarkeit und Leistungsfähigkeit eines Sinnesorgans geprüft werden soll. Hierzu ein Beispiel: Der männliche Seidenspinner *Bombyx* wird vom Weibchen durch Abgabe eines bestimmten Sexuallockstoffes, *Bombykol* angelockt. Die Duftstoffmoleküle werden von sehr empfindlichen Geruchssensillen wahrgenommen, die sich auf der Antenne des Falters befinden. Man kann ihre Reizantworten als summierte Generatorpotentiale in einem sogenannten *E*lektroantennogramm (EAG) ableiten (Abb. 124 A). Quantitative Experimente mit radioaktiv markiertem Bombykol zeigen, daß das Eintreffen von einem Molekül ausreicht, um eine Rezeptorzelle zu erregen. Im Verhalten würden bereits 40 Moleküleinschläge auf 40 der 40000 für den Lockstoff spezialisierten Rezeptorzellen ausreichen, um den Seidenspinner davon zu überzeugen, daß in der Windrichtung ein Weibchen sitzt. Dieses Beispiel kennzeichnet nicht nur die hohe Ansprechbarkeit der Rezeptoren, sondern auch gleichzeitig die Meßempfindlichkeit der Methode.

b) Antworten aus dem Gehirn

Erste Hinweise auf mögliche Korrelate zwischen einem Umweltsignal und der Aktivität im Gehirn kann man durch Ableitung eines *E*lektroenzephalogramms (EEG) erhalten. Ähnlich wie für die summierten Rezeptorpotentiale verwendet man auch hier relativ großflächige Ableitelektroden. Sie werden in die zu untersuchende Hirnregion eingeführt oder oberflächig auf den betreffenden Hirnabschnitt — oder sogar direkt auf die Kopfhaut (Abb. 124 C) — aufgelegt.

EEGs, die durch Reizung ausgelöst werden, nennt man *Reaktions*potentiale oder „evoked potentials". Es sind keine *Aktions*potentiale, sondern abgestufte langsame Potentialschwankungen, über deren Zustandekommen noch keine eindeutige Klarheit herrscht. Es gibt Hinweise, die dafür sprechen, daß es sich bei ihnen um aufsummierte postsynaptische Potentiale von ganzen Neuronenpopulationen aus der näheren Umgebung der Ableitelektrode handelt. Da sich die Reak-

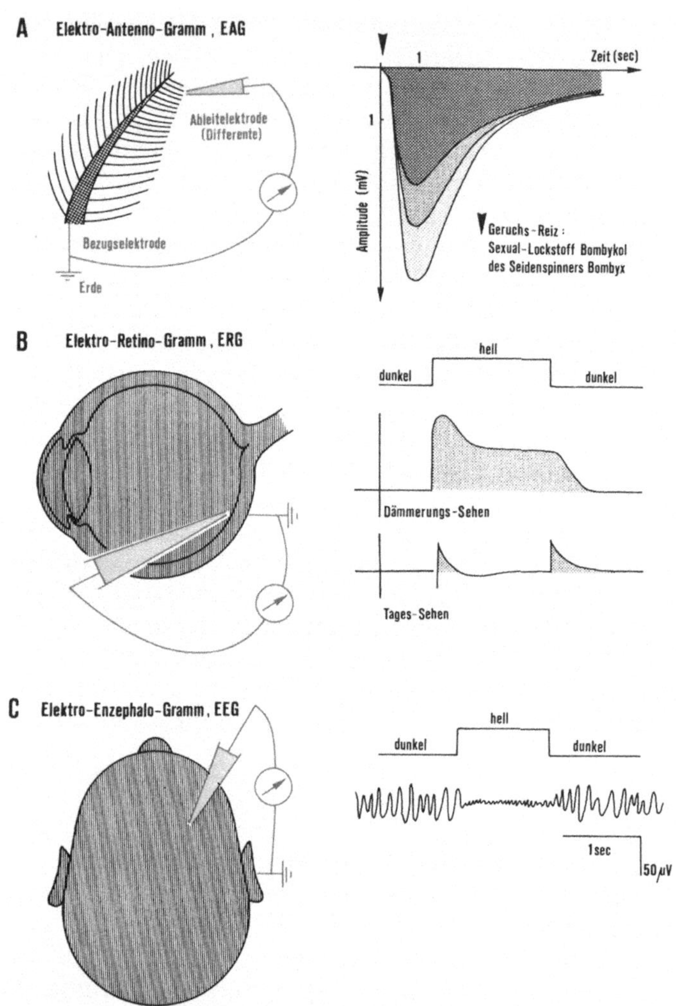

Abb. 124 A–C. Ableitung von Summenpotentialen. (A) Nach Boeckh et al., 1965. (B) und (C) nach Keidel, 1973. Die Ableitelektrode in (B) wird gewöhnlich auch von außen an die Cornea angelegt. Erläuterungen im Text.

tionspotentiale stets von solchen Orten des Gehirns ableiten lassen, in denen der betreffende Reiz verarbeitet wird, kann man mit Hilfe dieser Methode bereits Hinweise über den *räumlichen Verarbeitungsweg* gewinnen. Aus der Amplitude und dem Potentialverlauf ergeben sich Anhaltspunkte über den *funktionellen Arbeitsbereich.*

Neben diesen Potentialschwankungen, die als *Reiz*antworten auftreten, gibt es auch langsame spontane Hirnrhythmen. Man hat sie nach Frequenzbereichen geordnet und durch griechische Buchstaben gekennzeichnet:

$$\text{Wellen/sec:} \quad < \ 4 \ - \ 8 \ - \ 13 \ <$$
$$\text{Wellentyp:} \quad \delta \quad \Theta \quad \alpha \quad \beta$$

Beim Menschen ist das jeweils auftretende Wellenband im EEG vom Entwicklungszustand des Gehirns abhängig. Während Säuglinge und Kleinkinder überwiegend langsame δ- und Θ-Wellen haben, findet man beim Erwachsenen hauptsächlich den α- und β-Rhythmus. — Die Frequenz der Hirnrhythmen ist auch mit dem Erregungszustand des Gehirns korreliert. Während des Wachseins wird gewissermaßen der Ruhezustand des Gehirns durch den α-Rhythmus angezeigt. Bei Reizung — etwa durch Belichtung der Augen oder angestrengtem Nachdenken — werden die α-Wellen durch β-Wellen ersetzt; sie zeichnen sich durch höhere Frequenz und durch kleinere Amplituden aus (Abb. 124 C). Interessante Abweichungen zeigt das EEG beim Schlaf. Während des Einschlafens ist es hauptsächlich durch langsame δ- und Θ-Wellen gekennzeichnet. Beim Übergang zur Traumphase, dem sogenannten paradoxen Schlaf, erhöht sich die Frequenz; sie gleicht jetzt dem erregten Wachzustand.

Das EEG kann z.B. für verschiedene Untersuchungen in der Lernpsychologie, pharmakologische Tests und innerhalb der Medizin hauptsächlich für diagnostische Zwecke verwendet werden. Man bedient sich bei der quantitativen Auswertung einer Frequenzspektrumanalyse (Fourier-Analyse).

2. Ableitung von Aktionspotentialen einzelner Neuronen

Das Studium des Elektroenzephalogramms ist sicherlich eine wichtige Orientierungshilfe beim „Abtasten" des Gehirns auf größere Funktionskomplexe. Hierbei kann das EEG eine gewisse Indikatorfunktion ausüben. Über die jeweilige Hirnfunktion gibt es jedoch keine detaillierten Anhaltspunkte. Aussagen über *neuronale* Verarbeitungsprozesse, die an der Steuerung von Verhaltensweisen beteiligt sind, lassen sich nur unter Einbeziehung von Mikromethoden machen, die es ermöglichen, struktur- und funktionsanalytisch vorzugehen. Hierfür sind z. B. Ableitungen von Aktionspotentialen einzelner Rezeptorzellen und nachgeschalteter Neuronen erforderlich.

a) Probleme und Erfahrungen mit Mikroelektroden

Ableitungen von einem einzelnen Neuron können prinzipiell intra- oder extrazellulär vorgenommen werden. In dem einen Falle wird die Ableitelektrode in die Zelle eingestochen, im anderen wird sie lediglich in die Nähe eines Neurons geschoben. Intrazelluläre Ableitungen liefern die genauesten Resultate. Hierbei können Aussagen über den Verlauf von *postsynaptischen Potentialen* und *Aktionspotentialen* gemacht werden. Die Praxis solcher Ableitungen ist häufig mit großen Schwierigkeiten verbunden; sie gehört auch heute noch zur „hohen Kunst" der Neurophysiologen. Da die „Sprache" der Neuronen wohl hauptsächlich in der *Frequenz* der Aktionspotentiale verschlüsselt zu sein scheint, ist die extrazelluläre Ableitung dieser Potentiale für viele Fragestellungen zunächst ausreichend.

Es gibt fast unzählige Varianten von Elektroden, die für extrazelluläre Ableitungen geeignet sein können. Sie lassen sich z. T. für teures Geld kaufen, oder — wenn man sich das Material dazu beschafft und die Technik beherrscht — auch selber preiswert herstellen. Warum gibt es keine Universalelektrode?

Die Wahl der geeigneten Elektrode. Ableitungen von bestimmten Neuronentypen oder auch von bestimmten Strukturen eines Neurons — Soma, Neurit, Dendrit — setzen häufig Elektroden mit speziell angepaßten Merkmalen voraus; hierzu gehören Spitzendurchmesser, Spitzenform, Widerstandsverhältnisse. Für Somaableitungen eignen sich z. B. feine, aus Glas bestehende Mikropipetten. Sie werden mit Hilfe eines Elektrodenziehgeräts zu spitzen Kapillaren ausgezogen und anschließend mit einer leitenden Flüssigkeit, z. B. Kaliumchlorid oder Kaliumzitrat, gefüllt. Ihr Spitzendurchmesser kann 1–3 μm und der AC-Widerstand 2–20MΩ bei 50–300 Hz betragen. Für Faserableitungen lassen sich ähnliche Pipetten verwenden; sie sind jedoch mit einer leicht schmelzbaren Metall-Legierung (Indium-Blei) gefüllt, die nach dem Abkühlen wieder schnell erstarrt. Ihr DC-Widerstand kann durch galvanisches Platinieren der Spitze — unter Ausbildung eines feinen Platinpilzes — bis auf 200 KΩ gesenkt werden. Für viele Untersuchungen sind auch Wolframelektroden sehr gut geeignet. Sie werden in einer Lösung aus Kaliumhydroxid und Natriumnitrit durch Anlegen einer

Wechselspannungsquelle elektrolytisch angespitzt und danach durch Eintauchen in Elektrodenspeziallack bis auf eine freie Spitze von 4–7 μm Länge und 1–2 μm Durchmesser nach außen isoliert. Ihr Widerstand liegt im gleichen Bereich wie der der elektrolytgefüllten Glasmikropipetten.

Kriterien für die Güte. Es gilt wohl für nahezu alle Mikroelektroden, daß viele Ursachen ihres Funktionierens oder Versagens mit Geheimnis behaftet sind. Außer Widerstandsmessungen und mikroskopischen Kontrollmöglichkeiten haben wir kaum weitere Auswahlkriterien. In diesen Mikrobereichen spielen physikalische Grenzflächenphänomene eine Rolle, die man während der Herstellung im Labor nicht ohne weiteres in den Griff bekommt. Ob die Elektrode funktioniert, erfährt man häufig erst im Versuch. Wenn dann die Elektrodenfertigung einmal klappt, ist es wichtig, hierbei alle Parameter möglichst auf Dauer konstant zu halten. Aber auch das ist nicht immer unbegrenzt möglich, Ursache hierfür mag der sogenannte „Labor-Effekt" sein — eine weitere Unbekannte.

Man weiß inzwischen, daß für die Güte einer Mikroelektrode nicht nur der Spitzendurchmesser, sondern auch ihre Spitzenform von entscheidender Bedeutung ist. Während „Konkav"-Spitzen häufig ungeeignet sind, erhält man mit „Plan"-Spitzen oft sehr gute Resultate (Abb. 125). Hierbei scheinen Spitzenwinkel von 40–50° besonders günstig zu sein. Bei der Herstellung von Stahlelektroden aus rostfreien Insektennadeln läßt sich dieser Winkel konstant reproduzieren, wenn man einen

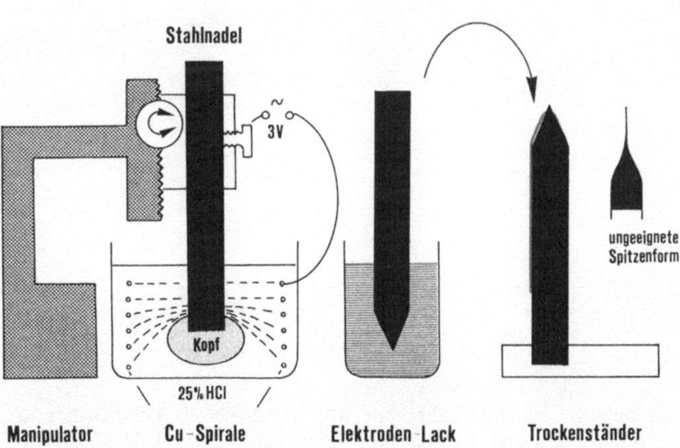

Abb. 125. Herstellungsverfahren für eine einfache Stahlmikroelektrode (stark schematisiert). Erläuterungen im Text

„Trick" anwendet. Die Idee hierzu hatte K.-M. Gottschaldt vom
Max-Planck-Institut für Biophysikalische Chemie in Göttingen. Gewöhnlich taucht man die Insektennadel mit der Spitze nach unten in
verdünnte Salzsäure-Lösung und versucht, sie durch elektrolytisches
„Nachschleifen" feiner anzuspitzen. Da das „Schleifen" jedoch hauptsächlich an der Spitze selbst ansetzt — nämlich dort, wo die Stromdichte
am höchsten ist — können sehr leicht Unregelmäßigkeiten auftreten.
Anders liegen die Verhältnisse, wenn man die Nadel umgekehrt, also
mit ihrem *Kopf nach unten*, in die Lösung eintaucht (Abb. 125). Jetzt ist
die Stromliniendichte im Grenzbereich zwischen dem *Kunststoff*kopf
und dem *Metall*schaft am höchsten. Da sich die Dichteverteilung relativ
gleichmäßig ändert, kann hier die Elektrolyse am Metall differenziert
angreifen. Die Elektrode ist fertig angespitzt, wenn der Kopf abfällt.
Solche Elektroden haben meistens alle eine einheitliche optimale
Spitzenform. Sie werden anschließend in Speziallack getaucht und
lotrecht mit der Spitze nach oben bei Zimmertemperatur zum Trocknen
aufgestellt. Der Lack verteilt sich beim Abfließen relativ gleichmäßig
und läßt lediglich eine Spitze von 2–3 µm Durchmesser frei. Der
Elektrodenwiderstand beträgt 5–10 MΩ.

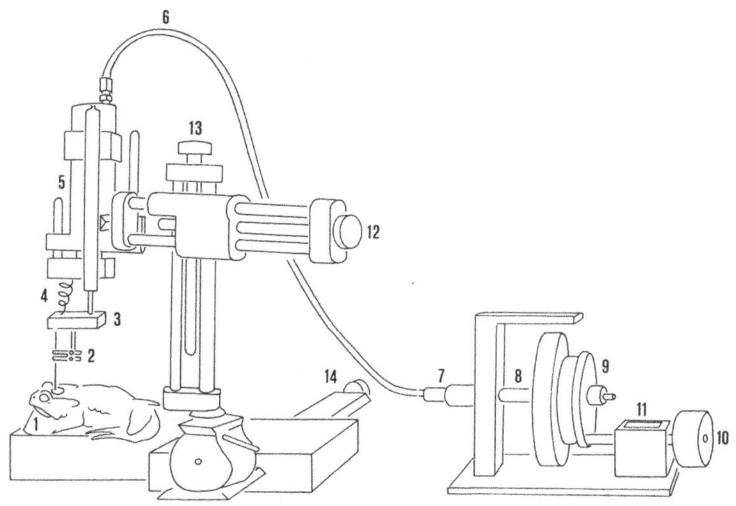

Abb. 126. Mikromanipulator mit hydraulischem Mikrovortrieb. *1* Versuchstier, *2*
Elektrode mit Halterung, *3* Operationsverstärker (Impedanzwandler), *4* Kabel für
Signalleitung und Versorgungsanschlüsse, *5* Hydraulik für den Mikroelektrodenvorschub,
6 Zuführschlauch, *7* und *8* Steuerkolben, *9* Grobtrieb, *10* Feintrieb, *11* Angabe des
Elektrodenvorschubs in µm, *12–14* Bewegungsebenen

b) Untersuchungen am demobilisierten Tier

Die grundlegenden Untersuchungen von Antworten einzelner Rezeptor- oder Nervenzellen auf definierte Reize wird man zunächst am immobilisierten Tier durchführen. Damit sind bestimmte Vorteile verknüpft: (1) Die Reize lassen sich konstant reproduzieren. (2) Die Elektrode kann ihre Position dicht neben einem Neuron oft für die Dauer von mehreren Stunden beibehalten. Zur Festlegung wird das Versuchstier entweder leicht narkotisiert oder durch Injektion eines neuromuskulären Transmissionsblockers demobilisiert. Gegebenenfalls ist künstliche Beatmung erforderlich.

Präparative Vorbereitungen. Auch für die Durchführung von Ableitungsversuchen ist ein sorgfältiges neuroanatomisches Studium des zu untersuchenden Substrats unerläßlich. Mit den gewonnenen Kenntnissen kann dann die Freipräparation eines Sinnesorgans oder Hirnteils vorgenommen werden. Die Ableitelektrode wird mit Hilfe eines in den drei Raumebenen bewegbaren Mikromanipulators zunächst positioniert, danach in das Gewebe eingestochen und schließlich über eine Feinhydraulik in wenigen μm-Schritten an einzelne Rezeptor- oder Nervenzellen herangeführt (Abb. 126).

Elektrophysiologischer Grundaufbau. Die Ableitungen erfolgen häufig monopolar gegen ein geerdetes platiniertes Metallplättchen, das als indifferente Elektrode mit dem Körper des Tieres in Kontakt steht. Die abgegriffenen Aktionspotentiale werden über Impedanzwandler, Vorverstärker und Frequenzfilter dem Vertikal-(y)-Eingang eines Oszillographen zugeführt und auf seinem Schirm sichtbar gemacht (Abb. 127).

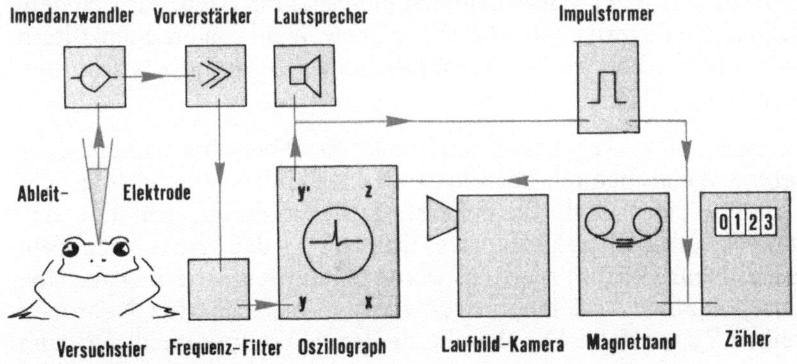

Abb. 127. Elektrophysiologischer Aufbau für die Ableitung von Aktionspotentialen einzelner Neuronen aus dem Gehirn. Signalfluß: rot. Erläuterungen im Text

Sie lassen sich dann in ihrer zeitlichen Aufeinanderfolge mit einer Laufbildkamera filmen. Gleichzeitig können die Potentiale über einen Lautsprecher als kurze „Knacke" hörbar gemacht, auf Magnetband gespeichert und mit einem elektronischen Zähler gezählt werden.
Oft ist es wichtig, bestimmte Parameter des Reizes — im einfachsten Fall sein Ein- und Aussetzen — nach Umwandlung in eine elektrische Größe auf weiteren Kanälen des Oszillographen gleichzeitig mitzuerfassen. Die Synchronisation für die Aufzeichnung des Reizes und der neuronalen Antwort läßt sich durch Triggerschaltungen erzielen.

Abschirmung von äußeren Störfeldern. Versuchstier und Elektrode haben einen hohen Widerstand. Bei hochohmigen Ableitungen liegt dann prinzipiell Störanfälligkeit gegen elektrische Wechselfelder vor. Zur Ausschaltung solcher Einflüsse war man früher darauf angewiesen, um das Tier herum einen Faraday-Käfig zu bauen und die von der Elektrode fortführenden Kabel stark abzuschirmen. Wenn große, aufwendige Apparaturen für die Reizgebung erforderlich waren, nahm der Käfig schließlich die Dimension eines Labors ein. Durch Fortschritte auf dem Gebiet der Elektronik können wir heute solche Abschirmungen weitgehend entbehren. Die Elektrode wird über eine kurze Strecke von 1–2 cm direkt mit einem Miniaturoperationsverstärker[17] verbunden (Abb. 127). Der Verstärker ist als Impedanzwandler geschaltet: Bei einem Eingangswiderstand von mehr als 10^{12} Ω wird ein Ausgangswiderstand von einigen Ohm erreicht. Hierdurch läßt sich die Störanfälligkeit in beträchtlichem Maße reduzieren. Als Verbindungen zwischen Operationsverstärker (Impedanzwandler) und dem weiter entfernt stehenden Vorverstärker genügen dünne ungeschirmte Leitungen.
Welche elektrischen Störeinflüsse können jetzt noch auftreten? Jeder Verstärker und jeder Widerstand hat ein Eigenrauschen, das sich dem Meßsignal überlagern kann. Durch geeignete Wahl von Frequenzfiltern (Bandpaßfilter) können solche breitbandigen Störungen beschnitten werden (Abb. 127).

Wie lassen sich die Antworten mehrerer Neuronen voneinander isolieren? Wenn man mit der Elektrode in einen Hirnbereich einsticht und bis zu einer Zell- oder Faserschicht vordringt, von der sich Reizantworten ableiten lassen, ist es nicht gesagt, daß man sofort auf ein *einzelnes* Neuron stößt. Meistens werden in der Registrierung auch die Aktionspotentiale von mehr oder weniger benachbarten Neuronen desselben Typs erfaßt. Die Amplitude der Aktionspotentiale ist dann

---

17 IC-Ausführung mit Feldtransistor-Eingang, Gewicht kleiner als 1 p.

um so kleiner, je weiter die Elektrode vom Neuron entfernt ist (Abb. 128B). Durch vorsichtiges Verschieben der Elektrode um wenige μm-Schritte läßt sich häufig erreichen, daß die Amplituden voneinander

A

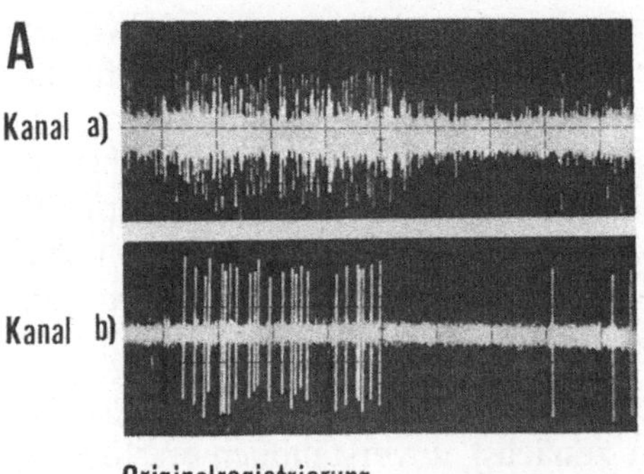

B

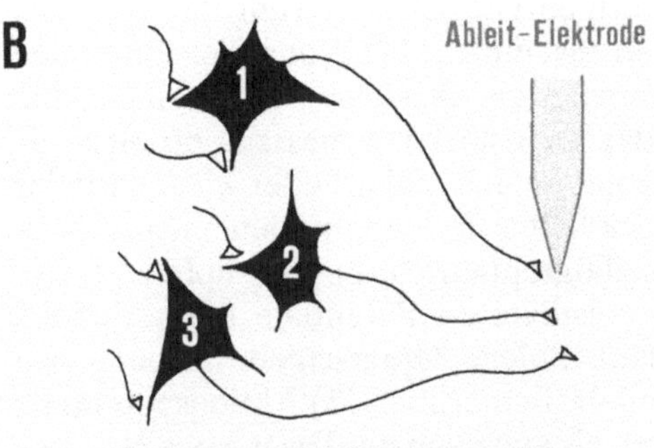

C

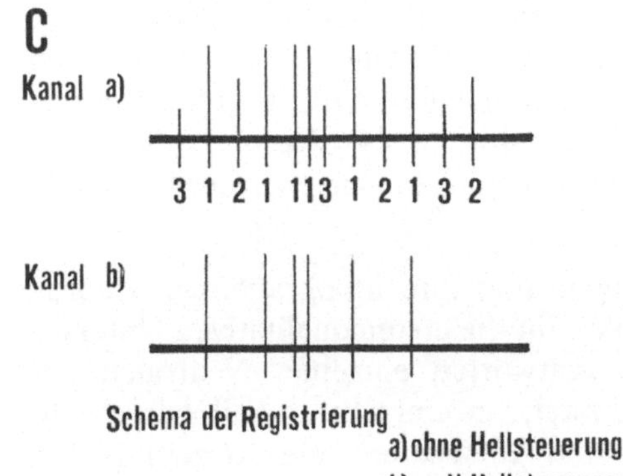

Abb. 128 A–C. Prinzip der z-Achsen-Modulation zur Aufzeichnung der vom Einzelneuron (*1*) stammenden Aktionspotentiale. Erläuterungen im Text

differieren (Abb. 128C, a). Da man für die Auswertung lediglich das Neuron mit der größten Potentialamplitude erfassen möchte (Abb. 128C, b), ist es sinnvoll, diese Potentiale bei der Registrierung besonders hervorzuheben. Das läßt sich durch eine zusätzliche Schaltung erreichen (Abb. 127). Die abgeleiteten Aktionspotentiale werden mit Hilfe eines Impulsformers in einheitlich hohe und breite Rechteckimpulse umgeformt und der Intensitäts-(z)-Achse des Oszillographen zugeführt. Wenn man die Schwelle am Impulsformer gerade so einstellt, daß er lediglich auf die Potentiale mit der größten Amplitude anspricht, dann werden sie auf dem Oszillographenschirm allen übrigen gegenüber hell hervorgehoben (Abb. 128A, b). Nur sie sollen für die Auswertung auf Film, Magnetband und Zähler erfaßt werden (Abb. 127).

Welche Möglichkeiten gibt es, sich mit der Ableitelektrode im Gehirn zu orientieren? Es mag dem Laien zunächst unverständlich erscheinen, woher man eigentlich genau weiß, von welchem Neuron im Gehirn gerade abgeleitet wird. Schließlich kann man das Neuron ja nicht sehen; die Ableitelektrode wird zu ihm blind herangeführt.

Das „Sich-Orientieren" im Gehirn beruht auf Erfahrung. Sie setzt sich aus verschiedenen Komponenten zusammen: (1) Wenn die neuronalen Entladungen über einen Lautsprecher als „Knacke" hörbar sind (Abb. 127), kann man bereits an der Lautstärke ermessen, ob sich die Elektrode einer „aktiven" Neuronenschicht nähert oder wieder von ihr entfernt. Der akustische Eindruck läßt sich dann mit den entsprechenden Registrierungen auf dem Oszillographenschirm verknüpfen. (2) Die von manchen Neuronentypen abgeleiteten Potentiale unterscheiden sich geringfügig in ihrem Verlauf. Solche Unterschiede machen sich auch bei der akustischen Wiedergabe bemerkbar. (3) Aktionspotentiale lassen sich sowohl von dem Soma als auch von der Faser eines Neurons ableiten. Wenn sich die Elektrode in einer Zellschicht befindet, kann es leicht geschehen, daß sie das Soma einer Zelle verletzt; das sterbende Neuron zeigt dann plötzlich einsetzende spontane Entladungen, deren Amplitude innerhalb weniger Sekunden auf Null absinkt. Hieraus ergeben sich ebenfalls Orientierungshilfen. (4) Auch der Wechsel zwischen aktiven und stummen Zonen beim Vorschieben der Elektrode kann als „Landmarke" dienen.

Identifizierung von Neuronentypen und ihre topographische Zuordnung zu bestimmten Hirnbezirken. Für die ersten qualitativen Untersuchungen werden zunächst die Antworten einzelner Neuronen auf verschiedene Reizparameter getestet. Im einfachsten Fall würde man das Antwortverhalten beim Ein- und Ausschalten eines Reizes oder bei Dauerreizung untersuchen. Findet man Neuronen mit unterschiedlicher

Antwortcharakteristik, so ist zu prüfen, inwieweit sie jeweils als Repräsentant eines bestimmten Typs, d.h. einer Klasse angesehen werden können. Hieraus ergeben sich vielleicht erste Anhaltspunkte über grundlegende neuronale Informationsverarbeitungsschritte. Sobald man bestimmte Neuronentypen kennt, ist es wichtig, sie histologisch zuzuordnen (Abb. 10 A und B). Hierfür wird der Ableitort nach Versuchsende durch eine kleine elektrolytische Läsion über dieselbe Elektrode markiert und später in einem angefärbten histologischen Schnittpräparat sichtbar gemacht. Bei Stahlelektroden kann man die schon erwähnte Berliner-Blau-Methode anwenden (S. 207). Es gibt heute noch feinere Markierungsmöglichkeiten. Wir halten ein paar wesentliche Punkte fest:

1. Die Identifizierung von Neuronentypen und deren Zuordnung zu bestimmten Hirnbezirken ergibt sich aus einem Katalog von Kriterien.

2. Aus der Antwortcharakteristik dieser Neuronentypen gewinnt man erste Anhaltspunkte über bestimmte Informationsverarbeitungsschritte. Sie können in quantitativen Versuchen erforscht werden.

3. Durch systematisches Verändern von Parametern, die für die Verhaltensweise eines Tieres bedeutsam sind, werden die zugeordneten Entladungsraten einzelner Neuronen ermittelt.

4. Auf Grund der hierbei gewonnenen quantitativen Kriterien kann sich eine differenziertere Klassifizierung von Neuronentypen und ein Hinweis auf ihre Funktion für die Auslösung bzw. Steuerung einer Verhaltensweise ergeben.

c) Ableitungsversuche mit wachen, frei beweglichen Tieren

Demobilisation und Motivation. Wenn sich eine Erdkröte in Beutestimmung befindet, so antwortet sie auf einen vorbeikriechenden Wurm mit Beutefangreaktionen. Würde sie im demobilisierten Zustand ähnlich reagieren „wollen"? Sie ist wach, kann sich jedoch infolge Blockierung der neuromuskulären Übertragung nicht bewegen. Können wir aber mit Gewißheit sagen, daß sich die Kröte beim Anblick des Wurms während einer solchen Zwangssituation in Beutestimmung befindet? Nur dann würde ihr Gehirn das motorische Erregungsmuster für die Beutefangreaktion zu den betreffenden Muskeln schicken. Nach allem, was wir über Labilität und Beeinflußbarkeit der „inneren Situation" eines Tieres wissen, ist es kaum anzunehmen. Mit Sicherheit kann diese Frage zunächst jedoch nicht entschieden werden.

Hierin zeigt sich eine allgemeine Problematik bei verhaltensphysiologischen Experimenten. Erich von Holst fand dafür eine sehr treffende Formulierung: „Voraussetzung für Messungen ist in jedem Fall eine ruhige ‚gemütliche' Grundstimmung des Versuchstieres". Der erfah-

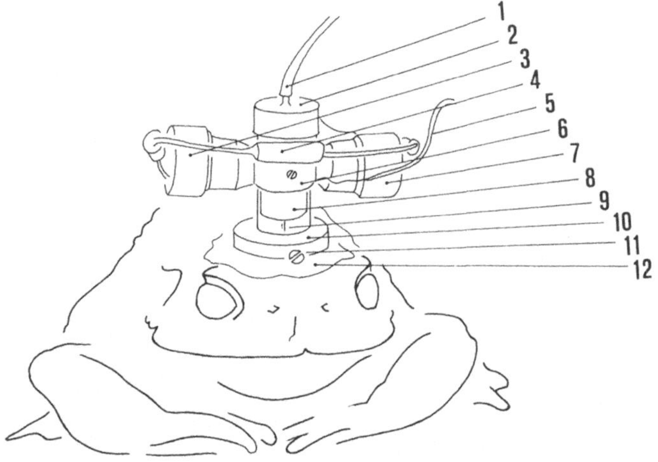

Abb. 129. Kopfaufsatz für Einzelzellableitungen aus dem Gehirn einer frei beweglichen Kröte. *1* Zuführschlauch der Hydraulik für den Elektrodenvorschub, *2* Zylinder, *3* Operationsverstärker für die differente Elektrode, *4* Widerstand, *5* dünne Kabel für die Signalleitungs- und Versorgungsanschlüsse, *6* Feststellring am Zylinder, *7* Operationsverstärker für die indifferente Elektrode, *8* Kolben mit der Mikroelektrode, *9* Mikroelektrode, *10* auf den Schädelknochen zementierter Befestigungsring, *11* Stellschraube, *12* Dentalzement. (Modifiziert nach Ewert und Borchers aus Fite, 1976)

rene Ethologe kann sie dem Tier häufig „ablesen". Einem Huhn z. B.
würde man ruhige Stimmung am lockeren Gefieder, aufmerksamen
Umherschauen, der Neigung sich zu putzen, zu fressen, sich zu setzen
und dergleichen ansehen. Ein demobilisiertes Tier hat für uns allerdings
keine sichtbaren Stimmungsbarometer.

Neurophysiologische Konsequenzen. Für die Aktivierung eines Verhal-
tensprogramms müssen im Gehirn Ansprechbarkeitsschwellen überschritten werden. Ihre Höhe kann von der Motivation des Versuchstieres abhängig sein. Beim demobilisierten Tier könnten jedoch Neuronen,
die für die Auslösung einer Verhaltensweise entscheidende Bedeutung
haben, auch durch die physische Zwangssituation gehemmt und daher
von uns im Ableitungsexperiment übersehen werden. Auskünfte über
solche Fragen können Experimente geben, in denen die Antworten von

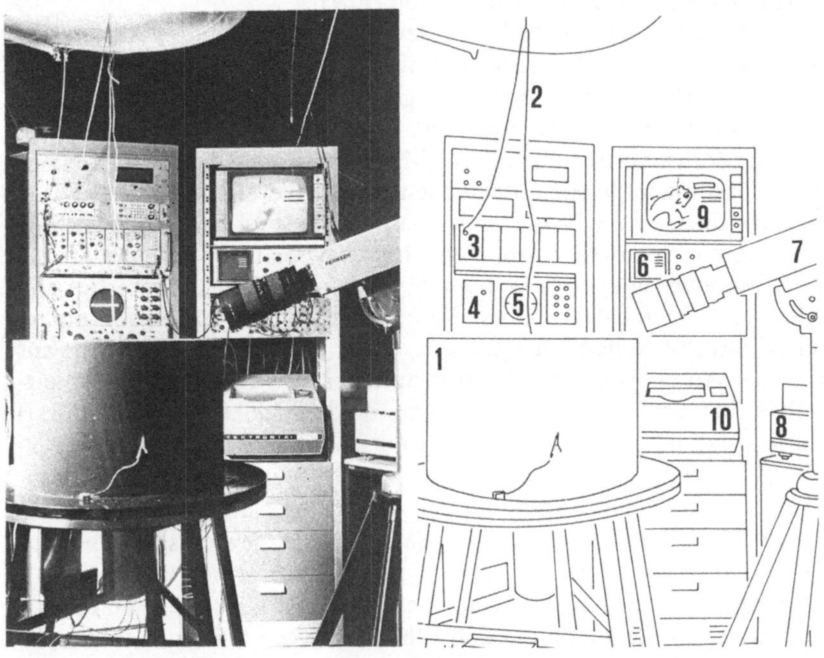

Abb. 130. Versuchsaufbau für die Registrierung eines optischen Reizmusters (Beuteattrappe), des Verhaltensablaufs des Versuchstiers (Beutefang der Erdkröte) und die
Entladungen eines einzelnen Neurons aus dem Gehirn (der frei beweglichen Erdkröte). *1*
Versuchsarena mit bewegter Beuteattrappe, *2* Signalleitung für die abgeleiteten Aktionspotentiale, *3* Vorverstärker, *4* Verstärkereinschub im Oszillographen, *5* Oszillographenschirm, *6* „Mischer und Scan-Konverter", *7* Fernsehkamera, *8* Videoband, *9* Monitor, *10*
Trockenkopier-Spezialgerät. (Ewert und Borchers, 1976)

einzelnen Neuronen am *frei beweglichen* Tier — etwa während einer Verhaltensphase — abgeleitet werden (vgl. auch S. 94).

Lösung methodischer Probleme bei Einzelzellableitungen vom frei beweglichen Tier. Folgende Schwierigkeiten sind zu bewältigen:

1. Wenn sich das Versuchstier bewegt, darf sich die Ableitelektrode nicht relativ zum Reizort verschieben. Um dies zu vermeiden, sind inzwischen für verschiedene Tiere Kopfaufsätze entwickelt worden, die über einem freigelegten Hirnteil fest in den Schädel eingeschraubt werden. Der Aufsatz besteht aus einer Miniaturhydraulik, die es gestattet, die Ableitelektrode in vertikaler Richtung im Gehirn zu verschieben und in der Nähe eines Neurons zu halten. Diese Technik wird um so komplizierter, je kleiner das Versuchstier ist. H.-W. Borchers von der Forschungsgruppe Neuro-Ethologie an der Gesamthochschule Kassel hat in jüngster Zeit eine spezielle Miniaturhydraulik für Klein-Wirbeltiere entwickelt (Abb. 129).

2. Während sich das Versuchstier bewegt, werden von der Ableitelektrode gleichzeitig auch Muskelpotentiale erfaßt; sie können die vom Neuron abgeleitete Antwort überlagern. Störungen dieser Art lassen sich beheben, wenn man *differentiell* ableitet. Hierzu werden zwei voneinander isolierte, hauchdünne Mikroelektroden dicht nebeneinander gleichzeitig in den zu untersuchenden Hirnbereich geschoben. Eine dient als differente (d), die andere als indifferente Elektrode (i). Die abgeleiteten Potentiale werden durch zwei Miniaturoperationsverstärker (Kathodenfolger) — die ebenfalls an dem Kopfaufsatz befestigt sind (Abb. 129, 3 und 7) — über dünne ungeschirmte Leitungen einem weiter entfernt stehenden Differenzverstärker zugeführt; von dort aus bestehen Anschlüsse zum Oszillographen. Das Prinzip dieser Ableittechnik besteht darin, daß die sich beiden Elektroden (d und i) überlagernden Muskelpotentiale U_m durch Subtraktion eliminiert werden: $(U_d + U_m) - (U_i + U_m)$. Somit wird im wesentlichen der Potentialunterschied $U_d - U_i$ als neuronale Antwort registriert. Der Kopfaufsatz ist relativ leicht (weniger als 5 % des Körpergewichts) und scheint das Tier nicht zu stören.

3. Hinderlich sind für manche Versuche die zum Tier führenden Verbindungen: Schlauch für den Elektrodenvorschub und elektrische Leitungen. Bei Tieren, die auf Grund ihrer Schädelabmessungen größere Aufbauten tragen können, kann man auf Zuführleitungen verzichten. Eine spezielle Elektronik, die sich auf dem Kopf des Tieres befindet, erlaubt es, die Elektrode sozusagen von außen „schlauchlos" per Funk im Gehirn zu positionieren und die Antworten eines einzelnen Neurons „drahtlos" einem entfernt stehenden Empfänger zu übermitteln.

3. Registrierung und Auswertung von Meßergebnissen

a) Datenerfassung

Welche Möglichkeiten gibt es nun, die im Experiment gewonnenen Meßwerte aufzuzeichnen?

Standardmethoden. Wichtigstes Registriergerät ist der Kathodenstrahloszillograph. Er eignet sich für Aufzeichnungen von langsamen und schnellen Vorgängen. Besitzt er einen Speicher, dann läßt sich z. B. eine Sequenz von Aktionspotentialen auf dem Bildschirm speichern und gegebenenfalls mit Hilfe einer Polaroidkamera photographieren. Es besteht auch die Möglichkeit, die abgeleiteten Potentiale vom Oszillographenschirm mit Hilfe einer Laufbildkamera zu filmen. Dieses Verfahren eignet sich für länger dauernde Versuchsserien. Gleichzeitig wird man die Meßwerte während des Experiments auf Magnetband speichern. Hiermit ergibt sich der Zugang für eine spätere „off line"-Computerauswertung.
Für die Registrierung von langsamen Potentialen — z. B. Hirnströmen — sind elektromagnetische Papierschreiber geeignet. Sie haben den Vorteil, daß auch die Aufzeichnungen von länger andauernden Vorgängen sofort sichtbar sind. Ihr Nachteil besteht darin, daß sie für schnell ablaufende Prozesse — Registrierung von Aktionspotentialen — meist zu träge sind.

Spezielle Registriermethoden. Nicht ganz einfach ist die Datenerfassung bei Ableitungen vom frei beweglichen Tier. Als Beispiel wählen wir wieder das visuell gesteuerte Beutefangverhalten der Erdkröte. Hier müssen während eines Versuches folgende Abläufe gleichzeitig registriert werden: (1) Die Bewegung des Reizmusters (Beuteattrappe), (2) Antworten eines Neurons aus dem visuellen Bereich des Gehirns und (3) die Bewegung der Kröte während des Beutefangs.
Man kann dies auf folgende Weise erreichen (Abb. 130): Kröte und Beuteattrappe (1) werden mit Hilfe einer Fernsehkamera (7) aufgenommen. Das Videosignal der Kamera (7) wird zusammen mit den abgeleiteten neuronalen Antworten (2–5) einem Mischer (6) zugeführt, der beide (5 und 7) auf Videoband (8) speichert. Für die Auswertung kann jetzt ein Versuchsablauf Bild für Bild auf dem Monitor (9) dargestellt und rekonstruiert werden (Abb. 131). Jedes Bild gibt dann Auskunft über die zeitlichen Ortspositionen der Beuteattrappe und der Kröte; ferner ist als Bildeinblendung die gespeicherte Sequenz der bis zu diesem Zeitpunkt ausgelösten Neuronenentladungen ersichtlich. Bildfolgen (9), die für eine weitere Auswertung im Ort/Zeit-Diagramm

wichtig erscheinen, können mit Hilfe eines Trockenkopier-Spezialgerätes (10) als Halbtonbilder einzeln ausgegeben werden (Abb. 131).

Andere methodische Probleme ergeben sich z. B. bei einer gleichzeitigen Aufzeichnung der lauterzeugenden Beinbewegung und des Gesangs von der Feldheuschrecke. Für die Aufzeichnung der Beinbewegung bietet sich folgende Technik an: Auf dem Rücken des wachen, partiell

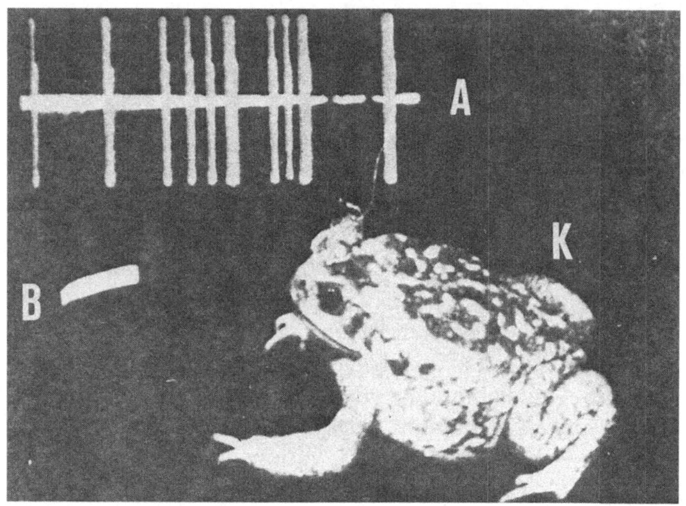

Abb. 131. Eine Originalkopie aus dem Versuchsprogrammablauf von Abb. 130. Sie zeigt die x,y-Position der Beuteattrappe *B*, die Bewegungsphase der Kröte *K* und die von Reizbeginn bis zu diesem Zeitpunkt ausgelösten Aktionspotentiale *A* eines optisch erregbaren Neurons aus dem Gehirn. (Ewert und Borchers, 1976)

beinamputierten Tieres ist ein kleiner, magnetisch steuerbarer Halbleiter (Hallgenerator) befestigt, ohne hierbei „Singflügel" und „Singbein" zu berühren (Abb. 132). An dem Singbein ist ein winziger Permanentmagnet befestigt, der bei Bewegung in Längsrichtung des Hallgenerators schwingt. Der Verlauf der erzeugten Hallspannung gibt die Beinbewegung wieder.

b) Auswertungsmöglichkeiten

Mittlere Entladungsfrequenz. Die Sprache eines Neurons ist u. a. in der Häufigkeit der pro Zeiteinheit abgegebener Aktionspotentiale verschlüsselt. Eine Angabe der durchschnittlichen Entladungsrate ist vor allem dann zweckmäßig, wenn die Zeitintervalle zwischen den aufein-

224

anderfolgenden Entladungen nicht allzu stark voneinander abweichen. Die Frequenzmessung kann im einfachsten Falle durch Auszählung mit Stechzirkel und Lineal vom Registrierstreifen erfolgen: Wenn die Gesamtanzahl der Impulse n, die Laufgeschwindigkeit des Registrierfilms v (mm/sec) und die Länge auf dem Registrierstreifen von der ersten bis zur letzten Entladung l (mm) ist, dann errechnet sich die mittlere Entladungsrate aus: $R = n \cdot v \cdot l^{-1}$ (Entladungen/sec). Es gibt auch elektronische Zählgeräte, die Impulsanzahlen erfassen oder bereits die Frequenz angeben.

Das Dwell-Histogramm[18], DH. Die Angabe der *mittleren* Entladungsfrequenz eignet sich weniger gut für Vorgänge, bei denen die Nervenim-

A

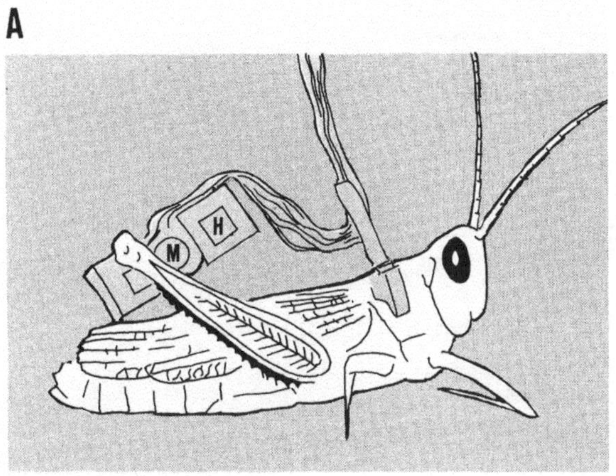

B

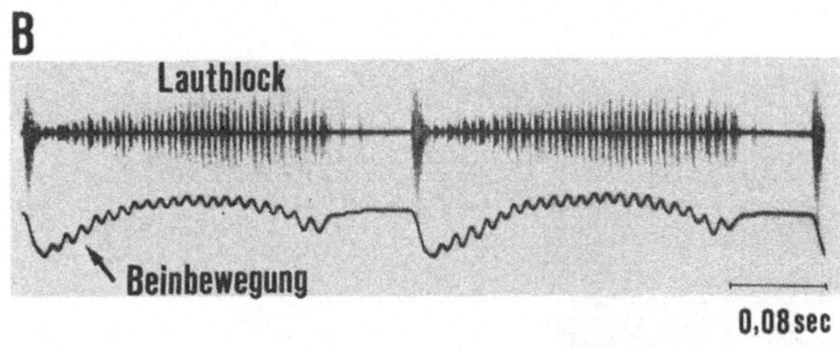

Abb. 132 A und B. Versuchsanordnung für die gleichzeitige Registrierung von Beinbewegungen und den akustischen Signalen einer stridulierenden Feldheuschrecke. *H* Doppel-Hallgenerator, *M* Flachmagnet. Erläuterungen im Text. (Etwas modifiziert nach Elsner, 1970)

---

18 Dwell-Zeit bedeutet „Verweil-Zeit". Sie ist hier ein Maß für das zeitliche Auflösungsvermögen bei der Intervallmessung zwischen aufeinanderfolgenden Impulsen.

pulse in sehr unregelmäßigen Zeitintervallen folgen. Dann kann es wichtig sein, eine fortlaufende Frequenzregistrierung durchzuführen. Als Maß hierfür wird z.B. jeweils der reziproke Wert des Zeitintervalls $t_{n+1} - t_n$ zwischen zwei aufeinanderfolgenden Entladungen (n und n+1) über dem Zeitpunkt t_{n+1} aufgetragen (Abb. 133B).

Das Post-Stimulus-Time-Histogramm, PH. Das Reizfolge-Histogramm gibt den Frequenzverlauf von Aktionspotentialen an, die mit Beginn oder nach Ende des Reizes ausgelöst werden. Die Zeitachse ist hierbei

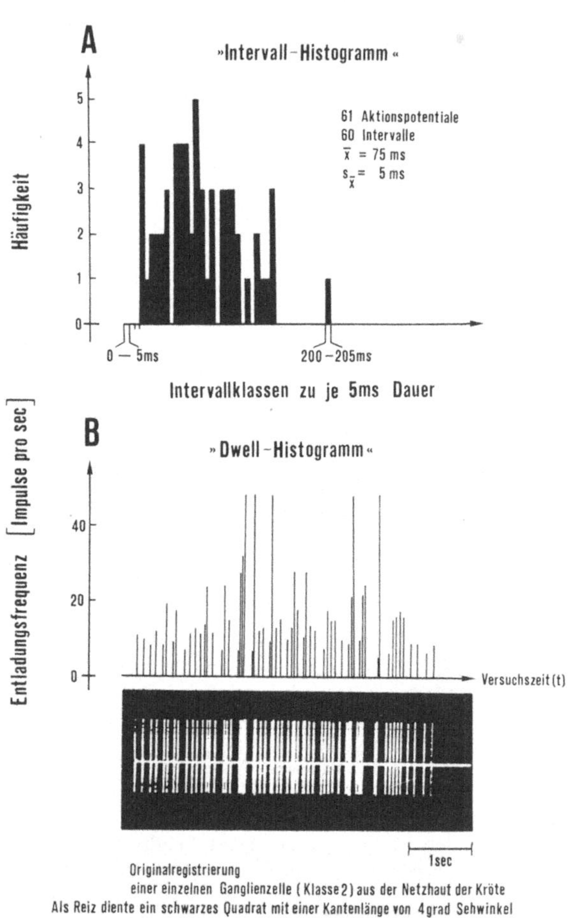

Abb. 133A und B. Zwei Computerauswertungen eines neuronalen Impulsmusters. Erläuterungen im Text. (Nach Borchers, 1976)

fortlaufend in gleich große Intervalle eingeteilt. Gezählt werden die pro Zeiteinheit („bin") eintreffenden Impulse; die Intervallbreite („bin-Weite") kann frei gewählt werden. Da die Messung durch den Reiz einen definierten Anfang hat, eignet sich dieses Verfahren sehr gut für Mittelwertsbildungen („averaging") bei wiederholten Abläufen.

Das Intervall-Histogramm, IH. In Ergänzung zum Dwell-Histogramm kann es für manche Fragestellungen wichtig sein, Aussagen über die *Intervallverteilung* der Impulse zu machen. Das Intervall-Histogramm gibt die Häufigkeit an, mit der verschiedene Intervallklassen vertreten sind (Abb. 133 A). Die Klassengröße kann frei gewählt werden. — Eine Variante bildet das *Frequenz-Histogramm* (FH). Es handelt sich hierbei um eine dem Intervall-Histogramm entsprechende Impulsfrequenzverteilung.

Die oft recht mühsamen Auswertungen lassen sich mit Hilfe eines geeigneten Computers einfach und meistens bereits im „on line"-Betrieb während der Messungen durchführen.

IV. Aufklärung von Funktionsstrukturen im Gehirn

Es wurde bereits erwähnt, daß Neuronen mit gleichen Funktionen häufig zusammen in relativ eng umgrenzten Kernarealen oder Schichten lokalisiert sind. Die Verarbeitung von Informationen beruht darauf, daß Neuronen aus solchen Regionen über Axone und Dendriten miteinander in Interaktion stehen. Typische Interaktionsformen sind beispielsweise durch die beschriebenen Grundrechenoperationen gegeben. Welche Möglichkeiten haben wir zu prüfen, ob z. B. in einem bestimmten Hirnbereich zwei Kerngebiete miteinander in Verbindung stehen?

1. Neuroanatomische Hilfsmittel

Wir kennen heute eine ganze Reihe von anatomischen Mikromethoden, mit deren Hilfe der Verlauf einer Nervenfaser im Gehirn genau verfolgt werden kann. Es gibt auch Techniken, die die Frage beantworten, ob zwei Neuronen aus verschiedenen Hirnteilen miteinander direkt in Kontakt stehen. Fast alle dieser Methoden nutzen für solche Nachweise entweder den axonalen Plasmastrom oder die Eigenschaften verschiedener Strukturen einer Nervenzelle aus.

a) Degenerationstechniken

Die Nervenzelle bildet eine trophische, d.h. ernährungsphysiologische
Einheit. Wenn man eine Nervenfaser durchtrennt, dann kommt es zu
morphologischen Veränderungen der gesamten Zelle. Sie können für
neuroanatomische Fragestellungen genutzt werden.

Chromatolyse im Somabereich. Nissl (1860–1919) bezeichnete die nach
ihm benannte Nissl-Substanz als „Äquivalentbild" der Nervenzelle. Sie
spiegelt z.T. den physiologischen Zustand des Neurons wider. Bei
Belastung, z.B. starker Muskelarbeit, nimmt die Nissl-Substanz in den
motorischen Vorderhornzellen des Rückenmarks zu; nach physischer
Erschöpfung vermindert sie sich. Funktionell entspricht die Nissl-Substanz dem endoplasmatischen Retikulum (Ergastoplasma). An ihr
befinden sich die Ribosomen und damit die Orte für die Proteinsynthese. Auf Grund ihres hohen Gehalts an Ribonukleinsäure läßt sie sich
im histologischen Bild mit basischen Teerfarbstoffen anfärben; hierzu
gehören z.B. Tuloidinblau und Methylenblau. Die Nissl-Substanz kann
dann im histologischen Bild feinkörnige, grobkörnige oder auch

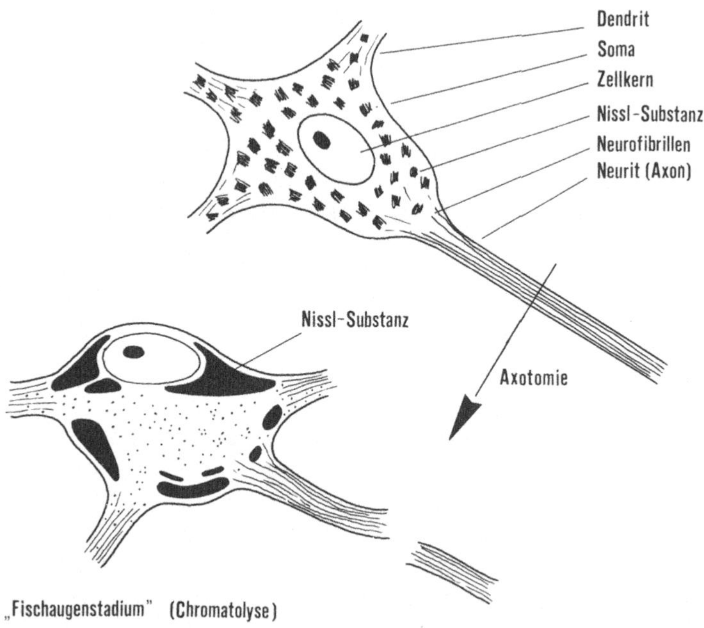

Abb. 134. Retrograde Degeneration nach Durchtrennung des Axons einer Nervenzelle.
Erläuterungen im Text

streifenartige Strukturen zeigen, die im Normalzustand relativ einheitlich über das Soma verteilt sind (Abb. 134).

Wenn man das Axon einer Nervenzelle durchtrennt (Axotomie), dann
kommt es nach bestimmten Degenerationszeiten (in Zeitspannen von
Tagen oder Wochen) zu Veränderungen, die im histologischen Bild
sichtbar sind (Abb. 134): Im Zentrum des Somas löst sich die
Nissl-Substanz in scheinbar staubartige Körnchen auf, desgleichen in
den Dendriten; an der Peripherie entstehen Verklumpungen. Man
nennt den Prozeß, der hierzu führt, Chromatolyse. Das Soma rundet

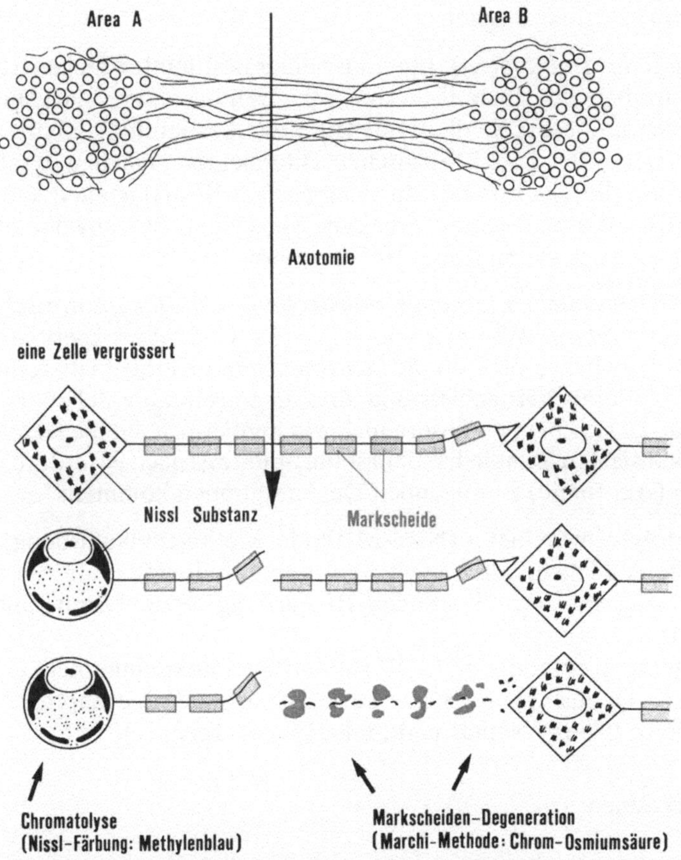

Abb. 135. Degenerationen an Soma und Nervenfaser nach Axondurchtrennung als
Methode für neuroanatomische Untersuchungen. Axotomie kann zusätzlich auch
transneuronale Degeneration (Chromatolyse in *B*) bewirken. Sie wurde in diesem Schema
nicht berücksichtigt. (Stark schematisiert und modifiziert nach Glees, 1957)

sich hierbei ab und verlagert den Zellkern an die Wand. Dieses Zellbild heißt „Fischaugenstadium".

Veränderungen in der Markscheide. Axotomie bewirkt Zellveränderungen in beiden Richtungen: (1) Chromatolyse im Soma und (2) Degeneration und Absterben der abgeschnittenen Faser; das Faserende am Soma bleibt jedoch intakt. Die Faserdegeneration bewirkt zunächst Veränderungen der Markscheide, erfaßt dann das Axon und schließlich auch die Endknoten (Abb. 135). Bevor das Axon in Bruchstücke zerfällt, kugeln sich die einzelnen Markscheidensegmente ab. Die Marklipoide werden schließlich zu Neutralfetten abgebaut. Sie lassen sich dann durch Fettanfärbemethoden wie z.B. Sudan III (Scharlachrot) sichtbar machen.

Degeneration des Endknotens. Innerhalb einer bestimmten Degenerationsphase treiben sich auch die Axonendknoten besonders stark auf. Sie lassen sich in diesem Stadium mit Hilfe von bestimmten Silberimprägnationsmethoden im histologischen Bild sichtbar machen. Erste Aussagen über die Zuordnung von *synaptischen* Kontaktstellen kann man mit Hilfe dieser Technik erhalten. Sie eignet sich sowohl für markhaltige als auch für marklose Nervenfasern.

Einsatz der besprochenen Degenerationstechniken für lokalisatorische Probleme im Gehirn. Wir machen folgendes Gedankenexperiment (Abb. 135): Es wird gefragt, ob die Neuronen eines Kerngebiets A mit denen eines anderen Kerngebiets B in direkter Verbindung stehen. Für den Fall, daß es sich bei den Fasern im Zwischenbereich um die Axone der in A lokalisierten Somata handeln sollte, müßte es nach Faserdurchtrennungen (Axotomie) zu folgenden Degenerationen kommen:

1. Chromatolyse im Gebiet A (Nissl-Methode: Methylenblaufärbung).
2. Markscheidendegeneration zwischen der Schnittstelle und dem Gebiet B (Marchi-Technik: Sudan-III-Färbung oder Osmiumimprägnation).
3. Endknotendegenerationen, die als staubartige Punkte innerhalb des Bereichs B an Dendriten und Somata erkennbar sind (Silberimprägnationsverfahren: Glees-, Nauta- und Fink-Heimer-Technik).

b) Zellinjektionen

Die Degenerationstechniken eignen sich für die Beurteilung von Verbindungswegen zwischen ganzen Neuronenpopulationen. Inzwischen sind auch Mikroverfahren entwickelt worden, die es ermöglichen, (1) die Antworten eines einzelnen Neurons abzuleiten und seiner

Antwortcharakteristik entsprechend zuzuordnen sowie (2) diese einzige Zelle zu markieren und den Verlauf ihres Axons im Gehirn histologisch zu rekonstruieren (Abb. 6). Solche Methoden nutzen u. a. den axonalen Plasmatransport.

Radioaktive Markierungen. Die langlebige Nervenzelle wird durch ständige Proteinsynthese unterhalten. Syntheseorte sind die Ribosomen. Sie befinden sich im Soma und in den Dendriten als Teil der Nissl-Substanz. Von hier aus besteht im Axon ein ständiger Plasmastrom, der in Richtung Synapse führt. Wenn man eine radioaktive Aminosäure mit Hilfe einer fein ausgezogenen Glaskapillare in unmittelbare Nähe einer Nervenzelle bringt oder besser direkt in die Zelle injiziert, so wird sie in die Proteinsynthese mit einbezogen und im Plasmastrom schließlich bis zur Synapse transportiert.
Hierzu ein Beispiel: Wenn man Fischen — z.B. Karauschen — ^{3}H-Histidin in den Glaskörper eines Auges injiziert, dann wird es von den Ganglienzellen der Netzhaut aufgenommen. Nachdem die radioaktive Aminosäure in das Protein eingebaut ist, wird sie innerhalb der Axone dieser Ganglienzellen im Sehnerven zu den zentralen Projektionsstellen des Gehirns befördert. Ihr Weg dorthin läßt sich anhand von histologischen Schnittpräparaten autoradiographisch sichtbar machen. Hierbei lassen sich auch Anhaltspunkte über die Dynamik des Transportes gewinnen[19].

Injektion von Farbstoffen. Es soll wieder gefragt werden, wohin ein Neuron, dessen Antwortcharakteristik uns aus vorhergehenden neurophysiologischen Versuchen bekannt ist, sein Axon entsendet. Hierzu wird jetzt *Farbstoff* in die Zelle injiziert. Man verwendet dabei eine fein ausgezogene Mikropipette, deren Spitzendurchmesser kleiner als 1 µm ist. Da die verwendeten Farbstoffe polare Gruppen haben, kann die Injektion elektrophoretisch mittels Rechteckimpulsen in feinsten Schüben vorgenommen werden („Iontophorese").

---

19 „Neuronaler Stofftransport" findet sowohl im Axon als auch in den Dendriten statt. Unterschiede bestehen hier z.B. in bezug auf die im neuroplasmatischen Strom mitgeführten Organelle. Es gibt einen *langsamen* Transport von 1 bis 3 mm/Tag, der mit ca. 90% den größten Anteil hat. Er entspricht im Zeitverlauf der Faserregeneration nach Axondurchtrennung. Als eine Unterströmung innerhalb der sich langsam fortbewegenden Plasmasäule besteht ein *schneller* Transport (> 100 mm/Tag); er ist an das Vorhandensein intakter Neurotubuli als „Leitstruktur" gebunden. Neben diesen *anterograd* verlaufenden Strömen, gibt es auch solche, die *retrograd* in die Gegenrichtung ziehen. In neuerer Zeit sind auch *transneuronale* Stofftransporte bekannt geworden. (Weitere Einzelheiten zur Neurodynamik s. H. Rahmann: Neurobiologie. Stuttgart: Eugen Ulmer 1976).

In neuerer Zeit sind sogar Pipetten entwickelt worden, die aus zwei Mikrokammern bestehen; sie heißen Θ-Elektroden. Eine Kammer ist mit Kaliumzitrat gefüllt; über sie können die Nervenimpulse abgeleitet werden. Die andere Kammer enthält den Farbstoff, der iontophoretisch in die Zelle injiziert wird. Als Farbstoffe eignen sich z. B. Cobaltchlorid oder Procion-Yellow. Sie „wandern" innerhalb der Zelle und deren Fasern, z. T. bis in die feinsten dendritischen Fortsätze hinein (0,2 μm Durchmesser bei Purkinje-Zellen). Ihr Weg läßt sich später im Schnittpräparat mit Hilfe von bestimmten histochemischen Reaktionen oder durch Fluoreszenz (Procion-Yellow) mikroskopisch sichtbar machen (Abb. 6)[20].

In jüngster Zeit hat Friedrich Zettler vom Zoologischen Institut der Universität München eine Methode entwickelt, die es erlaubt, die Glasmikropipette im Gewebe unter Verwendung von Spezialmessern und entsprechenden histologischen Einbettungsverfahren gleichzeitig mitzuschneiden. Man erhält hierbei eine klare Auskunft über den Ableitort der Zelle und den Verlauf ihres Axons im Gehirn.

2. Kombinationen mit elektrophysiologischen Mikromethoden

Wenn man genaue Aussagen über die *funktionelle* Verknüpfung zwischen verschiedenen Neuronen treffen will, ist ein kombinierter Einsatz mit elektrophysiologischen Reiz- und Ableitungstechniken erforderlich. Enges Zusammenarbeiten zwischen Neurophysiologen und Neuroanatomen ist Vorbedingung. Die Aufklärung der komplizierten Steuerkreise des Kleinhirns durch Sir John C. Eccles und J. Szentágothai sind hierfür mustergültig. Bevor wir auf ein spezielles Beispiel näher eingehen, zunächst einige Vorbemerkungen zur Struktur der Kleinhirnrinde (Cerebellum).

Am Aufbau der Kleinhirnrinde sind insgesamt fünf verschiedene Neuronentypen beteiligt: *Purkinje-Zellen, Golgi-Zellen, Körnerzellen, Korbzellen* und *Sternzellen* (s. Abb. 8). Alle bilden von der Verknüpfung her gesehen ein dreidimensionales Netzwerk (Abb. 9), das nach Konvergenz- und Divergenzprinzipien organisiert ist (Abb. 136).

---

20 Sowohl Procion-Yellow als auch Cobaltchlorid können als Elektrolyt — in einer einkammerigen Mikropipette — auch zum Ableiten der neuronalen Antworten dienen. Die Ursachen ihrer Wanderung in der Zelle sind noch keineswegs vollständig geklärt. Grundsätzlich kommen in Frage: (1) Elektrophorese während des Abscheidens, (2) hydrostatischer Druck, (3) osmotischer Druck, (4) passive Diffusion, (5) neuronale Stofftransportmechanismen. Letztere scheinen — in anterograder und retrograder Richtung — vor allem bei der in jüngster Zeit häufig verwendeten Meerrettich (horseradish)-Peroxidase eine Rolle zu spielen.

Funktionell handelt es sich um ein komplexes Hemmsystem, das seinen Informationszufluß aus dem Gehirn über Faserbahnen erhält; es sind die *Moos*-und *Kletterfasern*. Nachdem die Information verarbeitet ist, verläßt sie dieses Netzwerk über Fasern, die einem bestimmten Neuronentyp angehören: die *Purkinje-Zellen*; sie bilden Hemmsynapsen mit tiefer gelegenen Kleinhirnneuronen.

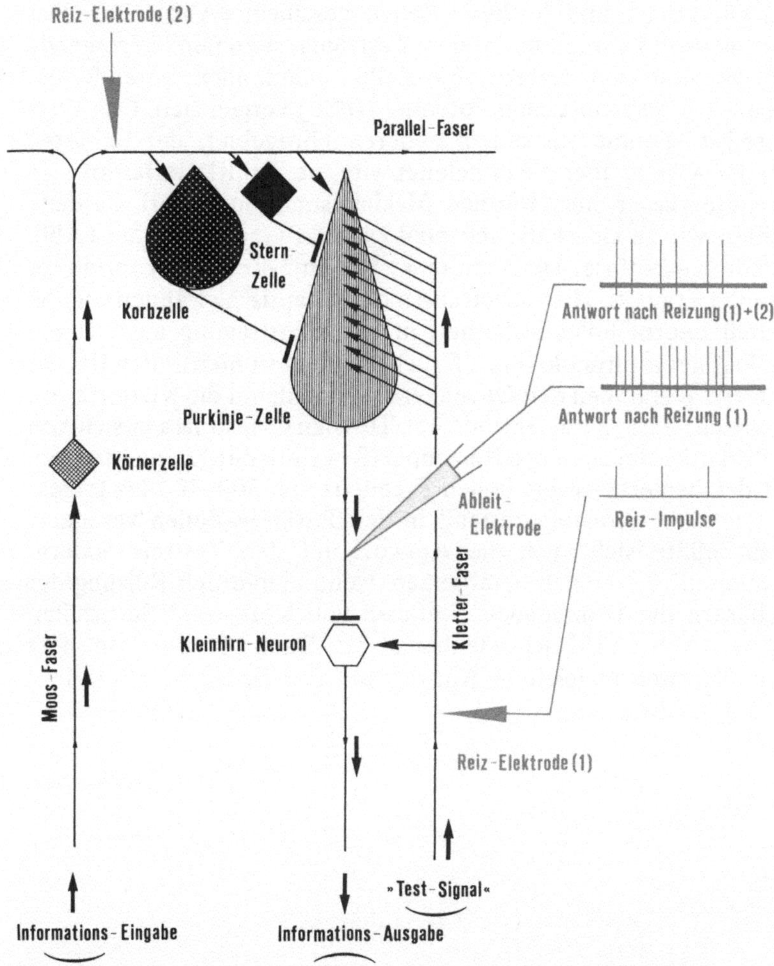

Abb. 136. Einsatz von kombinierten Reiz- und Ableitmikromethoden (rot) für die funktionelle Aufklärung von Neuronenschaltungen am Beispiel des neuronalen „Ablesemechanismus" im Cerebellum der Säugetiere. (Modifiziert nach Eccles et al., 1967)

In den Purkinje-Zellen treffen — gewissermaßen als Orte für die „Endabrechnung" — *erregende* und *hemmende* Einflüsse zusammen (Abb. 136; s. auch Abb. 9). Da die räumliche Erregungsverteilung der Purkinje-Zellen für die Cerebellum-Funktionen von Bedeutung sind, könnte es für das Gehirn wichtig sein zu wissen, in welchem Aktivitäts- oder Hemmungszustand sich jede einzelne Purkinje-Zelle gerade befindet. Dies geschieht offenbar durch einen „Ablesemechanismus". Hierzu wird als Testsignal jeweils eine kurze Impulssalve zu den Kleinhirnneuronen und Purkinje-Zellen geschickt (Abb. 136). Das Kleinhirnneuron kann dann das vom Testsignal stammende erregende (EPSP) mit dem von der Purkinje-Zelle einlaufenden, veränderten, hemmenden postsynaptischen Potential (IPSP) vergleichen. Das Testsignal selbst stammt aus einem anderen Hirngebiet, der „unteren Olive"; die Axone, über die es geleitet wird, heißen Kletterfasern.

Wie konnte dieser merkwürdige Mechanismus aufgeklärt werden? Betrachten wir zunächst die morphologischen Gegebenheiten (Abb. 136). Jede Kletterfaser steht mit einer Purkinje-Zelle über unzählige Synapsen in Kontakt. Hier liegen also monosynaptische Bahnen vor, die sich durch enorm hohe Sicherheit in der Übertragung auszeichnen sollten. Das neurophysiologische Experiment liefert hierfür den Beweis (Abb. 136): Wenn man den Olivenkern — und damit die Kletterfasern — elektrisch reizt (Reizelektrode 1: „Testsignal"), so lassen sich von einem Purkinje-Neuriten pro Reizimpuls 3–4 Entladungen registrieren, die mit der bemerkenswert hohen Frequenz von 300–400 Hz folgen. Wenn jetzt der Erregungszustand in den Purkinje-Zellen verändert wird, so müßte sich auch die Antwort auf den Testreiz ändern. Experimentell läßt er sich herabsetzen, wenn man durch Reizung der Parallelfasern die hemmenden Einflüsse von Korb- und Sternzellen erhöht (s. Abb. 136, Reizelektrode 2). Dann ist die von dem Purkinje-Neuriten abgeleitete Antwort auf das Testsignal (Reizelektrode 1) abgeschwächt.

Literaturverzeichnis

Die nach Arbeitsgebieten gegliederte Auswahl von Fachbüchern soll an gewünschten Stellen den Einstieg in die Literatur öffnen und ein weiteres Vordringen anhand der dort zitierten Originalarbeiten ermöglichen.

Verhaltensphysiologie

Angermeier, W. F.: Kontrolle des Verhaltens. Das Lernen am Erfolg. Heidelberger Taschenbücher 100. Berlin-Heidelberg-New York: Springer 1976.

Barton-Brown, L. (ed.): Insect behaviour. Berlin-Heidelberg-New York: Springer 1974.

Buchholtz, Ch.: Das Lernen bei Tieren. Stuttgart: G. Fischer 1973.

Burkhardt, D. (Hrsg.): Signale der Tierwelt. 2. Aufl. München: B. Moos Verlag 1966.

Dethier, V. G., Stellar, E.: Animal behavior. Its evolutionary and neurological basis. Prentice Hall, Engleword Cliffs, New Jersey: Found of Modern Biology Series 1964.

Eibl-Eibesfeldt, I.: Grundriß der vergleichenden Verhaltensforschung. Ethologie. München: Piper 1972.

Flugel, J. C.: Probleme und Ergebnisse der Psychologie. Hundert Jahre Psychologischer Forschung. Stuttgart: Klett 1950.

Foppa, K.: Lernen, Gedächtnis, Verhalten. Ergebnisse und Probleme der Lernpsychologie. Köln, Berlin: Kiepenheuer und Witsch 1966.

Hilgard, E. R., Bower, G. H.: Theorien des Lernens I und II. Stuttgart: Klett 1973.

Hinde, R. A.: Das Verhalten der Tiere. Eine Synthese aus Ethologie und vergleichender Psychologie. Bd. 1 und 2. Frankfurt a.M.: Suhrkamp 1973.

Holst, E. von: Zur Verhaltensphysiologie bei Tieren und Menschen. Gesammelte Abhandlungen Bd. I und II. München: Piper 1969/70.

Hoyle, G.: Cellular mechanisms underlying behavior – neuroethology. Advances in Insect Physiology. London-New York: Academic Press 1970.

Immelmann, K. (Hrsg.): Verhaltensforschung. Ergänzungsband zu Grzimeks Tierleben. Zürich: Kindler 1974.

Immelmann, K.: Wörterbuch der Verhaltensforschung. Zürich: Kindler 1975.

Jürgens, U., Ploog, D.: Von der Ethologie zur Psychologie. Zürich: Kindler 1974.

Klopfer, P. H.: Ökologie und Verhalten. Stuttgart: G. Fischer 1968.

Lamprecht, J.: Verhalten. Grundlagen-Erkenntnisse, Entwicklungen der Ethologie. Studio Visuell. Freiburg: Herder 1975.

Lorenz, K.: Über tierisches und menschliches Verhalten. Aus dem Werdegang der Verhaltenslehre. Gesammelte Abhandlungen, Bd. I und II. München: Piper 1965.

Marler, P. R., Hamilton, W. J.: Tierisches Verhalten. München: Moderne Biologie, BLV 1972.

Ploog, D., Gottwald, P.: Verhaltensforschung (Instinkt, Lernen, Hirnfunktion). München: Urban und Schwarzenberg 1974.

Ploog, D., Melnechuk, T. (eds.): Primate communication. NRP[21] (Vol. 7, No. 5). Cambridge, Mass.: MIT-Press 1969.

Ploog, D., Melnechuk, T. (eds.): Are apes capable of language? NRP (Vol. 9, No. 5). Cambridge, Mass.: MIT-Press 1971.

---

21 *Neuroscience Research Program Bulletin* (*NRP*).

Pribram, U. B., Broadbent, D. F. (eds.): Biology of memory. London-New York: Academic Press 1970.

Tembrock, G.: Grundlagen der Tierpsychologie. Berlin: Akademie-Verlag 1971.

Tembrock, G.: Biokommunikation. Informationsübertragung im biologischen Bereich. Bd. I und II. Berlin: Akademie-Verlag 1971.

Thorpe, W. H.: Learning and instinct in animals. London: Methuen Co. 1963.

Tinbergen, N.: Instinktlehre. Vergleichende Erforschung angeborenen Verhaltens. Berlin: Parey 1952.

Wickler, W.: Mimikry. Signalfälschung in der Natur. München: Kindler 1968.

Wickler, W.: Stammesgeschichte und Ritualisierung. Zur Entstehung tierischer und menschlicher Verhaltensmuster. München: Piper 1970.

Sinnes- und Nervenphysiologie

Autrum, H., Jung, R., Loewenstein, W. R., MacKay, D. M., Teuber, H. L. (eds.): Handbook of sensory physiology. Berlin-Heidelberg-New York: Springer 1971.

Beidler, L. M., Reichardt, W. E. (eds.): Sensory transduction. NRP (Vol. 8, No. 5). Cambridge, Mass.: MIT-Press 1970.

Beidler, L. M. (ed.): Chemical senses. Part 1: Olfaction. Handbook of Sensory Physiology, Vol. IV. Berlin-Heidelberg-New York: Springer 1971.

Beidler, L. M. (ed.): Chemical senses. Part 2: Taste. Handbook of Sensory Physiology Vol. IV. Berlin-Heidelberg-New York: Springer 1971.

Békésy, G. V.: Experiments in hearing. London: McGraw Hill: 1960.

Bennet, M. V. L. (ed.): Synaptic transmission and neuronal interaction. New York: Raven 1974.

Boeckh, J.: Nervensysteme und Sinnesorgane der Tiere. Studio Visuell. Freiburg: Herder 1975.

Burkhardt, D.: Wörterbuch der Neurophysiologie. Jena: VEB G. Fischer 1971.

Capranica, R. R.: The evoked vocal response of the bullfrog. A study communication by sound. Cambridge, Mass.: MIT-Press 1965.

Carthy, J. D., Newell, G. E.: Invertebrate receptors. London-New York: Academic Press 1968.

Dartnall, H. J. A. (ed.): Photochemistry of vision. Handbook of Sensory Physiology, Vol. VII/1. Berlin-Heidelberg-New York: Springer 1972.

Eccles, J. C.: The physiology of synapses. Berlin-Göttingen-Heidelberg-New York: Springer 1964.

Fessard, A. (ed.): Electroreceptors and other spezialized receptors in lower vertebrates. Handbook of Sensory Physiology, Vol. III/3. Berlin-Heidelberg–New York: Springer 1974.

Field, J. (ed.): Handbook of Physiology. Section 1: Neurophysiology Vol. 1–3. Washington: American Physiological Society 1959/60.

Fite, K. V. (ed.): The amphibian visual system: A multidisciplinary approach. London-New York: Academic Press 1976.

Fluortes, M. G. (ed.): Physiology of photoreceptor organs. Handbook of Sensory Physiology, Vol. VII/2. Berlin-Heidelberg-New York: Springer 1972.

Gauer, O. H., Kramer, K., Jung, R. (Hrsg.): Physiologie des Menschen, Bd. 4: Muskel. München: Urban und Schwarzenberg 1971.

Gauer, O. H., Kramer, K., Jung, R. (Hrsg.): Physiologie des Menschen, Bd. 10: Allgemeine Neurophysiologie. München: Urban und Schwarzenberg 1971.

Gauer, O. H., Kramer, K., Jung, R. (Hrsg.): Physiologie des Menschen, Bd. 11: Somatische Sensibilität, Geruch und Geschmack (Sinnesphysiologie I). München: Urban und Schwarzenberg 1971.

Gauer, O. H., Kramer, K., Jung, R. (Hrsg.): Physiologie des Menschen, Bd. 12: Hören, Stimme, Gleichgewicht (Sinnesphysiologie II). München: Urban und Schwarzenberg 1971.

Granit, R.: Receptors and sensory perception. New Haven: Yale University Press 1955.

Griffin, D. R.: Listening in the dark. New Haven: Yale University Press 1958.

Grüsser, O.-J., Klinke, R. (Hrsg.): Zeichenerkennung durch biologische und technische Systeme. Berlin-Heidelberg-New York: Springer 1971.

Hammes, G. G., Molinoff, P. B., Bloom, F. E. (eds.): Receptor biophysics and biochemistry. NRP (Vol. 11, No. 3). Cambridge, Mass.: MIT-Press 1973.

Held, R., Richards, W. (eds.): Perception: Mechanisms and models. Readings from Scientific American. San Francisco: Freeman Comp. 1972.

Held, R., Richards, W. (eds.): Recent progress in perception. Readings from Scientific American. San Francisco: Freeman Comp. 1976.

Hoppe, W., Lohmann, W., Markl, H., Ziegler, H. (Hrsg.): Biophysik. Berlin-Heidelberg-New York: Springer 1976.

Horridge, E. A. (ed.): The compound eye and vision of insects. Oxford: Clarendon Press 1974.

Jaenicke, L. (ed.): Biochemistry of sensory functions. Berlin-Heidelberg-New York: Springer 1974.

Jameson, D., Hurvich, L. M. (eds.): Visual psychophysics. Handbook of Sensory Physiology, Vol. VII/4. Berlin-Heidelberg-New York: Springer 1972.

Jung, R. (ed.): Central processing of visual information, Part A: Integrative functions and comparative data. Handbook of Sensory Physiology, Vol. VII/3. Berlin-Heidelberg-New York: Springer 1973.

Jung, R. (ed.): Central processing of visual information. Part B: Visual centers in the brain. Handbook of Sensory Physiology, Vol. VII/3. Berlin-Heidelberg-New York: Springer 1973.

Katz, B.: The release of neurotransmitter substances. Liverpool: University Press 1969.

Katz, B.: Nerv, Muskel und Synapse. Einführung in die Elektrophysiologie. Stuttgart: Thieme 1971.

Keidel, W. D.: Sinnesphysiologie. Teil I: Allgemeine Sinnesphysiologie, Visuelles System. Heidelberger Taschenbücher 97. Berlin-Heidelberg-New York: Springer 1971.

Keidel, W. D. (Hrsg.): Physiologie des Gehörs. Stuttgart: Thieme 1975.

Lindauer, M. (Hrsg.): Orientierung der Tiere im Raum. Teil 1: Sinnes- und neurophysiologische Grundlagen. Teil 2: Intraspezifische Kommunikation. Stuttgart: G. Fischer 1973.

Lindauer, M: Verständigung im Bienenstaat. Stuttgart: G. Fischer 1975.

Loewenstein, W. R. (ed.): Principles of receptor physiology. Handbook of Sensory Physiology, Vol. I. Berlin-Heidelberg-New York: Springer 1971.

MacKay, D. M. (ed.): Evoked potentials as indicators of sensory information processing. NRP (Vol. 7, No. 3). Cambridge, Mass.: MIT-Press 1969.

Møller, A. R. (ed.): Basis mechanism in hearing. New York: Academic Press 1973.

Motokawa, K.: Physiology of colour and pattern vision. Berlin-Heidelberg-New York: Springer 1970.

Perkel, D. H., Bullock, T. H. (eds.): Neural coding. NRP (Vol. 6, No. 3). Cambridge, Mass.: MIT-Press 1963.

Pfenninger, K. H.: Synaptic morphology and cytochemistry. Stuttgart: G. Fischer 1973.

Rockstein, M. (ed.): The physiology of insecta. London-New York: Academic Press 1974.

Rosenblith, W. A. (ed.): Sensory communication. Cambridge: MIT-Press 1961.

Ruch, T. C., Patton, H. D., Woodburg, J. W., Towe, A. L.: Neurophysiology. Philadelphia, Penn.: Saunders: 1965.

Schadé, J. P.: Die Funktion des Nervensystems. Stuttgart: G. Fischer 1973.

Schmidt, R. F. (Hrsg.): Neurophysiologie. Heidelberger Taschenbücher 96. Berlin-Heidelberg-New York: Springer 1971.

Schmidt. R. F. (Hrsg.): Grundriß der Sinnesphysiologie. Heidelberger Taschenbücher 136. Berlin-Heidelberg-New York: Springer 1973.

Snyder, A. W., Menzel, R. (eds.): Photoreceptor optics. Berlin-Heidelberg-New York: Springer 1975.

Stevens, Ch. F.: Neurophysiologie. München: BLV 1969.

ten Bruggencate, G.: Experimentelle Neurophysiologie. München: Goldmann 1972.

Thompson, R. F.: Progress in psychobiology: Readings from Scientific American. San Francisco: Freeman Comp. 1976.

Trendelenburg, W.: Der Gesichtssinn. Berlin-Göttingen-Heidelberg: Springer 1961.

Wehner, R. G. (ed.): Information processing in the visual system of arthropods. Berlin-Göttingen-Heidelberg: Springer 1972.

Wiersma, C. A. G. (ed.): Invertebrate nervous systems. Their significance for mammalian neurophysiology. Chicago, London: The University of Chicago Press 1967.

Worden, F. G., Galambos, R. (eds.): Auditory processing of biologically significant sounds. NRP (Vol. 10, No. 1). Cambridge, Mass.: MIT-Press 1972.

Hirnphysiologie (ZNS und Verhalten)

Anochin, P. K.: Das funktionelle System als Grundlage der physiologischen Architektur des Verhaltens. Abhandlungen aus dem Gebiet der Hirnforschung und Verhaltensphysiologie, Bd. 1, Jena: VEB G. Fischer 1967.

Ashby, W. R.: Design for a brain; the origin of adaptive behavior. Science Paperbacks. London: Ass. Book Publ. 1960.

Bach-y-Rita, P.: Brain mechanisms in sensory substitution. London-New York: Academic Press 1972.

Baust, W. (Hrsg.): Ermüdung, Schlaf und Traum. Stuttgart: Wiss. Verlagsgesellschaft 1970.

Biesold, D., Matthies, H.: Neurobiologie. Jena: VEB G. Fischer 1976.

Brazier, A. B. (ed.): The central nervous system and behavior. New York: Naus Foundation 1960.

Bullock, T. H., Horridge, G. A.: Structure and function of the nervous systems of invertebrates. San Francisco: Freeman 1965.

Bullock, T. H. (ed.): Simple systems for the study of learning. NRP (Vol. 4, No. 2). Cambridge, Mass.: MIT-Press 1966.

Chow, K. L., Leimann, A. L. (eds.): The structural and functional organization of the neocortex. NRP (Vol. 8, No. 2). Cambridge, Mass: MIT-Press 1970.

Clara, M.: Das Nervensystem des Menschen. Leipzig: J. A. Barth 1959.

Clarke, E., Dewhurst, K.: Die Funktionen des Gehirns. Lokalisationstheorien von der Antike bis zur Gegenwart. München: Moos-Verlag 1973.

Delgado, J.: Gehirnschrittmacher. Frankfurt: Ullstein 1971.

Eccles, J. C.: Das Gehirn des Menschen. München: Piper 1975.

Eccles, J. C., Ito, M., Szentágothai, J.: The cerebellum as a neuronal machine. Berlin-Heidelberg-New York: Springer 1967.

Eidelberg, E., Stein, D. C. (eds.): Functional recovery after brain lesions of the nervous system. NRP (Vol. 12, No. 2). Cambridge, Mass.: MIT-Press 1974.

Evarts, E. V., Bizzi, E., Burke, R. E., Delong, M., Thach, Jr. W. T. (eds.): Central control of movement. NRP (Vol. 9, No. 1). Cambridge, Mass.: MIT-Press 1971.

Granit, R. (ed.): The basis of motor control. London-New York: Academic Press 1967.

Haseloff, O. W. (Hrsg.): Hirnforschung und Psyche. Berlin: Colloquium Verlag 1971.

Hess, W. R.: Das Zwischenhirn, Syndrome, Lokalisation, Funktionen. Basel: Schwabe und Co. 1954.

Hess, W. R.: Hypothalamus und Thalamus. Experimental-Dokumente. Stuttgart: Thieme 1968.

Ingle, D., Schneider, G. (eds.): Subcortical visual systems. Basel: Karger 1970.

Ingle, D., Sprague, J. M. (eds.): Sensorimotor function of the midbrain tectum. NRP (Vol. 13, No. 2). Cambridge, Mass.: MIT-Press 1975.

Karczmar, A. G., Eccles, J. C. (eds.): Brain and human behavior. Berlin-Heidelberg-New York: Springer 1972.

Keidel, W. D. (Hrsg.): Kurzgefaßtes Lehrbuch der Physiologie. Stuttgart: G. Thieme 1973).

Klüver, H.: Behavior mechanisms in monkeys. Chicago: University Press 1933. Neuaufl. New York: Phoenix Science Series 1957.

Lentz, T. L.: Primitive nervous systems. New Haven: Yale University Press 1968.

Livingston, R. B. (ed.): Brain mechanisms in conditioning and learning. NRP (Vol. 4, No. 3). Cambridge, Mass.: MIT-Press 1966.

Nauta, W. J. H. (ed.): Some brain structure and functions related to memory. NRP (Vol. 2, No. 5). Cambridge, Mass.: MIT-Press 1964.

Nauta, W. J. H., Koella, W. P., Quarton, G. C. (eds.): Sleep, wakefulness, dreams and memory. NRP (Vol. 4, No. 1). Cambridge, Mass.: MIT-Press 1966.

Penfield, W., Rasmussen, T.: The cerebral cortex of man. New York: Hafner 1968.

Quarton, G. C., Melnechuk, T., Schmitt, F. O. (eds.): The neurosciences I. Rockefeller University Press: New York 1967.

Roberts, T. D.: Neurophysiology of postural mechanisms. London: Butterworth 1967.

Roeder, K. D.: Neurale Grundlagen des Verhaltens. Beispiele aus der Insektenwelt. Stuttgart: Hans Huber 1968.

Rohen. J. W.: Funktionelle Anatomie des Nervensystems. Stuttgart: Schattauer: 1971.

Schmitt, F. O. (ed.): The neurosciences II. New York: Rockefeller University Press 1970.

Sheer, D. E. (ed.): Electrical stimulation of the brain. Austin: University of Texas Press 1961.

Smythies, J. R.: Brain mechanisms and behaviour. An outline of the mechanisms of emotion, memory, learning and the organization of behaviour, with particular regard to the limbic system. Oxford-Edinburgh: Blackwell Scientific Publications 1970.

Stellar, E., Corbit, J. D. (eds.): Neural control of motivated behavior. NRP (Vol. 11, No. 4). Cambridge, Mass.: MIT-Press 1973.

Valenstein, E. S. (ed.): Biology of drives. NRP (Vol. 6, No. 1). Cambridge, Mass.: MIT-Press 1968.

Wells, M. J.: Brain and behaviour in cephalopods. Stanford: University Press 1962.

Yahr, M. D., Purpura, P. (eds.): Neurophysiological basis of normal and abnormal motor activities. New York: Raven Press 1967.

Neuroanatomie

Bargmann, W.: Histologie und mikroskopische Anatomie des Menschen. Stuttgart: G. Thieme 1964.

Bloom, W., Fawcett, D. W.: A textbook of histology. Philadelphia: Saunders 1968.

Braitenberg, V.: Gehirngespinste, Neuroanatomie für kybernetisch Interessierte. Berlin-Heidelberg-New York: Springer 1973.

Forssmann, W. G., Heym, Ch.: Grundriß der Neuroanatomie. Heidelberger Taschenbücher 139. Berlin-Heidelberg-New York: Springer 1974.

Glees, P.: Morphologie und Physiologie des Nervensystems. Stuttgart: G. Thieme 1957.

Glees, P.: Das menschliche Gehirn. Stuttgart: Hippokrates 1975.

Gottschick, J.: Die Leistungen des Nervensystems. Jena: G. Fischer 1952.

Kappers, C. U. A., Huber, G. C., Crosby, E. C.: The comparative anatomy of the nervous system of vertebrates, including man. New York: Hafner Publishing Co. 1960.

Kemali, M., Braitenberg, V.: Atlas of the frog's brain. Berlin-Heidelberg-New York: Springer 1976.

Rakic, P. (ed.): Local circuit neurons. NRP (Vol. 13, No. 3). Cambridge: MIT-Press 1975.

Seifert, G.: Entomologisches Praktikum. Stuttgart: Thieme 1970.

Strausfeld, N. J.: Atlas of an insect brain. Berlin-Heidelberg-New York: Springer 1970.

Szentágothai, J., Arbib, M. A. (eds.): Conceptual models of neural organization. NRP (Vol. 12, No. 3). Cambridge, Mass.: MIT-Press 1974.

Truex, R. C., Carpenter, M. B.: Human neuroanatomy. Baltimore, Md.: The Williams and Wilkins Comp. 1964.

Neurogenetik

Brazier, M. A. B. (ed.): Growth and development of the brain: Nutritional genetic and environmental factors. New York: Raven Press 1976.

Ehrmann, L., Omen, G. S., Caspari, E. (eds.): Genetics environment and behavior. London-New York: Academic Press 1972.

Fieve, R. R., Rosenthal, D., Brill, A. (eds.): Genetic research in psychiatry. Baltimore, Md.: John Hopkins University Press 1975.

Gottesman, I. I., Shields, J.: Schizophrenia and genetics: A twin study vantage point. London-New York: Academic Press 1972.

Kaplan, A. R. (ed.): Genetic factors in „schizophrenia". Springfield, Ill.: C. C. Thomas 1972.

Mednick, S. A., Schulsinger, F., Higgins, J., Bell, B. (eds.): Genetics environment and psychopathology. New York: American Elsevier 1974.

Sidman, R. L., Green, M. C., Appel, S. H.: Catalog of the neurological mutants of the mouse. Cambridge, Mass.: Harvard University Press 1965.

Teorell, T., Dedrick, R. L., Coudliffe, P. G. (eds.): Pharmacology and pharmacogenetics. New York: Plenum Press 1974.

Worden, F., Childs, B., Matthysse, St., Gershon, E. S. (eds.): Frontiers of psychiatric genetics. NRP (Vol. 14, No. 1). Cambridge, Mass.: MIT-Press 1976.

Neurochemie

Danielli, J. F., Moran, J. F., Triggle, D. J. (eds.): Fundamental concepts in drug-receptor interactions. London-New York: Academic Press 1970.

Donovan, B.: Neuroendokrinologie der Säugetiere. Stuttgart: Thieme 1973.

Eigen, M., DeMaeyer, L. C. M. (eds.): Information storage and processing in biomolecular systems. NRP (Vol. 2, No. 3). Cambridge, Mass.: MIT-Press 1964.
Florey, E.: Lehrbuch der Tierphysiologie. Stuttgart: Thieme 1970.
Ganong, W. F., Martini, L. (eds.): Frontiers in neuroendocrinology. New York: Oxford University Press 1969.
Kuschinsky, G., Lüllmann, H.: Kurzes Lehrbuch der Pharmakologie. Stuttgart: Thieme 1972.
Nalbandov, A. V. (ed.): Advances in endocrinology. Urbana: University of Illinois Press 1963.
Porter, R., O'Conner, M. (eds.): Molecular properties of drug receptors. (A Ciba Foundation Symposium). London: J. and A. Churchill 1970.
Rang, H. P. (ed.): Drug receptors. London: Crowell Collier Macmillan 1973.
Wurtman, R. J. (ed.): Brain monoamines and endocrine function. NRP (Vol. 9, No. 2). Cambridge, Mass.: MIT-Press 1971.

Biokybernetik

Braines, S. N., Napalkow, A. W., Swetschinski, W. B.: Neurokybernetik. Berlin: VEB Verlag Volk und Gesundheit 1971.
Drischel, H.: Einführung in die Biokybernetik. Berlin: Akademie-Verlag 1973.
Drischel, H., Dettmar, P. (Hrsg.): Biokybernetik Bd. V. Jena: VEB G. Fischer 1975.
Flechtner, H. J.: Grundbegriffe der Kybernetik. Stuttgart: Wissenschaftliche Verlagsgesellschaft 1970.
Hassenstein, P.: Biologische Kybernetik. Heidelberg: Quelle und Meyer 1973.
Marko, H., Färber, G.: Kybernetik 1968. München: Oldenbourg 1968.
Röhler, R.: Biologische Kybernetik. Stuttgart: Teubner 1974.
Sachsse, H. : Einführung in die Kybernetik. Braunschweig: Vieweg 1971.

Methodische Verfahren

Bauer, H. Ch., Hofer, R., Knapp, W., Moser, H.: Zoologische Experimente. Praktische Versuchsanleitungen mit theoretischen Einführungen. München: Deutscher Taschenbuch Verlag 1974.
Burck, H.-Ch.: Histologische Technik. Leitfaden für die Herstellung mikroskopischer Präparate in Unterricht und Praxis. Stuttgart: Thieme 1973.
Bureš, J., Petráǔ, M., Zachar, J.: Electrophysiological methods in biological research. London-New York: Academic Press 1967.
Creutzfeldt, O. D., Probst, W.: Neurophysiologische Technik. In: Physiologie des Menschen (Hrsg. Gauer, O. H., Kramer, K., Jung, R.), Bd. 10. München: Urban und Schwarzenberg 1974.
Kater, B. S., Nicholson, Ch. (eds.): Intracellular staining in neurobiology. Berlin-Heidelberg-New York: Springer 1973.
Kerkut, G. A.: Experiments in physiology and biochemistry. Vol. 1–4. London: Academic Press 1968 (1), 1969 (2), 1970 (3), 1971 (4).
Moore, D. H. (ed.): Physical techniques in biological research. 2 A and B: Physical chemical techniques. New York: Academic Press 1968 (A), 1969 (B).
Muralt, A.: Neue Ergebnisse der Nervenphysiologie. Berlin-Göttingen-Heidelberg: Springer 1958.
Nachtigall, W.: Zoophysiologischer Grundkurs. Weinheim: Verlag Chemie 1972.

Nastuk, W. L. (ed.): Physical techniques in biological research. Vol. 1: Optical techniques, Vol. 3: Cells and tissues, Vol. 4: Special methods, Vol. 5 and 6: Electrophysiological methods. London-New York: Academic Press 1971.

Nauta, W. J. H., Ebbesson, S. O. E. (eds.): Contemporary research methods in neuroanatomy. Berlin-Heidelberg-New York 1970.

Neher, E.: Elektronische Meßtechnik in der Physiologie. Berlin-Heidelberg-New York: Springer 1974.

Offner, F. F.: Elektronik in der Biologie. Moderne Biologie. München: BLV 1967.

Skinner, J. E.: Neuroscience: A laboratory manual. Philadelphia, Penn.: Saunders Comp. 1971.

Spiegel, A.: Versuchstiere. Eine Einführung in ihre Zucht und Haltung. Stuttgart: G. Fischer 1976.

Stokes, A. W.: Praktikum der Verhaltensforschung. Stuttgart: G. Fischer 1971.

Westhues, M., Fritsch, R.: Die Narkose der Tiere Bd. II, Allgemeinnarkose. Berlin: Parey 1961.

Sachverzeichnis

247

252

253

256

Herausgegeben von:
G. Czihak, H. Langer
H. Ziegler

Biologie

Ein Lehrbuch für Studenten der Biologie

Gemeinschaftlich verfaßt von:
V. Blüm, G. Czihak,
E. Florey, H. Hartl,
B. Hassenstein,
C. Hauenschild, W. Haupt,
D. Hess, J. Jacobs,
G. Kümmel, H. Langer,
H. F. Linskens, H. Mohr,
D. Neumann,
G. Niethammer, G. Osche,
W. Rathmayer,
W. Rautenberg, P. Sitte,
P. Schopfer, H. Ursprung,
H. Walter, F. Weberling,
H. Weiler, W. Wieser,
H. Ziegler

957 Abbildungen. 2 Falttafeln
XXIII, 837 Seiten. 1976
Gebunden DM 58,--;
US $ 23.80
ISBN 3-540-05727-7

Preisänderungen vorbehalten

Dieses umfassende Lehrbuch erhebt den Anspruch, sowohl die Grundlagen, als auch einen Überblick für jeden zu bieten, der sich in ernsthafter Form mit der modernen Biologie auseinandersetzt. Der Text wurde zusammengestellt von 26 maßgebenden Hochschullehrern, und die neuartige Konzeption der inhaltlichen Darstellung kommt dem Trend zu Vorlesungen über Allgemeine Biologie an deutschsprachigen Hochschulen entgegen. Inhalt und Umfang des Lehrbuches wurden auf den Stoff einer 2-semestrigen 5-stündigen Vorlesung in der ersten Studienhälfte abgestimmt. Dabei wurde angestrebt, auf hohem didaktischen Niveau und mit großer Informationsdichte das Wissen für die Studenten so zu vermitteln, daß es von ihnen als verbindlich angesehen werden kann. Deshalb empfiehlt sich dieses Werk nicht nur als Lehrbuch für alle Studenten des Faches Biologie, sondern auch als Handbuch und Nachschlagewerk für Lehrer und Dozenten an Oberschulen und Universitäten.

Springer-Verlag Berlin Heidelberg New York